韦光辉　许辉堂　魏刚才　主编

肉用野猪

ROUYONG
YEZHU
SHESI YU
FANZHI JISHU

舍饲与繁殖技术

U0205804

化学工业出版社
·北京·

图书在版编目（CIP）数据

肉用野猪舍饲与繁殖技术/韦光辉，许辉堂，魏刚才
主编．—北京：化学工业出版社，2017.8
ISBN 978-7-122-29995-6

Ⅰ．①肉… Ⅱ．①韦…②许…③魏… Ⅲ．①肉用
型-猪-野生动物-饲养管理②肉用型-猪-野生动物-繁殖
Ⅳ．①S828.9②S828.3

中国版本图书馆 CIP 数据核字（2017）第 145149 号

责任编辑：邵桂林　　　　　　　　文字编辑：汲永臻
责任校对：王　静　　　　　　　　装帧设计：张　辉

出版发行：化学工业出版社（北京市东城区青年湖南街 13 号　邮政编码 100011）
印　　　刷：北京永鑫印刷有限责任公司
装　　　订：三河市宇新装订厂
850mm×1168mm　1/32　印张 10　字数 298 千字
2017 年 9 月北京第 1 版第 1 次印刷

购书咨询：010-64518888（传真：010-64519686）　售后服务：010-64518899
网　　　址：http://www.cip.com.cn
凡购买本书，如有缺损质量问题，本社销售中心负责调换。

定　　　价：39.00 元

编写人员名单

主　　编　韦光辉　许辉堂　魏刚才

副主编　李红州　程　亮　朱洪强　韩　楠

编写人员（按姓名笔画排列）

　　　　韦光辉（河南科技学院）

　　　　朱洪强（濮阳市华龙区农业畜牧局）

　　　　许辉堂（新乡县农牧局）

　　　　李红州（清丰县畜牧局）

　　　　李振亮（濮阳市华龙区畜牧局）

　　　　张迟蕾（焦作市山阳区畜产品质量安全监测中心）

　　　　张静芳（温县动物卫生监督所）

　　　　徐凤忠（卫辉市畜牧局）

　　　　韩　楠（鹤壁市畜产品质量检测检验中心）

　　　　程　亮（新乡市动物卫生监督所）

　　　　暴元元（温县动物卫生监督所）

　　　　魏刚才（河南科技学院）

前　言

　　随着我国经济条件的改善、人们生活水平的提高以及对健康、安全食品的追求，畜产品的消费需求逐渐由数量转向质量和安全性，由一般畜产品转向特色畜产品。普通的畜产品和老品种已经不能满足当今人们的特殊需求。一些特种养殖品种的相继问世，给市场带来畜产品多样化的同时也给养殖业带来了新的活力。肉用野猪养殖的兴起就是市场需要的必然产物。

　　肉用野猪是利用现代育种技术，根据市场需求，由优良雄性野猪与优良瘦肉型猪或地方良种猪进行适宜的杂交而成的，其不同于家猪，形似野猪，生活习性介于家猪与野猪之间（一般要求野猪血统含量为50％以上）；具有较好的杂交优势，克服了野猪繁殖率低（如季节性发情、产仔数少）、肉品适口性差、腥膻味浓和野性强的缺点，使其既有优良种猪生长快、肉料报酬高的优点，又保持了野猪原有的外形以及肉质鲜嫩、野味浓郁的风味特点，迎合了市场消费肉类多样化的需求。肉用野猪脂肪含量低，含有多种微量元素和氨基酸，其中人体所需的亚油酸含量高于家猪2.5倍，除具有强体滋补作用外，还具有降低血脂、预防冠心病和脑血管硬化等疾病的作用，既是人们餐桌上的美味佳肴，又是理想的保健食品，深受消费者的喜爱。肉用野猪好饲养，抗病力强，适合于农家散养或规模化养殖，是一个高效、优质、安全的养殖项目，具有极高的饲养价值。

　　近年来，我国肉用野猪养殖业发展迅速，这不仅极大地丰富了肉类市场，满足了人们的生活需要，而且对于畜牧业产业结构调整和养殖者经济收入的增加也发挥着较大作用。但肉用野猪养殖是一个新型的养殖项目，起步较晚，科学技术的研究和推广相对滞后，导致养殖水平低，特别是舍内饲养，存在品种混杂、繁殖率低、生长性能差、生产成本高和产品质量不合格等问题，直接影响到肉用野猪的养殖效益和持续发展。推广实用的、配套的舍内养殖和繁育技术刻不容缓。为此，我们组织有关专家、教授编写了本书。

本书立足我国肉用野猪养殖的实际，结合生产中的一些成功经验和肉用野猪养殖的先进技术，对肉用野猪舍饲和繁殖技术进行了系统介绍。

由于笔者水平有限，书中难免存在疏漏和不足，恳请读者批评指正。

本书受河南省产学研项目（无抗生素高效猪配合饲料的开发及产业化，项目号 152107000013）资助。

编者
2017 年 7 月

目 录

第一章
概　述

　　肉用野猪（特种野猪）是由优良雄性野猪与优良瘦肉型猪或地方良种猪进行适宜的杂交而成的，其不同于家猪，形似野猪，生活习性介于家猪与野猪之间（一般要求野猪血统含量为50％以上）。肉用野猪的野猪血统含量越高，纯度越高，其瘦肉率也越高，品质越好，经济效益也越好。

　　肉用野猪的选育模式有四种。第一种是纯种公野猪与家猪（瘦肉型最好）的杂交后代，为杂交一代，其野猪血统含量为50％，成年野猪瘦肉率为70％～80％，月增重7.5～15.0千克；第二种是杂交一代的肉用母猪与纯种公野猪交配，所产生的后代为杂交二代，其野猪血统含量为75％，瘦肉率为80％～85％，生长速度比杂交一代稍慢，月增重5～10千克；第三种是用杂交二代或三代的肉用野猪母猪与纯种公野猪交配，所产生的后代为杂交三代或四代，其野猪血统含量为87.5％或93.5％，其外貌特征及其瘦肉率同纯种野猪已无明显区别，但其生长速度缓慢，月增重5～9千克；第四种是杂交二代、杂交三代、杂交四代的公野猪可作种猪用，同杂交一代、杂交二代、杂交三代的肉用母猪横向交配，形成野猪血统含量在62.5％～87.5％的肉用野猪（图1-1）。

　　为使肉用野猪保留一定的野性，能够生产出高品质的猪肉，繁殖母猪的野猪血统含量必须保持在25％以上。商品肉用野猪的野猪血统含量必须保持在50％以上，低于25％野猪血统含量的繁殖母猪和低于50％的商品肉用野猪不能称为肉用野猪。

　　含野猪血统25％、家猪血统75％的肉用野猪母猪，只能和野猪

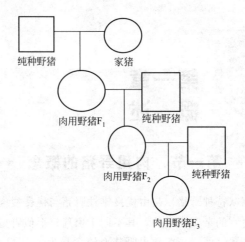

图 1-1　肉用野猪选育模式图

（F_3）公猪杂交，其杂交后代的野猪血统含量才能保持在 50％ 以上。母猪血统含量如果低于 25％，其后代的野猪血统含量就必然低于 50％。在实际生产中，由于纯种野猪不易管理和操作，除了育种需要，一般不采用纯种野猪进行育肥野猪的生产。

肉用野母猪的野猪血统含量一般保持在 37.5％～50％ 才利于生产和管理。如果肉用野母猪的野猪血统含量低于 25％，商品肉猪野猪血统含量就达不到 50％，野猪肉的品质就得不到保证。为此，才把肉用野猪的野猪血统含量界定在 25％ 以上。

肉用野猪的公猪野猪血统含量一般都保持在 75％～87.5％，野猪血统含量过低或过高都不利于特种野猪的生产。野猪血统含量过低，猪肉品质得不到保证；野猪血统含量过高，生长速度过慢，同时不利于日常生产的饲喂、管理和配种。

第二节　肉用野猪的饲养价值

肉用野猪好饲养，抗病力强，适合于农家散养或规模化养殖。其肉质鲜嫩，风味独特，野味浓郁，脂肪含量低，含有多种微量元素和氨基酸，是人们餐桌上的美味佳肴。所以，肉用野猪具有极高的饲养价值。

一、肉用价值

肉用野猪猪肉风味独特，瘦肉率高，肉质好，肉味鲜美，既没有家猪脂肪含量过高、肉质肥厚、口感差的缺点，也没有纯野猪的肉质粗糙、皮厚、土腥味重的缺点。肉用野猪猪肉中含有 17 种氨基酸，在同样体重时，瘦肉多，比家猪高 6～8 个百分点，最高可达 75%，板油少，背膘薄，是一种质量较好的动物蛋白。而且，肉用野猪肉剪切力小，只有家猪的 50%～60%，比家猪肉嫩，同时，又有一定野味，口感很好。朱洪强等（2007）分析了野猪肉的营养成分如蛋白质、维生素、矿物质元素含量，并与家猪肉的相应指标作了比较。结果表明，野猪肉的蛋白质、维生素 A、维生素 E 以及矿物质元素 Cu、Fe、Zn 含量高于家猪肉；在野猪肉中测出了 17 种氨基酸，其中有 7 种为必需氨基酸，且必需氨基酸的总百分数为 10.40%，而家猪肉中仅为 6.98%。综合分析可见，肉用野猪肉比家猪肉营养价值更高，加上野猪肉鲜嫩香醇、野味浓郁且不含激素，是理想的绿色营养食品，见表 1-1。

表 1-1 肉用野猪与家猪的氨基酸含量

项 目	肉用野猪	江口萝卜猪	外三元猪
赖氨酸	1.79 ± 0.15	1.67 ± 0.17	1.80 ± 0.27
丙氨酸	1.17 ± 0.71	1.24 ± 0.08	1.25 ± 0.12
苏氨酸	0.96 ± 0.03	0.94 ± 0.03	0.95 ± 0.07
甘氨酸	1.02 ± 0.05	1.01 ± 0.07	1.06 ± 0.05
缬氨酸	1.10 ± 0.04	1.05 ± 0.05	1.06 ± 0.08
丝氨酸	0.93 ± 0.02	0.89 ± 0.04	0.90 ± 0.07
脯氨酸	0.90 ± 0.02	0.86 ± 0.05	0.83 ± 0.10
异亮氨酸	0.66 ± 0.02	0.99 ± 0.07	0.69 ± 0.21
亮氨酸	1.78 ± 0.27	1.82 ± 0.11	1.58 ± 0.14
蛋氨酸	0.38 ± 0.18	0.64 ± 0.03	0.31 ± 0.22
组氨酸	2.27 ± 0.38	2.10 ± 0.40	2.46 ± 0.26

项　目	肉用野猪	江口萝卜猪	外三元猪
苯丙氨酸	1.13±0.05	1.09±0.07	1.00±0.10
谷氨酸	2.70±0.08	2.48±0.11	2.44±0.24
天冬氨酸	1.90±0.01	1.79±0.07	1.75±0.17
胱氨酸	0.23±0.01	0.27±0.02	0.26±0.03
酪氨酸	1.04±0.06	1.03±0.06	1.04±0.10
色氨酸	0.29±0.01	0.29±0.02	0.28±0.01
氨基酸总量	20.34±0.98	20.23±1.18	19.69±1.15
必需氨基酸总量	9.41±0.64	9.84±0.49	9.02±0.27
鲜味氨基酸总量	6.81±0.20	6.53±0.32	6.46±0.57

二、保健价值

随着人们生活水平的提高和口味的改变，肉用野猪肉逐渐成为人们追求的新保健食品，经常吃肉用野猪肉能降低血脂，预防动脉硬化。中医认为野猪肉味甘、咸，入肺、脾、大肠经，具有补虚、开胃、化痰的功效，可作为体虚赢瘦、营养不良、食欲不振、乏力、咳嗽等多种病症患者的辅助营养菜肴。

最新研究发现，肉用野猪肉含有抗癌物质锌和硒等多种微量元素，对人体代谢紊乱、生殖障碍、高度疲劳和儿童发育不良等疾病有较好的预防效果；肉用野猪肉中富含大量的人体必需脂肪酸——亚油酸，其含量是家猪的3～4倍（表1-2）。亚油酸是人体最重要的脂肪酸，对人体的生长发育极为重要。

表1-2　肉用野猪与家猪肌肉的脂肪酸含量

项　目	肉用野猪	江口萝卜猪	外三元猪
豆蔻酸	1.62±0.59	1.07±0.26	1.34±0.26
棕榈酸	25.78±4.70	25.10±2.04	27.18±1.67
棕榈油酸	4.6±1.47	2.82±1.39	3.94±0.08
硬脂酸	12.34±3.15	14.70±2.01	11.53±1.43

项　目	肉用野猪	江口萝卜猪	外三元猪
油酸	46.05±4.41	51.62±1.71	51.47±1.43
亚油酸	8.27±3.98	3.20±0.88	3.52±0.59
亚麻酸	1.29±1.23	0.38±0.14	0.22±0.04
花生四烯酸	0.83±0.23	1.20±0.25	0.78±0.07
饱和脂肪酸	44.35±6.59	43.75±2.61	44±3.11
不饱和脂肪酸	55.59±6.67	56.28±6.24	55.99±3.12

三、强抗病力特性的开发价值

现代家猪疾病种类繁多，而肉用野猪对疾病的抵抗力强，成年肉用野猪极少患病，肉用野仔猪较易患黄痢病、白痢病，因此对特种野猪的抗病机理进行研究及开发利用对现代养猪业来说具有较重要的意义。

四、经济价值

随着人们生活水平的提高和口味的改变，肉用野猪肉作为一种新的动物食品，逐渐成为人们追求的新保健食品，具有广阔的市场，在广州举行的第77、78届中国出口商品交易会上，已被欧洲客商所接受。经常吃肉用野猪肉能降低血脂，预防动脉硬化，销售势头很好，目前供不应求。肉用野猪肉具有较好的经济效益，平均每头毛重以每千克30元计，每头肉用野猪利润在1000元左右，若规模养殖，效益非常可观。在发展推广后饲养批量大时，可将肉用野猪腿肉加工成野猪火腿打入国内外市场。其他分割下的胴体部分进行真空包装加工成野猪风味腊肉条（50克1包），效益更好。

五、肉用野猪的皮、毛及其他价值

肉用野猪的皮较厚，制成的皮革坚硬耐用；毛具有独特的毛色，而且鬃毛长而坚挺，是制作毛刷的上等原料；骨可加工制成骨粉、药品，也可利用骨骼制成营养保健的酒类、饮料类等。

要提高肉用野猪养殖的经济效益，应加快肉用野猪本身经济价值的综合开发利用，对肉用野猪的肉用、药用价值及工业价值进行综合开发。除了加快肉用野猪肉各种产品的开发外，还可以从野味、保健上做文章，建立富含亚油酸的动物油厂、骨粉厂、酒厂等，还可以对肉用野猪的鬃毛、皮进行加工，建立优质皮毛制件场。

第三节　肉用野猪的养殖效益

肉用野猪养殖具有产品价值高、经济效益好等特点，深受养殖者青睐，是一项短平快的致富好项目，具有良好的养殖前景。

一、经济效益

肉用野猪耐食粗饲，饲料来源十分广泛，生产成本低（饲养成本极低，投入利润比为 1：3，而家猪为 1：0.8），产品质量好，价格也较高，目前其毛重价一般为每千克 40～50 元（家猪毛重价每千克 10～12 元），北京、上海等大城市一般每千克 50～60 元，活商品猪在广州、深圳、海南等沿海发达地区更受欢迎，销售价格比内地更高，远远高于家猪产品的价格。

商品肉用野猪饲养到 7～8 个月，体重可达 90～100 千克出栏，每头饲料成本为 400 元，而养瘦肉型猪，每头成本为 550～650 元，肉用野猪的饲料成本只是瘦肉型猪的 60%～70%。如果瘦肉型猪的猪肉价格按 20 元/千克计，而肉用野猪肉按 40 元/千克计，养殖家猪利润在 200 元/头左右，而养殖肉用野猪每头利润在 500 元以上；养殖肉用野猪母猪年利润在 5000～7000 元/头，比养殖家母猪可多赚 2600～3500 元。

1 头肉用野猪种母猪的养殖成本、效益分析如下。

1. 养殖成本

（1）引种成本　2000 元/头（引种费用）÷10 胎（利用胎次）＝200 元/胎。

（2）固定资产成本　每头母猪占用猪舍面积 10 平方米，每平方米总投资 500 元（包括猪舍、设备、用具和土地租金等），合计 5000 元。猪舍使用 10 年，则每半年的折旧成本为 250 元/头（母猪年繁殖 2 胎，一个繁殖周期为半年）。

（3）饲料成本　2443 元。

① 空妊母猪料成本。3.8 千克/天（每天饲喂量）×1.80 元/千克

（饲料单价）×38天（饲养时间）＝259.9元。

②妊娠母猪料成本。4.5千克/天（每天饲喂量）×1.80元/千克（饲料单价）×114天（饲养时间）＝923.4元。

③哺乳母猪饲料成本。4.6千克/天（每天饲喂量）×2.1元/千克（饲料单价）×35天（饲养时间）＝338.1元。

④仔猪饲料成本。1.2千克/天（每天饲喂量）×2.4元/千克（饲料单价）×40天（饲养时间）×8头（每胎平均8头）＝921.6元。

（4）其他成本　如防疫费、水电费、人工费等合计250元。

2. 养殖收入

肉用野猪仔猪40日龄出售，体重一般为12～22千克，按平均18千克计算。市场价格40元/千克。则总收入＝18千克/头×8头×40元/千克＝5760元。

3. 利润

每胎的利润：总收入－总成本＝5760元－（200＋250＋2443＋250）元＝2617元。

每头母猪每年产2胎，则年利润为2×2617元＝5234元。

而在广东、上海和香港等市场，特种野猪活体重售价为30元/千克，猪肉售价为48元/千克，比一般活猪体重和猪肉售价高3～4倍。

二、社会、生态效益

1. 帮助农民养殖致富

肉用野猪养殖业的发展，不仅有利于推动畜牧业向市场化、优质化、高效化发展，更好地满足市场的需要，而且有利于全面提高畜牧业的整体素质，增强畜产品的市场竞争力，促进特色养殖业的持续稳定发展。近几年来，一些公司采取"公司＋基地＋农户"的经营模式，与农民以合同形式建立稳定的购销关系，长期合作，除了负责对其饲养管理、疫病防治等技术进行培训和指导之外，还负责饲料供应、仔猪回收销售等工作，带动周边农户养殖特种野猪，共同发展，再辐射到周边地区乃至全国。在提高企业效益的同时，广辟农户致富的门路，达到"双赢"的目的。

2. 带动种植业发展

发展肉用野猪养殖业不仅可增加农民收入，还能解决农村剩余劳动力和剩余农产品的出路问题。农民可以充分利用杂地和空闲地种植麦草、南瓜、红薯、土豆、甘蓝和玉米等农副产品。饲养肉用野猪，这些无污染的农作物，是肉用野猪最好的"绿色"饲料。因此，发展肉用野猪养殖事业，一方面带动了种植业的发展，另一方面又起到了促进农业结构调整和优化的作用。同时，对肉用野猪的猪粪进行开发利用，即将大量的猪粪制成有机肥料、生物肥料和饲料等，从而实行种植、养殖和粪尿利用相结合的生态养殖方式，以达到生态、经济和社会三大效益的统一。

三、养殖前景

近些年来，养猪业持续发展，猪的产品供应充足，加之国外猪肉进口量的不断增加，导致国内生猪市场疲软，销售价格大起大落，生猪的出栏量和存栏量极不稳定，生猪生产已进入高成本、高风险的"微利时代"。生猪生产就像股市投资一样无预测性，风险大，利润时高时低，甚至血本无归。与之相反，肉用野猪在全国各大中城市的交易市场异常火爆，具有市场广、销量大的特点，备受养殖户的欢迎。肉用野猪是农村脱贫致富不可多得的好项目，被誉为 21 世纪最具发展前景的产业，已被列入"国家级"星火计划推广项目，市场前景十分广阔，发展野猪养殖商机无限。

我国是以猪肉为主要肉食的国家，年消费生猪 1.8 亿头以上，即使按生猪消费 1/10 计也达 1800 万头。但目前全国仅有极少数几家小规模的特种野猪养殖场，远远无法满足市场消费的需求，缺口极大，今后 5～10 年内仍无法满足。随着我国市场的进一步开放，国际市场的需求量更大，显现出美好的养殖前景。

第二章
肉用野猪的外貌特征和生物学特性

　　野猪是一种中型偶蹄目动物，性情十分凶猛，成年野猪体长90～180厘米，体高60～80厘米，尾长20～30厘米，体重50～200千克。鼻吻部比家猪长而有力，两耳直立，雄性的犬齿尖锐，发达成獠牙，突出额外，长7～13厘米。有4个脚趾，其中2个脚趾特别发达。野猪的毛色比较一致，呈暗褐色或棕黑色，是一种保护色，适合于野生环境。幼龄野猪被毛呈淡黄褐色或褐色，背部有淡黄色或褐色纵条纹。通过改良后的肉用野猪也具有野猪的一些外貌特征，但又不同于野猪。由于国家目前没有统一的育种标准，肉用野猪在培育过程中因其母本选择的不同，其后代的体貌外形也有所不同，品系之间有一定的差异。

一、外貌

　　肉用野猪出生时身上有纵向深棕色较宽的带状条纹，其余被毛为黄褐色或浅灰黄色。35～75日龄时，纵向条纹逐渐消失。体重达到20～25千克时，被毛转为灰黄褐色或棕、灰褐色的成年毛色（南方地区也有黑色的）。初生仔猪嘴尖脸长，耳尖较小，紧贴耳背，头呈楔形。

　　公猪全身被毛从灰褐色到棕、灰褐色，深浅不一。鬃毛粗长，从头部直至尾根；嘴尖脸长，耳小直立，头呈楔形。成年公猪獠牙粗壮，颈粗短，身躯宽而短，背腰平直，胸腹紧凑，腹线呈水平，尻部稍倾斜。四肢结实，腿部肌肉发达。蹄呈黑色，多直立。性情凶猛，行动敏捷。成年公猪体重180～230千克，胴体瘦肉率62%～72%。

　　母猪全身被毛呈黄褐色或棕灰色（南方地区也有黑色的），鬃毛短而稀。头、耳比公猪大，嘴、脸比公猪短，无獠牙。背腰平直，腹略大，臀部稍圆。乳头 6～7 对。蹄呈黑色。性情温顺，家猪特征明显。成年母猪体重 130～160 千克，胴体瘦肉率 60%～72%。

二、体尺

成年肉用野猪，公猪体高 68～78 厘米，体长 125～135 厘米，胸围 125～128 厘米，腹围 118～126 厘米，肩宽 35～42 厘米。母猪体高 65～75 厘米，体长 120～132 厘米，胸围 120～125 厘米，腹围 125～132 厘米。成年肉用野猪，公猪体重 180～210 千克，母猪体重 135～150 千克。

第二节　生物学特性

肉用野猪是由野猪和家猪杂交驯化而来的，生活习性及生物特征和家猪既有共同之处又有不同之处。在生产实践中要不断认识和掌握肉用野猪的生理特性，充分利用这些特性合理组织生产，更好地发挥特种野猪的生产潜力，以获得更大的经济效益。

一、繁殖特性

肉用野猪一般饲养 6～8 个月即性成熟，母猪初情期为 4～5 月龄，初配适龄为 7～8 月龄，体重在 70 千克左右（纯种野猪的成熟期较长，繁殖生长体重达 40～50 千克需 10～20 个月才能性成熟，约 1.5 年时间，长到 30～40 千克时开始发情，繁殖期 6～8 年。公猪在 5 月龄后才有性欲表现，6～7 月龄可配种）。发情周期 18～23 天，发情持续期 4～7 天，妊娠期 112～118 天。可以常年发情，每年产 2 胎（纯种野猪属季节性发情动物，多在秋末冬初发情明显，一般每年 10 月交配，其余时间一般不发情或极少发情，每年 1 胎），每胎一般最少 7～8 只，经产母猪每胎窝产仔数 8～12 头，多的可达 14 头。2 月龄体重可达 10 千克左右。母猪产仔后护仔能力强，仔猪成活率 85%，仔猪初生重 0.65～1.2 千克。

二、生长特性

肉用野猪比纯种野猪生长快。在农村较差的饲养条件下，出生 1

年的生长育肥野猪（山东大蒲莲黑猪和野猪的杂交后代，含野猪血统75%），体重为85~95千克。在较好的饲养条件下，体重可达110~130千克。如每千克混合料消化能11.72兆焦、消化粗蛋白163克，采用舍饲，不限量方式饲养，20~90千克期间，平均日增重415克，每千克增重耗料4.6千克；在中等营养水平条件下，含野猪血统68.5%的肉用野猪商品育肥猪（山东莱芜黑猪和野猪杂交后代），日增重约为498克，9月龄平均体重85千克。屠宰率72.8%，皮厚0.97厘米，眼肌面积23.38平方厘米，后腿占胴体重24.93%，胴体中瘦肉占68.08%。肌肉呈鲜红色，大理石纹分布均匀，肉质细嫩，肉味浓香，屠宰时期以10~11月龄、体重90~110千克为宜（纯种野猪的体重增加速度缓慢，1年左右才长到30~40千克。1岁体重约为成年体重的25%。3岁时体重70~80千克，4~5岁时才结束生长）。

肉用野猪与家猪一样，与牛羊相比，胚胎生长期和生后生长期最短，但生长速度快。出生的头2个月生长发育特别快，1月龄体重为出生重的5~6倍，2月龄体重为1月龄体重的2~3倍。瘦肉型猪6月龄体重可达90~100千克，虽然肉用野猪生长速度不及瘦肉型猪，但野猪和瘦肉型猪培育的肉用野猪，10月龄体重仍然可达85千克。

肉用野猪与家猪的生长规律有些差异，其在前期生长较慢，4个月后生长速度就加快了，8~9个月体重可达75~90千克。

肉用野猪瘦肉率高，肉质好。瘦肉率一般在65%~68%，高者可达80%，肉质比普通家猪鲜嫩，肉丝也更细腻。生长速度比家猪慢，生长周期比家猪要长2~3个月。肉质口感及香味都比家猪好。但屠宰率比家猪低，一般65%~72%。

三、生活特性

（一）野性强

肉用野猪含有较高的野猪血统，仍然保持很强的野性。它胆小易惊，神经敏感，跳跃和攀爬能力强。含较高血统的特种野猪发怒时，对人有攻击行为。

（二）喜群居

肉用野猪有合群性，喜欢群居生活，常2~3头甚至10多头成群活动，常由母猪及其后代组成，公猪喜离群独行。如单独驯化野猪，驯化时间长；若放入家猪群体中，驯化时间缩短。单独饲养采食量少，群居采食量多。因此，肉用野猪的育肥适宜群养。

（三）有序性好

肉用野猪生活的有序性比家猪尤为突出，条件反射较为稳定，易于调教。如果条件许可，肉用野猪会保持其睡卧的地方清洁、干燥。喜欢在墙角潮湿、荫蔽的地方排粪便。排过 1 次后就会稳定在一个地方，不会轻易改变。在生产实践中，可以利用肉用野猪的这一特点，建立有益的反射训练，可使肉用野猪在固定地点排粪尿以及接受放牧中口令的调教，并将采食、睡觉、排泄三点定位，以保证圈舍清洁卫生。同时饲养管理要注意定时、定量、定槽、定位，减少应激。

（四）喜卧隐蔽处

肉用野猪喜欢在隐蔽的墙角睡卧，尤其喜欢在光线较暗的地方睡觉。对人有惧怕行为，对红色也有强烈的刺激行为。

（五）喜欢泥浴

肉用野猪继承了野猪的生活习性，在温暖季节喜欢在泥水中翻滚、爬卧，每天进行数次，每次长达几小时，也喜欢在水池旁活动和睡卧。

（六）喜夜间吃食

特种野猪一次性采食量少，只有家猪的 1/3。采食行为表现为早晨和中午采食量少，傍晚采食量大，有夜间采食的习惯。为促进育肥野猪生长，特种野猪夜间应加喂 1 次。

（七）喜吃青绿饲料，食性杂

特种野猪可以广泛利用大自然的植物，对食物的选择性小，对各种树枝、树叶，各种青草、野菜、藤蔓、野果都十分喜爱。对精饲料的消化能力差，过多喂养容易引起消化不良和拉稀。尤其小野猪的喂养，精饲料中蛋白质不宜过多，以免引起腹泻。一般情况下，饲料中蛋白质含量比普通家猪少，大猪饲料蛋白质含量应少于 15%，小猪应少于 20%。

四、换毛特性

肉用野猪仔猪产下时与山林野猪一样，初生时身上有纵向棕褐色较宽的带状条纹，其余被毛为黄褐色或浅灰黄色，35～75 天纵向条纹逐渐消失，体重达到 40～50 千克时，被毛转为灰黄褐色或棕灰褐色的成年毛色。夏季体被棕黑色毛，背上正脊有鬃毛。冬季针毛下有很厚的绒毛。每年 6 月中下旬开始换毛，至 9 月新毛长齐。野猪与家猪杂交后 F_1 代的毛色出现变异，F_2 代毛色出现分离，一窝仔猪中有几个颜色。成年时全部换成棕黑色或棕红色被毛。毛粗硬，似针状。皮肤粗糙、较厚。

五、消化特性

肉用野猪食性广，饲料转化率高。肉用野猪是杂食性动物，门齿和臼齿比家猪发达。它的胃是单室胃，能广泛利用多种动植物和矿物质饲料，对饲料的利用率较高。

肉用野猪对精饲料有机物的消化率比家猪低，但对青草、藤蔓和优质干草有机物的消化率比家猪高。尤其是对纤维素较高的粗饲料，利用能力比家猪要强。

肉用野猪对饲料的转化率次于家猪，家猪的料重比为 3∶1，肉用野猪为（4～5）∶1［含野猪血统 62.5％ 的特种野猪料重比为 4∶1，随着野猪血统含量的增加，其耗料也越来越高，纯种野猪的料重比为（6～7）∶1］。

六、适应和抗病特性

（一）适应特性

猪属于恒温性动物，对温度的适应范围较广，因此地球上不同的气候条件和地带几乎都有猪的足迹。幼猪怕冷、成年猪怕热是家猪与野猪的共同特性。肉用野猪既适应圈养，也适应放养，适应于我国南北方的各种气候环境，但相比之下，其耐热性比耐寒性更好。经试验，夏天特种野猪从宁波象山港运至新疆乌鲁木齐，气温高达 38℃，经 5 昼夜，均安全抵达，无一死亡；冬天，从象山港运至甘肃宁夏，途经 4 昼夜，甘肃气温低至零下 28℃，也安然无恙。这说明肉用野猪对长时间的颠簸、疲劳、酷暑、严寒等恶劣条件的适应性优于一般家猪。妊娠和哺育期的肉用野猪，在低于 0℃ 的环境下仍能正常生产、哺乳，而仔猪在相对于家猪而言较低的温度下仍能健康成长，很少出现痢疾现象。

肉用野猪是纯种山林野猪和家猪杂交培育的后代,其父辈生活在野外,经大自然的选择,体内的抗病基因丰富,对外界的适应能力极强。不管在高寒地区的北方,还是在高温的南方,都有很强的适应能力,而且能在极端恶劣的环境下生存。既可以舍饲也可以放牧,放牧时肉用野猪觅食能力比家猪强。

肉用野猪能够很好地适应我国的大部分气候,但对潮湿环境的适应性和耐受力较差,所以猪舍要保持干爽清洁,不宜选择低洼潮湿的场地。

(二)抗病特性

在相同的饲养管理条件下,肉用野猪的抗病性较强,发病率显著低于家猪。在生长周期中,发病率很低,特别是处于哺乳期的仔猪,抗逆性强,在窝产仔数较多的情况下,用普通全脂奶粉实行人工代乳时,几乎无应激产生,适应很快。偶有白痢、黄痢发生,投药后很快好转,死淘率较低。在放养条件下,肉用野猪的生命力、抗病力极强,极少发病,圈养后猪群免疫功能呈下降趋势,对各种家猪疫苗(如猪瘟、猪肺疫、猪丹毒)的接种安全有效,因而成活率较高。

七、嗅觉和听觉灵敏,视觉不发达

肉用野猪的嗅觉非常灵敏,野猪夜晚在林间觅食,完全是靠嗅觉来寻找食物。冬天,野猪能发现藏在 1 米深大雪下面的野核桃和松子。在一个野猪群中,猪与猪之间、母仔之间,主要靠嗅觉保持联系。仔野猪出生后,通过气味能找到自己的母亲,母野猪也能通过嗅觉识别自己的子女。

肉用野猪听觉相当发达,尽管耳朵比家猪小,但听觉比家猪灵敏。当圈舍发出声响时,肉用野猪比家猪警觉早。即便是极细微的声音,家猪无反应,肉用野猪也会有所警觉,这可能是与父辈长期野外生存有关。

肉用野猪的视觉不发达,对光线强弱和物体的形象判别能力差,视野范围小,不靠近物体就看不见东西。

第三章
肉用野猪场的设计和建设

猪场的设计直接关系到猪场隔离卫生和环境条件的优劣，关系到猪场的成败。肉用野猪舍内饲养，需要科学选择场址，并进行合理规划布局和设计建筑猪舍，配备完善的设备设施，搞好环境管理，才能维持猪场良好的隔离卫生和适宜环境条件，保证猪群的健康，促进生产性能的充分发挥，获得较好的生产效果。

●●●●●●● **第一节　肉用野猪场的建设原则** ●●●●●●●

一、隔离防疫原则

疾病，特别是疫病是影响猪群生产性能和猪场效益的主要因素。肉用野猪场的环境及附近的隔离卫生和防疫条件的好坏，对疾病的传播和发生有重大的影响，要减少或避免疾病发生，在猪场建设时必须遵循隔离防疫原则。对拟建场地要进行详细的调查，了解历史疫情和污染状况；场地要远离污染源，有良好的隔离条件；对场地要进行合理的规划布局，配备应有的隔离防疫设施，并能正常运行。

二、生态原则

肉用野猪场场址的土壤土质、水源水质、空气、周围建筑环境符合生产标准要求，避免受到重工业、化工工业等工厂的污染；选择场址时还应考虑粪便、污水等废弃物的处理和利用条件，如周围有大片农田、林地等，可以消化大量的废弃物，避免对猪场环境和周边环境造成污染而影响长远发展；猪场要设置不同的排水系统，对猪舍排出的污水要进行处理；设置专用粪场，并做必要处理。

三、经济实用原则

建设肉用野猪场要尽量节约土地。土地资源日益紧缺，场地最好选择荒坡林地、丘陵或贫瘠的边次土地，少占或不占农田。猪舍设计和建筑要科学、实用，在保证正常生产的前提下尽量减少固定资产投入。

第二节　肉用野猪场的场址选择和规划布局

一、场址选择

肉用野猪场场址的选择，主要是对场地的地势、地形、土质、水源，以及周围环境、交通、电力、青绿饲料供应和放牧条件等进行全面的考察。肉用野猪场场址的选择必须在养猪之前作好周密计划，选择最合适的地点建场。

（一）地势、地形

场地地势应高燥，地面应有坡度，这样排水良好，地面干燥，阳光充足，不利于微生物和寄生虫的滋生繁殖；否则，地势低洼，场地容易积水潮湿泥泞，夏季通风不良，空气闷热，有利于蚊蝇等昆虫的滋生，冬季则阴冷；地形要开阔整齐，向阳、避风，特别是要避开西北方向的山口和长形谷地，保持场区小气候状况相对稳定，减少冬季寒风的侵袭。猪场应充分利用自然的地形、地物，如树林、河流等作为场界的天然屏障。既要考虑猪场避免受到周围环境的污染，远离污染源（如化工厂、屠宰场等），又要注意猪场是否污染周围环境（如对周围居民生活区的污染等）。

（二）土壤

肉用野猪场内的土壤，应该是透气性强、毛细管作用弱、吸湿性和导热性小、质地均匀、抗压性强的土壤，以沙质土壤最适合，便于雨水迅速下渗。愈是贫瘠的沙性土地，愈适于建造猪舍，这种土地渗水性强。如果找不到贫瘠的沙土地，至少要找排水良好、暴雨后不积水的土地，保证在多雨季节不会变得潮湿和泥泞，有利于保持猪舍内外干燥。

（三）水源

生产过程中，肉用野猪的饮食、饲料的调制、猪舍和用具的清洗，以及饲养管理人员的生活，都需要大量的水，因此，猪场必须有充足的水源。水源应符合下列要求。一是水量要充足，既要满足猪场内的人、猪用水和其他生产、生活用水，还要满足防火以及以后发展等用水；二是水质要求良好，不经处理即能符合饮用标准的水最为理想，此外，在选择时要调查当地是否因水质而出现过某些地方性疾病等；三是水源要便于保护，以保证水源经常处于清洁状态，不受周围环境的污染；四是要求取用方便，设备投资少，处理技术简便易行。猪场需水量和水源质量指标见表3-1、表3-2。

表 3-1　猪场需水量　　　　　　　　　　升/（头·天）

类　别	总需要量	饮用量
种公猪	30～40	10
空怀及妊娠母猪	30～40	12
带仔母猪	60～70	20
断奶母猪	5	2
育成猪	15	6
育肥猪	25	6

表 3-2　畜禽饮用水水质标准

指　标	项　目	畜（禽）标准
感官性状及一般化学指标	色度	≤30
	浑浊度	≤20
	臭和味	不得有异臭异味
	肉眼可见物	不得含有
	总硬度（$CaCO_3$ 计）/（毫克/升）	≤1500
	pH	5.0～5.9(6.4～8.0)
	溶解性总固体/（毫克/升）	≤1000(1200)
	氯化物（以 Cl^- 计）/（毫克/升）	≤1000(250)
	硫酸盐（以 SO_4^{2-} 计）/（毫克/升）	≤500(250)
细菌学指标	总大肠杆菌群数/（个/100 毫升）	成畜≤10；幼畜和禽≤1

指　　标	项　　　目	畜(禽)标准
毒理学指标	氟化物(以 F⁻ 计)/(毫克/升)	≤2.0
	氰化物/(毫克/升)	≤0.2(0.05)
	总砷/(毫克/升)	≤0.2
	总汞/(毫克/升)	≤0.01(0.001)
	铅/(毫克/升)	≤0.1
	铬/(六价,毫克/升)	≤0.1(0.05)
	镉/(毫克/升)	≤0.05(0.01)
	硝酸盐(以 N 计)/(毫克/升)	≤30

(四) 其他方面

　　肉用野猪场是污染源，也容易受到污染。肉用野猪场生产大量产品的同时，也需要大量的饲料，所以，猪场场地要兼顾交通和隔离防疫，既要便于交通，又要便于隔离防疫。养猪场距居民点或村庄、主要道路要有 300~500 米距离。要远离屠宰场、畜产品加工厂、兽医院、医院、造纸场、化工厂等污染源，远离噪声大的工矿企业，远离其他养殖企业；猪场要有充足稳定的电源，周遍环境要安全。

二、规划布局

　　猪场的规划布局就是根据拟建场地的环境条件，科学确定各区的位置，合理地确定各类房舍、道路、供排水和供电等管线、绿化带等的相对位置及场内防疫卫生的安排。猪场的规划布局是否合理，直接影响到猪场的环境控制和卫生防疫。集约化、规模化程度越高，规划布局对其生产的影响越明显。场址选定以后，就要进行合理的规划布局。因猪场的性质、规模不同，建筑物的种类和数量亦不同，规划布局也不同。科学合理的规划布局可以有效地利用土地面积，减少建场投资，保持良好的环境条件和管理的高效方便。

(一) 分区规划

　　肉用野猪场通常根据生产功能，分为生产区、管理区或生活区、隔离区等，见图 3-1。

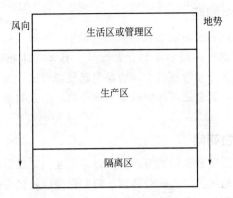

图 3-1　猪场分区规划的规划图

1. 生活区

生活区或管理区是猪场进行经营管理活动的场所，与社会联系密切，易造成疫病的传播和流行，该区的位置应靠近大门，并与生产区分开，外来人员只能在管理区活动，不得进入生产区。场外运输车辆不能进入生产区。车棚、车库均应设在管理区，除饲料库外，其他仓库亦应设在管理区。职工生活区设在上风向和地势较高处，以免相互污染。

2. 生产区

生产区是猪生活和生产的场所，该区的主要建筑为各种猪舍和生产辅助建筑物。生产区应位于全场中心地带，地势应低于管理区，并在其下风向，但要高于病猪管理区，并在其上风向；生产区内饲养着不同日龄段的猪，因为日龄不同，其生理特点、环境要求和抗病力也不同，所以要分小区规划，日龄小的猪群放在安全地带（上风向、地势高的地方）。饲料库可以建在与生产区围墙同一平行线上，用饲料车直接将饲料送入料库。

3. 病猪隔离区

病猪隔离区主要是用来治疗、隔离和处理病猪的场所。为防止疫病传播和蔓延，该区应在生产区的下风向，并在地势最低处，而且应远离生产区。焚尸炉和粪污处理地设在最下风处。隔离猪舍应尽可能与外界隔绝。该区四周应有自然的或人工的隔离屏障，设单独的道路与出入口。

（二）猪舍间距

猪舍间距影响猪舍的通风、采光、卫生、防火。猪舍密集，间距过小，场区的空气环境容易恶化，微粒、有害气体和微生物含量过高，增加病原含量和传播机会，容易引起猪群发病。为了保持场区和猪舍环境良好，猪舍之间应保持适宜的距离。适宜间距为猪舍高度的3～5倍。

（三）猪舍朝向

猪舍朝向指猪舍长轴的方向，可以是南北向，或是东西向。猪舍朝向的选择与通风换气、防暑降温、防寒保暖以及猪舍采光等环境效果有关。朝向选择应考虑当地的主导风向、地理位置、采光和通风排污等情况。猪舍朝南，即猪舍的纵轴方向为东西向，对我国大部分地区的开放舍来说是较为适宜的。这样的朝向，在冬季可以充分利用太阳辐射的温热效应和射入舍内的阳光防寒保温；夏季辐射面积较少，阳光不易直射舍内，有利于猪舍防暑降温。

（四）道路

肉用野猪场设置清洁道和污染道，清洁道供饲养管理人员、清洁的设备用具、饲料和健康猪等使用，污染道供清粪、污浊的设备用具、病死和淘汰猪使用。清洁道和污染道不可交叉。

（五）储粪场

肉用野猪场设置粪尿处理区。粪场靠近道路，有利于粪便的清理和运输。储粪场应设在生产区和猪舍的下风处，与住宅、猪舍之间保持一定的卫生间距（距猪舍30～50米），并应方便运往农田或其他处理；储粪池的深度以不受地下水浸渍为宜，底部应较结实。储粪场和污水池要进行防渗处理，以防粪液渗漏流失污染水源和土壤；储粪场底部应有坡度，使粪水可流向一侧或集液井，以便取用；储粪池的大小应根据每天猪排粪量多少及储藏时间长短而定。

（六）绿化

绿化不仅有利于场区和猪舍温热环境的维持和空气洁净，而且可以美化环境，养猪场建设必须注重绿化。搞好道路绿化、猪舍之间的绿化和场区周围以及各小区之间的隔离林带，搞好场区北面防风林带和南面、西面的遮阳林带等。

（七）隔离卫生设施

为做好猪场的卫生防疫工作，保证猪只健康，猪场必须有完善的隔离卫生设施。

1. 场界与场内各区间的防护设施

肉用野猪场要有明确的场界，猪场四周要设围墙，可能的话还要设立防疫沟。场界的墙要求是较高（不低于 2.5 米）的实心墙，避免人员和野生动物随意进入场区；场内的各区间（如生活区或管理区、生产区和病猪隔离区以及生产区内不同类型猪所在区域）要设置较低的隔离墙或致密的灌木林带，防止饲养管理人员或猪乱窜。场门或猪舍出入口处要设立车辆及人员进出的消毒设施。

2. 场内的排水设施

猪场内最好设置两套排水系统，即雨水系统和污水系统。雨水系统设置在道路两旁或猪舍周围，使雨水能够直接舒畅地排出场外；污水系统可以设置在污染道一侧，与猪舍内的污水沟相通，设置成暗沟，将污水排到污水池内经过无害化处理达标后排放。

3. 设立卫生间

为减少人员之间的交叉活动，保证环境的卫生和为饲养员创造比较好的生活条件，在每个小区或者每栋猪舍都设有卫生间。可以在每栋猪舍的工作间的一角建一个 1.5 米×2.2 米的冲水厕所，用隔断墙隔开。

4. 清洗消毒设施

（1）进入人员的清洗消毒设施　对本场人员和外来人员进行清洗消毒。一般在猪场入口处设有人员脚踏消毒池，外来人员和本场人员在进入场区前都应经过消毒池对鞋进行消毒。在生产区入口处设有消毒室（图 3-2），消毒室内设有更衣间、消毒池、淋浴间和紫外线消毒灯等，本场工作人员及外来人员在进入生产区时，都应经过淋浴、更换专门的工作服和鞋、通过消毒池、接受紫外线灯照射等过程，方可进入生产区，紫外线灯照射的时间要达到 15～20 分钟。

（2）车辆的清洗消毒设施　猪场的入口处设置车辆消毒设施，主要包括车轮清洗消毒池和车身冲洗喷淋机（图 3-3）。

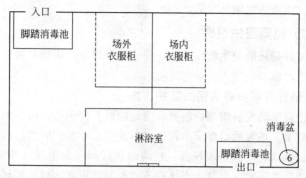

图 3-2　猪场生产区入口的人员消毒室示意图

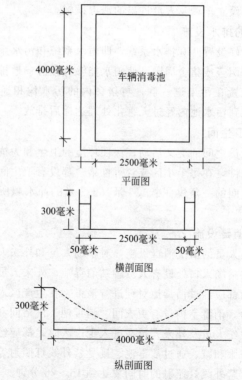

图 3-3　猪场入口的车辆消毒池示意图

肉用野猪场规划布局图见图 3-4。

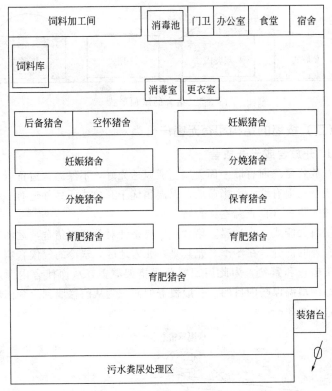

图 3-4 肉用野猪场平面规划布局图

•••••• **第三节 肉用野猪场猪舍的建设** ••••••

一、猪舍类型

(一) 按屋顶形式分类

常见的有单坡式、双坡式、平顶式和拱形式屋顶等 (图 3-5)。单坡式一般跨度小，结构简单，造价低，光照和通风好，适合小规模猪场。双坡式一般跨度大，双列猪舍和多列猪舍常用该形式，其保温效果好，但投资较多；平顶式跨度小，建设方便，但隔热效果差；拱形式屋顶跨度可大可小，材料为钢筋混凝土或砖。

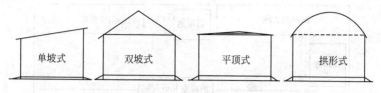

图 3-5　猪舍的屋顶形式

（二）按墙的结构和有无窗户分类

1. 开放舍或半开放舍

开放式是三面有墙一面无墙，通风透光好，不保温，造价低。半开放式是三面有墙一面半截墙，保温稍优于开放式。另外还有一种塑料大棚式猪舍（日光温室猪舍）。

塑料大棚式（日光温室猪舍）主要是针对单列式猪舍，运动场暴露在舍外的部分。在冬季，尤其是在北方地区，寒冷的气候影响了猪的正常生长和繁殖，为此用塑料薄膜搭架覆盖，从而使舍内温度提高，达到增温保暖的目的。一般覆盖的面积为从前栏墙到后舍前墙的舍顶，见图 3-6。

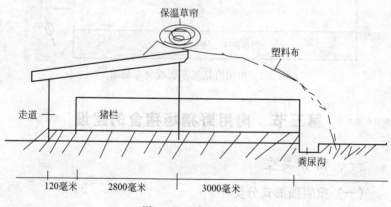

图 3-6　日光温室猪舍

2. 封闭式

封闭式分有窗封闭式和无窗封闭式。有窗封闭式猪舍就是在前后墙体上留有窗户，用于调控室内的空气和通风。适合于哺乳期母猪、断奶仔猪和生长育肥猪等。它的特点是管理比较方便，保温性能较好，圈舍利用率高（图 3-7）。无窗封闭式猪舍就是前后墙体不留窗户，在两山墙上装有通风口，通风口上安有换气扇，同时舍内还装有供暖、降温、排污等机械设备，为肉用野猪群生长创造一个优良的生存环境。不足之处是投资较大，结构复杂，需要有足够的电能供应。

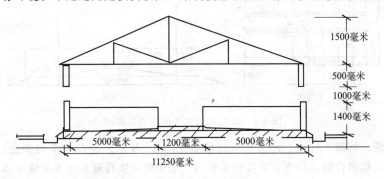

图 3-7 有窗封闭式肉用野猪舍

（三）按猪栏排列分类

1. 单列式

单列式猪舍见图 3-8。

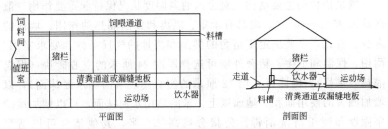

图 3-8 单列式猪舍平面图和剖面图

2. 双列式

双列式猪舍见图 3-9。

二、猪舍的结构及要求

（一）基础

基础是指墙深入土层的部分，是墙的延续和支撑，决定了墙和猪舍的坚固程度和稳定性，主要作用是承载重量。要求基础坚固、防

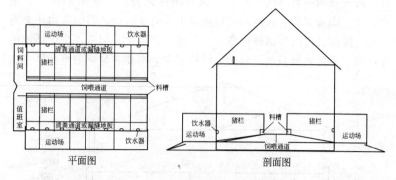

图 3-9 双列式猪舍平面图和剖面图

潮、抗震、抗冻、耐久，应比墙宽 10～15 厘米，具有一定的深度，根据猪舍的总荷重、地基的承载力、土层的冻胀程度及地下水情况确定基础的深度。基础材料多用石料、混凝土预制或砖。如地基属于黏土类，由于黏土的承重能力差，抗压性不强，应加强基础处理，基础应设置得深和宽一些。

（二）墙

墙是猪舍的主要结构，对舍内的温湿度状况保持起重要作用（散热量占 35%～40%）。墙具有承重、隔离和保温隔热的作用。墙体的多少、有无，主要决定于猪舍的类型和当地的气候条件。要求坚固、耐用，保温和卫生。猪舍外墙可选择厚度 24 厘米的空心砖块（保温隔热效果好），内墙可选用 12 厘米的实心砖块（两侧水泥抹面），以增加圈舍的使用面积。地面以上 1 米的墙用水泥抹面，可以增加墙的坚固性和便于清洗消毒。公猪舍墙高 2.5 米，其他猪舍可以适当降低。

（三）屋顶

屋顶是猪舍最上层的屋盖，具有防水、防风沙、保温隔热和承重的作用。屋顶的形式主要有坡屋顶、平屋顶、拱形屋顶，炎热地区用气楼式和半气楼式屋顶。要求屋顶防水、保温、耐久、耐火、光滑、不透气，能够承受一定重量，结构简便，造价便宜。屋顶材料多种多样，有水泥预制屋顶（屋顶为水泥预制板平板式，并加 15～20 厘米厚的土以利保温、防暑）、有瓦屋顶、砖屋顶、石棉瓦和钢板瓦屋顶

（并夹有玻璃纤维保温棉）以及草料屋顶等。草料屋顶造价低，保温性能最好，但不耐用，易漏雨；瓦屋顶坚固耐用，保温性能仅次于草屋顶，但造价高；石棉瓦和钢板瓦屋顶最好内面铺设隔热层，以提高保温隔热性能。

（四）地面

地面要求保暖、坚实、平整、不透水，易于清扫消毒。传统土质地面保温性能好，柔软，造价低，但不坚实，易渗透尿水，清扫不便，不易于保持清洁卫生和消毒；现代水泥地面坚固、平整，易于清扫、消毒，但质地太硬，容易造成猪的蹄伤、摔跤和风湿症等，对猪的保健不利；砖砌地面的结构性能介于两者之间。肉用野猪性急易躁，善于奔跑和跳跃，所以舍内地面不要太光滑，避免肢、蹄受伤。

为了便于冲洗清扫，清除粪便，保持猪栏的卫生与干燥，有的猪场部分或全部采用漏缝地板。常用的漏缝地板材料有水泥、金属、塑料等，一般是预制成块，然后拼装。选用不同材料与不同结构的漏缝地板，应注意其经济性（地板的价格与安装费要经济合理）、安全性（过于光滑或过于粗糙以及具有锋锐过角的地板会损伤猪蹄与乳头。因此，应根据猪的不同体重来选择合适的缝隙宽度）、保洁性（劣质地板容易藏污纳垢，需要经常清洁。同时脏污的地板容易打滑，还隐藏着多种病原微生物）、耐久性（不宜选用需要经常维修以及很快会损坏的地板）和舒适性（地板表面不要太硬，要有一定的保暖性）。

（五）门窗

双列猪舍中间过道为双扇门，要求宽度不小于 1.5 米，高度 2 米。单列猪舍走道门要求宽度不少于 1 米，高度 1.8～2.0 米。猪舍门一律要向外开，不设门槛。寒冷地区设置门斗。

窗户的大小以采光面积与地面面积之比来计算，种猪舍要求 1：8～1：10，育肥猪舍为为 1：15～1：20。窗户下缘距地面高 1.5～1.8 米，窗顶距屋檐 40 厘米，两窗间隔距离为其宽度的 2 倍，后窗的大小无一定标准。为增加通风效果，可增设地窗。

（六）粪尿沟

粪尿沟，开放式猪舍要求设在前墙外面，全封闭式、半封闭式（冬天扣塑料棚）猪舍可设在距南墙 40 厘米处，加盖漏缝地板。粪尿沟的宽度应根据舍内面积设计,至少30厘米宽。漏缝地板的缝隙宽度要求不得大于1.5厘米。

三、不同类型肉用野猪圈舍的设计

(一)种公猪舍

种公野猪野性强、性情粗野、力量强,对圈舍地面及设施极具破坏力,种猪舍建造要做到结实牢固。

种公野猪舍有开放式、半开放式和密闭式。南方多采用开放式,北方多采用半开放式和密闭式,舍外设置运动场。猪舍高度2.5米。密闭舍在侧墙上留有采光窗(每间设置1个高0.6米、宽1.2米的窗户,窗户下缘离地面1.4米,纯种野猪舍可用直径8～12毫米钢筋焊接的网罩固定在窗户上);开放式、半开放式的开露部分要设置铁丝网(1.4米以下为实墙),冬季可以用塑料布等隔热材料封闭。

猪舍内设置猪栏,猪栏规格为宽3米、长6米、高1.4米(纯种野公猪2米)。根据材料不同猪栏分为实体猪栏、栏栅式猪栏和综合式猪栏。实体猪栏采用砖砌结构(厚12厘米),外抹水泥,或水泥预制构件(厚5厘米)组装而成;栏栅式采用金属型材焊成栏栅状再固定而成,栏栅式猪栏的间距为成年猪≤10厘米(哺乳仔猪≤3.5厘米、保育猪≤5.5厘米、生长猪≤8.0厘米、育肥猪≤9.0厘米);综合式猪栏采用两种方式综合而成,两猪栏相邻的隔栏采用实体结构,沿饲喂通道的正面采用栏栅式结构。可根据野猪的驯化水平、野猪血统含量等,选用不同的猪栏。靠近走道处留栏门和安装食槽、饮水器。炎热地区在猪栏远离走道的一侧建一个深40厘米、长1米、宽60厘米的水池,水池两头建成斜面,供高温季节种猪洗浴降温。栏门宽度为0.8米,用12毫米圆钢焊接。食槽可用水泥预制或砖垒。水槽上方安装鸭嘴式饮水器。

种公猪舍外设置运动场,运动场和猪舍相通,纯种野猪面积不小于50平方米,杂交野猪不小于30平方米。运动场围墙高2.5米,实体墙高1.5米,实体墙上架设1米高的铁丝网。运动场地面应铺设30厘米厚的细沙土,利于对种公猪肢、蹄的保护。成年野公猪较耐寒而不耐热,应在运动场搭凉棚或种植葡萄、南瓜等蔓生植物,为公猪在炎热的夏季创造一个凉爽的环境。

肉用野猪尽管受到人类的驯化，但驯化时间短，仍具有很强的野性，仍然胆小怕人、易惊，一旦受到惊吓，它就会奔跑跳跃。野猪视力不好，如果没有足够的空间，就会撞击围墙和铁丝网造成伤害和死亡。如果空间大，有足够的空间供野猪奔跑跳跃，可以避免损失。因此，运动场是野猪受到惊吓后最好的躲避场所。

运动场可以供野猪自由运动，缓解情绪。野猪是生长在野外的动物，如果在过于狭小的空间里生活，限制了活动，野猪就会因为环境改变过大郁闷而死。尤其是成年野猪，已经适应了野外的生存环境，如果活动范围过小，容易引起突然死亡。有些种野猪突然死亡，死后剖检又检查不出任何病灶，原因就是圈舍太小、空间太狭窄，饲养环境和野外环境差异太大。

（二）种母猪舍

种母猪舍包括后备及空怀、妊娠和哺乳母猪舍。

1. 空怀母猪舍

饲养规模小，应建成单排半敞开式。单排半敞开式母猪舍应坐北朝南，东西走向。根据当地纬度可偏东或偏西5°。空怀母猪舍宽4.8米、长36米，靠北留有1.2米的走廊，无梁结构，圈与圈之间用12厘米的红砖砌体做屋顶承重墙，每间圈舍9平方米。食槽用红砖砌体、水泥抹面，排在北面，长度0.5米，食槽旁设50厘米宽的圈门，南墙设60厘米×60厘米的墙洞，直通运动场。运动场设在圈舍南墙前面，宽为3个圈舍的宽度，一般是9米宽、6米长，计54平方米。3个栏的母猪共用一个运动场，每栋舍设12个猪栏、4个运动场，每栏养4头母野猪，共养16头空怀母野猪。

饲养规模大时，为节省土地应建成双排半敞开式猪舍。双排半敞开式母猪舍，宽11米，中间设1.2米走廊，两边是两列猪栏，猪栏宽度3米。栏门、食槽和饮水器设置同单排猪舍。同时也是3个猪栏设立一个运动场。

单排半敞开式或双排半敞开式猪舍敞开的那一部分，夏季要安装防晒网和防蚊网，防蚊网要安在防晒网下面。

空怀母猪舍的猪栏高度要以母猪野猪血统含量的多少而定。如果母猪野猪血统含量在50%以下，猪栏高1.4米即可；如果野猪血统含量在 50% 以上，应在 1.7 米以上高；纯种野猪，猪圈墙高应在 2～2.2 米。舍外运动场和猪舍相通，运动场围墙高 2.2 米，实体墙高 1.5 米，实体墙上架设 0.7 米高的铁丝网。

2. 妊娠母野猪猪舍

妊娠母野猪猪舍有单列式和双列式。妊娠母猪可以群养，也可以单养。妊娠母野猪对冷、热都较为敏感，尤其怕高温，猪舍建设要考虑保温御热。单列式猪舍宽度一般为 5 米左右，双列式猪舍宽度为 10 米左右，舍外设置运动场。南方妊娠母猪舍的高度应在 3.5～4 米，增加高度可以提高通风量。圈舍前后要多栽树，多种植藤蔓植物，植物藤蔓可以直接引到圈舍上面，这样可以减少阳光的辐射，屋顶最好用复合式结构。

肉用野猪养殖，最好采用单体限位栏和群养相结合的方式进行饲养。母野猪大都是在抢食中发生打斗和碰撞，平时很少打架。为此，要把食槽隔开，选用直径 14 毫米的钢筋焊接成长 60 厘米、高 50 厘米的拦网，把食槽分割成 4 个单独的食槽，形成半截栏的形式，这样每间猪栏分成 4 个半截限位栏，养 4 头妊娠母猪（猪栏规格为宽 3 米、长 4～5 米，结构见种公猪舍）。3 个猪栏 12 头妊娠母野猪共用一个运动场。母猪舍母野猪配种后，在猪栏里饲养 7～10 天后，打开猪栏后门，让其在运动场上自由活动。母野猪由于在猪栏里生活了 7～10 天，已经熟悉了自己的栏圈，基本都能在自己的限位栏里吃食和休息。

这种饲养方式，母猪不在一起采食，之间也不会发生打架和碰撞，避免了流产。饲养人员还可以根据母猪的体况，对每头母野猪的采食情况进行控制。母猪得到充足的运动，采食量增加，体质康健，很少发生产后不食症和乳腺炎等疾病。尤其妊娠后期每天都能自由运动，有助于母猪顺利分娩，不会发生难产，对提高仔猪的成活率起到非常重要的作用。

另外，还有单体栏饲养和群养。单体栏前后均设栏门，长度为 2.0～2.3 米，宽度为 0.5～0.7 米，前部隔条间距应小于 10 厘米；群养就是将几头妊娠母猪放入一个猪栏内饲养。群饲可增加母野猪运动量，但母野猪之间为了占有资源（饲料、饮水）与领域，常引发同栏母野猪争斗，导致膘情不一和机械性流产。

3. 哺乳母猪舍

哺乳母猪舍是全场投资最高、设备最佳、保温最好的猪舍。哺乳母猪舍既要满足母猪的要求，又要兼顾仔猪的要求。分娩母猪的适宜温度为 16～18℃，新生仔猪的热调节机能发育不全，怕冷，其适宜的温度为 25～34℃，气温低时通过挤靠母猪和相互拥挤取暖，这样常常出现仔猪被母猪踩死、压死的现象。

不管南方或北方，哺乳母猪舍都应建成封闭式猪舍。由于仔野猪怕冷，猪舍需要较高的温度，所以猪舍的保温性能要好，屋顶要采用多层复合式结构或安装顶棚，减少舍内温度的流失。地面不能采用漏缝地板，因为肉用野猪野性大、性急、胆小易惊，漏缝地板容易对野母猪肢、蹄造成伤害，必须选用水泥或红砖铺设地面。哺乳母猪舍的形式有单列式和双列式，饲养方式有栏内饲养和分娩栏饲养。

（1）栏内饲养 猪栏面积要求 3 米×4.5 米，猪栏内设置有小栏，小栏内有保温箱供仔猪活动休息，可以隔离仔野猪和母野猪。小栏材料为铁丝网，留有仔猪出入口，母野猪不能进入，但是母野猪和仔野猪相互之间能够看到或接触到。母野猪只有吃奶的时间和仔猪在一起，其余时间仔猪在仔猪舍内活动和吃食，这样就能促使仔野猪早开食并减少仔猪伤亡。断奶时，立即把母猪赶开或将仔猪限定在仔猪活动区内，仔猪能够很快适应独立生活，母野猪也不会因为哺育期长而失重过量，对乳腺炎的控制十分有利。纯种野猪母猪或肉用野猪母猪含野猪血统在 75% 以上的适用于栏内饲养。

（2）母猪分娩栏饲养 母猪分娩栏主要由分娩栏、仔猪围栏、钢筋编织的漏缝地板网、保温箱、支腿等组成。钢筋编织的漏缝地板网通过支腿架在粪沟上面，母猪分娩栏再安架到漏缝地板网上，粪便很快就通过漏缝地板网掉入粪沟。其中母野猪限位架长 2.0～2.3 米、宽 0.6～0.7 米、高 1.0 米；仔野猪围栏的长度与母野猪限位架相同，宽 1.7～1.8 米、高 0.5～0.6 米；仔野猪保温箱用水泥预制板、玻璃钢或其他高强度的保温材料，在仔野猪栏区特定的位置分隔而成。

有条件的猪场，可以采用母猪分娩栏（图 3-10）。因为分娩栏哺猪，能使仔野猪和母野猪脱离地面，隔绝了地面粪尿及细菌感染，对防治仔野猪腹泻、提高仔猪成活率起到根本性作用。尽管购买产床增加了投资成本，但提高了仔猪成活率和增重，减少了饲养人员的劳动强度，增加了养殖效益，总体上是划算的。但并不是所有的肉用野猪母猪都适宜用分娩栏饲养，只有含野猪血统在 75% 以下的母猪才能安全使用母猪分娩栏（母猪分娩栏最适宜含 50% 以下野猪血统的母猪使用，可从根本上提高仔猪的成活率和窝重）。因为含野猪血统高的肉用野猪母猪野性大、性情急，如果强行关在产仔栏里，会上蹿下跳，非常不安静，时常会踩死仔猪和拒绝哺育仔猪，并且会产生厌食症，不吃不喝，泌乳减少，患乳腺炎，甚至可能造成死亡。

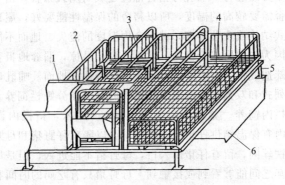

图 3-10　母猪分娩栏

1—保温箱；2—仔猪围栏；3—分娩栏；4—钢筋编制板网；5—支腿；6—粪沟

　　由于肉用野猪断奶时间长，不能全期在分娩栏里饲养，一般 4 周后，就要下床进入地面哺育，放在能够隔离母野猪和仔野猪的哺育舍内。每天按一定的时间和次数进行吃奶，强制仔猪采食饲料，促使早日开食，为日后断奶创造条件。

（三）仔猪保育舍

　　断奶仔猪身体各机能发育不完全，免疫力、抵抗力差，易感染疾病，体温调节机能差，怕冷，因此，仔猪保育舍应给仔猪提供清洁、温暖的环境。冬季一般需要供暖，才能保证适宜的温度。仔猪保育舍在北方要建成封闭式猪舍，在南方可建成半敞开式猪舍。饲养规模小，可建成单排猪舍，饲养规模大，可建成双排猪舍。单排猪舍走向要坐北朝南，这样才能保证冬季充分利用阳光，提高圈舍温度。双排猪舍应建成南北走向，这样能保证两排猪舍都能充分照射到阳光。如果建成东西走向，北面的猪舍常年见不到阳光，不利于仔野猪的健康。仔猪保育舍的墙体最好采用 24 厘米的空心砖砌体，并要求里外抹墙。屋顶要有顶棚或采用多层复合屋顶。寒冷地区保育舍，北面窗户要小，一般 60 厘米×80 厘米即可，冬季应用塑料布封盖，增加保温能力。南面窗户可大一些，一般 1.2 米×1.4 米即可，冬季仍然要用塑料覆盖。猪舍设置专用通风管道，以免冬季开门窗透风降低猪舍内的温度，还要安装取暖设施，温度过低时，进行人工供暖。

保育猪的饲养方式有地面栏养和保育栏网上饲养。地面栏养猪栏规格为 3 米×3 米，饲养一窝断奶仔猪。保育栏内要设置活动区和睡卧区。睡卧区一般面积为 1.2 米×1.5 米，地面上先铺一层木板，再铺设 20 厘米厚的木渣或粉碎的玉米秸，上面再放一张稻草帘，这样睡卧的地方干燥温暖，能隔绝寒冷潮湿的水泥地面对仔野猪的侵袭，防止仔野猪在睡觉时受凉而发生腹泻。

饲养人员要经常清扫粪便，3～5 天要更换 1 次草帘，并在有阳光的天气里进行晾晒。这种保暖地面比水泥地面干燥温暖，可明显减少仔猪的腹泻和拉稀。在北方寒冷的冬季，这种保暖地面比水泥地面可提高仔野猪成活率 20% 左右。

保育舍外也要建运动场，让仔野猪每天到运动场上自由运动，增加活动量，从而提高仔猪的采食量。仔野猪得到充分运动，体质变得强壮，很少生病。这样既减少了药物的开支，又提高了仔猪的生长速度。保育舍要安装自动饮水器和自动饮水槽，保证充足清洁的饮水和营养丰富的饲料。

保育栏高床网上饲养比水泥地面饲养的仔猪体重平均提高 15%，饲料利用率提高 10%～12%，成活率可达 96%。但仔猪不能到运动场上活动，减少了仔野猪的活动量，比地面培育的仔野猪体质差。仔猪保育栏由高架、围栏、自动落料食槽构成。网床可用钢丝编网，也可以用塑料漏缝地板组成。网床高出地面 20 厘米。围栏固定在网床四周，两个栏之间安装一个双面自落料食槽，单个栏可以用一个单面食槽。保育栏按大小可分为两种。一种是小栏，一栏一窝，这样可使仔猪原窝在一个栏里，防止不同窝的猪互相打架。小栏长×宽为 (1.7～2.1) 米×(1.6～1.8) 米。另一种是大栏，仔猪并窝饲养，一栏可养 2～3 窝。大型保育栏长×宽 (3～3.5) 米×2.5 米。由于野仔猪的跳跃能力比家猪强，保育栏高度要适当增加。家猪保育栏高度是

70厘米，肉用野猪仔猪保育栏高度应增加30厘米，达到1米。保育栏见图3-11。

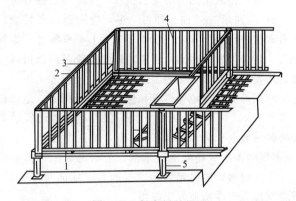

图 3-11　保育栏结构图

1—连接板；2—围栏；3—漏缝地板；4—自动落料食槽；5—支腿

（四）生长育肥猪舍设计

生长育肥猪的各项机能均已完善，对不良环境条件有较强的抵抗力，因此，可采用多种形式的圈舍饲养。生长育肥猪舍的建造要本着节省投资、适用的原则，尽量廉价材料，能做到避风遮雨、防寒保温即可。

生长育肥猪舍可分为单列式和双列式。在南方地区，重点是高温季节的防暑降温。生长育肥猪虽然对外界温度具有很强的适应能力，但育肥后期对高温耐受力较差。育肥猪舍要建成开放式双排猪舍，猪舍高度4米以上，尽量增加高度，这样才能有利于通风降温。南方猪舍应坐北朝南，建成东西走向的猪舍，猪舍前要多栽树，夏季利用树冠来遮挡阳光的照射，还可以架设遮网降低猪舍的温度。同时，要合理利用南排猪舍和北面猪舍的温差，把育肥期早期安排在南排猪舍，育肥后期安排在相对凉爽的北面猪舍内。需要安装喷雾降温设施，以备高温季节对猪舍进行降温。

在北方，重点是寒冷季节的防寒保温。北方猪舍和南方相反，要建成南北走向的半敞开式双排猪舍，适当加大1倍面积。猪圈墙到棚顶的敞开长度加长到1.2米，增加冬天对猪舍的光照面积。在冬季，敞开部分应扣双层塑料薄膜，夜间要用稻草帘子覆盖到薄膜上面，以增加猪舍的保温能力。北方育肥猪舍要适当降低高度，一般 3～3.2 米。降低高度是为了减少猪舍的空间，有利于冬季保温。北方育肥猪舍建成南北走向，冬季可以充分利用阳光，增加猪舍温度，猪舍的东面圈上午可以照射到阳光，西面圈下午可以得到阳光，不会像东西走向的双排猪舍，北面的猪舍常年见不到阳光而阴暗潮湿。这种走向的猪舍在冬季可以充分利用阳光，使整个猪舍都能保证得到充足的阳光。夏季又非常凉爽，有利于育肥野猪的生长。北方的夏季温度比南方低，猪舍的东面和西面可栽树和安装遮阳网，使猪舍保持凉爽。

北方育肥猪舍可采用无梁式建筑，利用每个圈舍的隔墙加高来做承重梁，选用 12 厘米的实心砖。为了夏季通风，地面之上 1 米为实体墙，1 米以上砌成花墙，这样就解决了南北走向的夏季通风问题。上架采用价格低廉的水泥棒，这样不仅造价低、经久耐用，还增加了屋架的承重能力，提高了对大风雪的抗击能力。猪舍东西两侧敞开部分中间要放一根水泥棒，以便冬季铺设塑料薄膜和稻草帘子，增加塑料的承重能力，防止冬季大雪压碎薄膜。

肉用野猪的活动能力比家猪强，育肥舍要求比家猪大。每头野猪需要 1.4～1.5 平方米的面积，由于采用无梁结构，猪舍的跨度可以扩大一些，一般宽 11.5 平方米、长 89 米，设 52 个圈舍，可以养 500 头育肥肉用野猪。

劳动人民在长期的生产实践中，创造了很多经济适用的东西。比如在靠猪舍的外墙一面用红砖砌（宽 12 厘米的单体墙）一个 80 厘米宽的小圈，在安装饮水器的一侧留一个出口供猪在此排粪、撒尿。这种方法有利于训练猪的"三点定位"。墙体不要砌得太高，为方便饲养人员清粪，以 50 厘米高为宜。小墙内地面要有倾斜坡度，以利于饮水器的漏水流向出粪口。饮水器和出粪口的坡度以 6％为好。这样猪就养成了良好的习惯，在小圈里饮水、撒尿、排粪，在大圈里休息、活动，保证了大圈的卫生。如果不隔开，猪的尿液、粪便、饮水器的滴水混在一起，冬季寒冷季节猪舍无法铺草。隔开后，寒冷季节可以在大圈里放上碎草供猪取暖，起初饲养人员要往一处堆积一下，时间长了猪就会自觉地用蹄子往一个角归拢取暖。

肉用野猪的育肥后期需要适当增加运动，因此，育肥野猪舍旁要设立一个运动场，供育肥野猪运动。运动场一般设在育肥猪舍的一侧，便于猪从猪舍直接进入运动场，面积要求在 300 平方米左右。面积过小起不到锻炼的作用。运动场围墙要求有 1.5 米高的实体墙，墙上部架设 50 厘米的铁丝网，四周种上速生杨树。运动场外墙种上爬蔓植物，夏季可以给运动场遮阴。运动场地要铺设 20 厘米厚的细沙土，以保护猪的肢蹄，不宜铺设水泥地面，水泥地面夏季在阳光照射下温度太高，下雨后又太滑，容易对猪的肢蹄造成伤害。

运动时，要有次序，进入运动场前要对猪进行训练。起初一圈一圈单独放，让猪熟悉进出场地和猪舍的通道，并熟悉圈舍，等到自己能够回到圈舍时，再同时多放几圈，这样不会乱圈，有利于管理。

●●●●●●● 第四节　肉用野猪场的常用设备 ●●●●●●●

一、饲喂饮水设备

（一）供水饮水设备

肉用野猪场生产过程中需要大量的水。供水饮水设备是猪场不可缺少的设备。

1. 供水设备

肉用野猪场供水设备包括水的提取、储存、调节、输送分配等部分，即水井取水、水塔储存和管道输送等。供水可分为自流式供水和压力供水。猪场一般采用压力供水，供水系统包括供水管道、过滤器、减压阀（或补水箱）和自动饮水器等部分。

2. 饮水设备

肉用野猪场的饮水设备主要有水槽和自动饮水器。水槽有水泥槽和石槽，或食槽水槽兼用等，投资少，但卫生条件差且浪费水；自动饮水器有鸭嘴式自动饮水器、杯式自动饮水器（图 3-12），既保证了饮水卫生和减少了水的浪费，又提高了劳动效率，管理方便。饮水器安装高度和水流速度见表 3-3。

（二）供料设备

1. 饲槽

在养猪生产中，无论采用机械化送料饲喂还是人工饲喂，都要选配好饲槽。

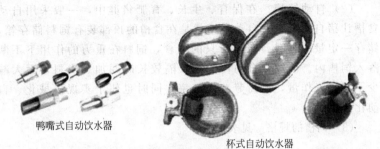

鸭嘴式自动饮水器　　　　　　　　　　杯式自动饮水器

图 3-12　自动饮水器

表 3-3　饮水器安装高度和水流速度的建议标准

阶段(体重)	供水杯安装高度/毫米	鸭嘴式饮水器水平安装高度/毫米	水流速度/(升/分)
哺乳仔猪	50～70	150～250	0.3
断奶仔猪	100～120	200～300	0.7
仔猪(15～30 千克)	120～150	300～400	1.0
育肥猪(30～60 千克)	150～200	550～600	1.5
妊娠母猪	150～250	650～750	1.5～2
哺乳母猪	150～250	650～750	2
公猪	250～300	750～800	2～2.5

注：规模养猪场常用鸭嘴式自动饮水器。安装时一般应使其与地面成 45°～75°倾角

（1）限量饲槽　对于限量饲喂的公猪、母猪、分娩母猪一般都采用钢板食槽或混凝土地面食槽；限量饲槽采用金属或水泥制成，每头猪喂饲时所需饲槽的长度大约等于猪肩宽（图 3-13）。

图 3-13　限量饲槽（铸铁材料制造）

（2）自动饲槽　在保育、生长、育肥猪群中，一般采用自动食槽让猪自由采食。自动食槽就是在食槽的顶部装有饲料储存箱，储存一定量的饲料。随着猪只的吃食，饲料在重力的作用下不断落入饲槽内。因此，自动食槽可以隔较长时间加一次料，大大减少了饲喂工作量，提高劳动生产率，同时也便于实现机械化、自动化喂饲。

（3）饲槽的规格　见表3-4。

表 3-4　各类猪只饲槽规格

猪的种类	每头猪占饲槽长度/厘米	饲槽宽度/厘米	后缘高度/厘米	前缘高度/厘米
公猪	33～50	80	85	18
母猪	33～50	80	85	18
育肥猪	27～33	80	85	18
生长猪	23～27	60	70	15
幼猪	18～20	60	60	12
仔猪	18～20	40	40	10

注：饲槽宽度指的是双面饲槽，单面饲槽减半。

2. 加料车

加料车广泛应用于将饲料由饲料仓出口装送至食槽，如定量饲养的配种栏、妊娠母猪栏和分娩栏的食槽。加料车有手推机动加料车和手推人工加料车两种。

二、通风设备

（一）自然通风

自然通风是指不借助任何动力使猪舍内外的空气进行流通。为此在建造猪舍时，应把猪场（舍）建在地势开阔、无风障、空气流通较好的地方；猪舍之间的距离不要太小，一般为猪舍屋檐高度的3～5倍；猪舍要有足够大的进风口和排风口，以利于形成穿堂风；猪舍应有天窗和地窗，有利于增加通风量。在炎热的夏季，可利用昼夜温差进行自然通风，夜深后将所有通风口开启，直至第二天上午气温上升时再关闭所有通风口，停止自然通风。依靠门窗及进出气口的开启来完成。

(二)机械通风

机械通风是以风机为动力迫使空气流动的通风方式。机械通风换气是封闭式猪舍环境调节控制的重要措施之一。在炎热季节利用风机强行把猪舍内污浊的空气排出舍外，使舍内形成负压区，舍外新鲜空气在内外压差的作用下通过进气口进入猪舍。

传统的设备有窗户、通风口、排气扇等（图3-14），但是这些设备不足以适应现代集约化、规模化的生产形式。现代的设备是"可调式墙体卷帘"及"配套湿帘抽风机"。卷帘的优点在于它可以代替房舍墙体，节约成本，既可保暖又可取得良好通风效果。

自然通风排风机　　　　　　　　轴流式排风机

图3-14　猪场常用的通风换气扇

三、降温和升温设备

(一)降温设备

1. 风机降温

当舍内温度不很高时，采用水蒸发式冷风机，降温效果良好。

2. 喷雾降温

用自来水经水泵加压，通过过滤器进入喷水管道后从喷雾器中喷出，在舍内空间蒸发吸热，降低舍内温度。

(二)升温设备

1. 整体供热

猪舍用热和生活用热都由中心锅炉提供，各类猪舍的温差靠散热片的多少来调节。国内许多养猪场都采用热风炉供热,可保持较高的温度,升温迅速,便于管理。

2. 分散局部供热

可采用红外线灯供热,主要用于分娩舍仔猪箱内保温培育和仔猪舍内补充温度。红外线灯供热简单、方便、灵活。

四、保定设备

野猪性情凶猛,不易捕捉,捕捉时必须借助一定的工具。野猪捕捉和保定设备,是肉用野猪养殖场不可缺少的设备。

（1）仔野猪捕捉网兜 仔野猪捕捉网兜用 6 毫米的钢筋圈成直径 30 厘米的圆圈,用 3 厘米×3 厘米的尼龙网套在铁圈上,长度 40 厘米,网兜底部用绳扎死,然后把铁圈绑在 2.5 米长的木棒或竹竿上。在捕捉仔野猪时不必进圈,直接站在墙外用网兜就可将仔野猪逮到,避免了对母野猪和仔野猪的刺激。

（2）注射车 注射车是专用于种野猪的疫苗注射和打针的工具。类似仔猪转运车,只是车底部前端是一个可升降的活裂板,车的外侧安有两个齿轮,用自行车链条连接,木板下端是根轴,用齿轮带动可以升降。当野猪进入车后,摇动齿轮,前底部木板升起,野猪头部顶住车的上部。由于前端木板升起,野猪的前肢离地腾空,无法用力,头的上下没有活动空间,就固定住了,便于注射。

（3）注射笼 注射笼采用大号的装猪笼,直接进圈套猪。猪进入笼后,用一根粗木棒顶住野猪的头部,然后注射。

（4）网池（网坑） 网池一般设在种猪舍的走廊上,长 1.5 米,宽度和走廊一样,深 80 厘米,池子的上部用 80 厘米×80 厘米的尼龙网盖住。网的四周用 2.5 厘米×2.5 厘米的角固定在池边。由于野猪的视力不好,当野猪从猪舍出来后,会直接掉进网池,网面兜住野猪的身体,野猪的四肢离开地面,无力反抗,然后注射。平时网池上面要用木板盖住,便于饲养人员工作。

（5）捕捉网 捕捉网就是常用的建筑防护网,网眼 6 厘米×7 厘米,用于大群野猪的注射。疫苗注射前将圈舍冲洗干净,然后用 2~3 张网同时撒向野猪群,由于野猪的冲撞和缠绕,野猪就被网缠住了,然后进行注射。如果是单个野猪固定,用一张网就可以了。套野猪时要注意先套头部，野猪被网住头部必然会走动，自己就会摔倒，然后再进行人工固定。

五、消毒设备

为做好猪场的卫生防疫工作，保证猪只健康，猪场必须有完善的清洗消毒设施。设施包括消毒室（内设消毒池、紫外线等）、车辆消毒池和消毒用具（高压冲洗机、喷雾器和火焰消毒器等）（图3-15）。

简易压力式消毒喷壶　　背负式电动消毒喷雾器　　高压电动消毒喷雾器

图 3-15　猪场常用的消毒设备

六、粪尿处理设备

粪污处理关系到猪场和周边的环境，也关系到猪群的健康和生产性能的发挥。设计和管理猪场必须考虑粪污的处理方式和设备配置，以便于对猪的粪尿进行处理，使环境污染减少到最低限度。

（一）水冲粪

粪尿污水混合进入漏缝地板下的粪沟，每天数次从沟端的水喷头放水冲洗。粪水顺粪沟流入粪便主干沟，进入地下储粪池或用泵抽吸到地面储粪池。水泥地面，每天用清水冲洗猪圈，猪圈内干净，但是水资源浪费严重。

（二）干清粪

清粪工艺的主要方法是，粪便一经产生便分流，干粪由机械或人工收集、清扫、运走，尿及冲洗水则从下水道流出，分别进行处理。干清粪工艺分为人工清粪和机械清粪两种。人工清粪只需用一些清扫

41

工具、人工清粪车等。其优点是设备简单，不用电力，一次性投资少，还可以做到粪尿分离，便于后面的粪尿处理。其缺点是劳动量大，生产效率低。机械清粪包括铲式清粪和刮板清粪。机械清粪的优点是可以减轻劳动强度，节约劳动力，提高工效。缺点是一次性投资较大，还要花费一定的运行维护费用。

第四章
肉用野猪的繁育

新建肉用野猪养殖场和养殖户都面临种猪是自己培育还是引进问题。这要根据自己的实际情况来决定。如果将来以销售种猪为主，那么就应该自己培育，如果是建肉用野猪商品育肥场，既可以自己培育，也可以直接到附近肉用野猪养殖场引种。无论是自己培育还是引种，都必须进行繁育。肉用野猪的繁育直接关系到肉用野猪的质量和猪场的生产效益，特别是规模化舍内饲养肉用野猪，必须做好肉用野猪的繁育工作。

●●●●● **第一节　肉用野猪繁育的优良品种** ●●●●●

肉用野猪是利用野猪和家猪通过不同的杂交方式和模式形成的新的品种类型，繁育目的是生产高档优质猪肉。这种猪肉必须具备瘦肉率高、肌间脂肪饱满、口感好、香味浓、适于鲜食的优势。选用什么样的家猪品种作亲本和野猪杂交才能达到以上要求，是繁育肉用野猪十分关键的问题。应该根据饲养目的和需要选择参与杂交的适宜品种。

一、野猪

野猪，又名山猪，属于偶蹄目、猪科、真猪亚科、野猪属，全世界有 27 个亚种。我国迄今为止已发现 6 个野猪亚种，分别是华北亚种（*Susmoupinensis*），分布于山西、河北、河南、陕西、湖北、安徽、四川和甘肃等地；东北亚种（*Susussuricus*），主要在辽宁、吉林和黑龙江；蒙古亚种（*Susradeama*），主要在内蒙古自治区和蒙古国境内；中亚亚种（*Susnigripes*），分布于新疆的天山和阿尔泰山；南方亚种（*Suschirodonta*），分布在江苏、福建、湖南、广西、广东、江西、云南、贵州、海南；台湾亚种（*Sustaivans*），仅分布于台湾省。

野生野猪毛色呈暗褐色或棕灰色，间或有黑色，是一种自然保护色，是适应于野生环境的自身保护。野猪皮肤粗厚坚硬，生有浓密的绒毛，被粗糙的暗褐色或者黑色鬃毛，颈背侧鬃毛可长达 17 厘米。仔野猪出生时呈黄褐色，背部带有条状花纹，毛粗而稀，5 月龄时蜕变成成年毛色。野生野猪体躯健壮，头较长，耳小并直立，吻部突出似圆锥体，其顶端为裸露的软骨垫（也就是拱鼻）；野猪齿发达，雄性野猪上犬齿外露，并向上翻转，呈獠牙状。身躯窄而浅，前躯发达，腹部紧缩，背线前高后低；四肢粗短，每脚有 4 趾，具硬蹄，仅中间 2 趾着地；尾巴细短。

野猪适应性极强，栖息于山地、丘陵、荒漠、森林、草地和林丛间，特别喜欢生活在河溪和湖泊边的潮湿丛林中。野猪为杂食性动物，其食物包括草、果实、坚果、根茎、昆虫、鸟蛋、大家鼠、腐肉，甚至野兔与鹿崽等也会吃。在食物丰富的季节，成群结队集体觅食。野猪的鼻子十分坚韧有力，可以推动 40～50 千克的重物，用于挖掘洞穴或当做防卫武器。觅食时，母野猪在前面开路，幼仔紧跟在它的后面，在母野猪挖成的沟里寻找食物。生活在山区的野猪在入秋至开春时节，匿伏于农田附近的植被中，夜间盗食玉米，喜藏匿于背风向阳、高燥凹形地的白栎、槲栎、灌木、葛蕨藤蔓、茅草丛中；夏天则时常躲藏在凉爽的溪谷边洗浴纳凉。野猪的天敌有虎、豹、狼、熊、猞猁、猛禽等野生动物。

野猪是群居动物，一个野猪群一般有 20 头野猪，有时可达 50 头。野猪群一般由 2～3 只母野猪与一群幼野猪组成，公野猪只在发情期才会加入野猪群。野猪大多数时间在熟知的地段活动，活动范围一般 8～12 平方千米，常通过"哼哼"的叫声来进行远近距离的交流。在与其他群体发生冲突时公野猪负责护卫群体。觅食时经常群体出动，小野猪在前，大野猪在后，遇到岔路、分道和河流旷地时停步观望。一般早晨和黄昏时分活动觅食，中午时分进入密林中躲避阳光，喜欢在泥水中洗浴。野猪白天通常不出来走动。野猪行走时低头突进，遇惊时仰头嗅听，静呆数秒，而后奔逃。野猪有拱地为穴和收集枯枝落叶、咬扯杂草、啃折小树筑巢的喜好。野猪会在领地中央的固定地点排泄，粪堆的高度可达 1.1 米。野猪行动谨慎，不走山间人行小道，喜在两峰间的高草中穿行。

野猪机灵凶猛，奔跑快速，警惕性也很强，身上的鬃毛既是保护的"外衣"，又是向同伴发出警告的报警器，一旦遇到危险，它会立即抬起头，突然发出"哼"声，同时鬃毛会倒竖起来。公野猪打斗时，从相距 20～30 米远的地方开始突袭，胜利者用打磨牙齿的方式来庆祝，并排尿来划分领地，失败者翘起尾巴逃走。公野猪还要花很多时间在树桩、岩石和坚硬的河岸上摩擦它的身体两侧，这样就把皮肤磨成了坚硬的保护层，可以避免在发情期的搏斗中受到重伤。

野猪的视觉一般，但听觉和嗅觉极为敏锐，轻微的声响就能够觉察到。人站在 1 千米外的顺风口野猪就嗅得到人的气味，即使深达 67 厘米的食物也能够找到。公野猪还能凭嗅觉来确定母野猪所在的位置。

野生条件下，雌性野猪一般 18～20 月龄才到性成熟，雄性则要 3～4 年。野猪是"一夫多妻"制。发情期公野猪之间要发生一番争斗，争雄失败落荒而逃的公野猪胆大凶猛，离群索居；胜者自然占据统治地位。发情时，母野猪经常在下午 3 点左右发出"咿、咿"的求偶声，公野猪闻声而至。野猪属季节性发情动物，多在秋末冬初发情明显，其余时间一般不发情或极少发情。一般每年 10 月交配，次年 4～5 月产仔，发情周期平均 21 天左右，发情持续期 1～2 天，妊娠期 120～140 天。母野猪乳头 4～5 对，每胎产仔 2～6 只，高产者可达 7～8 只，哺乳期 4 个月。母野猪通常在分娩前几天，找合适的位置作"产房"。"产房"的位置一般选在隐蔽处，母野猪叼来树枝和软草，铺垫成一个松软舒适的产床。仔野猪出生后 2 周便能够咬吃食物。在幼仔尚小的时候，母野猪单独照顾幼仔。这时的母野猪攻击性很强，甚至连公野猪也害怕它。成年公猪在自然交配条件下，每年可负担 30～40 头母猪的配种任务。

野猪生长缓慢，野外条件下刚生下的小猪体重 0.5～0.75 千克，2～3 周后能拱土取食，当年重量可达到 30～45 千克，第 2 年冬季体重可达到 80～100 千克。4～5 岁时才结束生长，最大的雄性个体可达 250 千克。成年野猪体长 1～2 米，毛全黑或棕黑色。寿命 15～20 年。多在夏末、秋季沉积脂肪，肌肉间脂肪沉积少。屠宰率

$55\% \sim 65\%$。

野猪具有瘦肉率高、抗病能力强、适应外界能力强、耐粗饲、猪肉野味浓郁的优良基因，但属于国家保护动物（个人捕杀野猪属于违法行为）、性情凶猛（不易驯化，不易饲养）、繁殖率低（发情不明显，时常漏配，往往终年不产仔）、生长速度慢，不适于人们直接驯化饲养，需要与家猪进行杂交改良才能进行规模化商品生产。

二、家猪品种

（一）进口品种

进口品种具有体形大、骨骼粗壮、瘦肉率高、生长速度快、饲料利用率高的优良基因，用野生纯种野猪的公猪与引进品种的母猪（如杜洛克猪）杂交培育肉用野猪的父本，使肉用野猪的父本（父母代）体格高大，骨骼粗壮，具有瘦肉率高、生长速度快、饲料转化率高、屠宰率高的优秀性能。

杜洛克猪特点如下。

（1）产地与分布　产于美国的纽约和新泽西州，是世界著名的瘦肉型猪品种。杜洛克猪体质健壮，抗逆性强，饲养条件比其他瘦肉型猪要求低，生长速度快，饲料利用率高，瘦肉率高。

（2）体形外貌　全身被毛棕红色，色泽深浅不一。头小清秀，嘴短，颜面微凹。耳中等大小，耳稍立，略向前倾。背呈弓形，体形大。后驱肌肉发达，四肢粗壮，结实。蹄黑色，多直立。

（3）生产性能　在良好的饲养管理条件下，160日龄体重可达90千克。成年公猪体重350～400千克，成年母猪体重300～350千克。生长育肥期日增重可达800克以上，料重比为2.8：1，屠宰率70%，瘦肉率可达62%以上。母猪6～7月龄、体重90千克开始发情，母猪初产仔8～9头，经产母猪产仔数9～10头。杜洛克猪相对其他引进品种体质更为强壮，较耐粗饲，对饲料选择不严格，对各种环境的适应性较好。

（4）杂交利用　用杜洛克猪作父本与地方黑色猪种进行杂交，一代杂种猪毛色为黑色，杂种猪日增重可达500～600克，胴体瘦肉率50%左右。用杜洛克猪作父本与培育猪种进行两品种和三品种杂交，日增重可达600克以上，胴体瘦肉率56%～60%。在肉用野猪的培育过程中,杜洛克猪不仅可以作为二元杂交中的父本,也可以作为三元杂交中的父本,它的优秀基因对肉用野猪的生长速度起着决定性作用。杜洛克母猪和野猪的杂交后代,体质健壮,骨骼粗壮,体形高大,生长速度快,饲料转化率高。目前,我国肉用野猪的父本基本上都是杜洛克猪和野猪杂交的后代。

(二)地方品种或培育品种

我国地方品种具有繁殖力高、产仔多、发情明显、受胎率高、母性好、哺育率高、肉质细嫩、肌间脂肪丰富、肉香味浓的优良基因,用野生纯种野猪的公猪与地方品种母猪或培育品种母猪杂交,培育肉用野猪的母本(父母代),使肉用野猪的母本具有繁殖力高、产仔多、护仔好、哺育率高、抗粗饲能力强、肉质好的优秀特性。

1. 民猪(东北民猪)

东北民猪具有产仔多、肉质好、抗寒、耐粗饲的突出优点,受到国内外的重视。

(1)产地分布 原产于东北和华北地区。有大(大民猪)、中(二民猪)、小(荷包猪)三种类型。主要分布在黑龙江、吉林、辽宁、河北等省。目前除少数边远地区农村养有少量大型和小型民猪外,群众主要饲养中型民猪。

(2)外貌特征 中型民猪(二民猪)头中等大,面直长、耳大下垂,体躯扁平,背腰狭窄,臀部倾斜,四肢粗壮,体质强健,全身被毛黑色,冬季密生绒毛。抗寒能力强。在 $-28℃$ 仍不发生颤抖,$-15℃$ 下正常产仔哺育。乳头 7 对以上。成年公猪平均体重为 195 千克,母猪为 151 千克。

(3)生产性能 8 月龄,公猪体重 79.5 千克,体长 105 厘米,母猪体重 90.3 千克,体长 112 厘米。胴体各部分的早熟性是按骨骼—肌肉—皮肤—脂肪顺位而先后出现的。8 个月育肥体重为 90 千克,日增重 450 克左右。料重比为 4:1,90 千克的肉猪屠宰率为 72.5%。瘦肉率 46%,肉色鲜红,肌间脂肪分布均匀。

性成熟早,母猪 4 月龄初情,母猪发情周期为 18~24 天,持续期 3~7 天。成年母猪受胎率一般为 98%,妊娠期为 114~115 天,窝产仔数 14.7 头,活产仔 13.19 头,母猪护仔性强,双月成活 11~

12头。

（4）杂交利用　以民猪为母本和纯种野猪杂交，含50%野猪血统的（F_1）杂交母猪，表现出优秀的繁殖性能，头胎产仔10头左右，三胎以上平均产仔12.6头。和含野猪血统75%的野杜（F_2）交配，产生的后代肉质好、大理石纹丰富、肉香味浓，生长速度也较快，是一个非常好的杂交组合。野杜（F_2）×野民（F_1）交配生产育肥猪，产仔率、生长速度、肉质都很好，是一个在生产中普遍使用的杂交组合。长白山野猪和民猪杂交（F_1）的育肥野猪肉质最好，是肉用野猪肉中的上品（但生长速度慢，100千克左右出栏，需要12个月的生长期）。民猪繁殖力高，适应性强，尤其耐寒，能适应−15～20℃的低温，具有较强的耐粗饲能力，适合和野猪杂交培育肉用野猪。

2. 新疆黑猪

新疆黑猪是一个在长期以青粗饲料为主的饲养条件下培育的猪种，具有适应性强、耐粗饲、抗严寒、耐热的特性。

（1）产地分布　新疆黑猪是以本地母猪为母本和巴克夏猪、中约克夏猪、前苏联大白猪杂交培育的一个地方品种猪，主要产地是新疆石河子。石河子垦区位于准噶尔盆地边缘，地势平坦，属大陆性气候，夏季酷热，冬季严寒，最高气温40～43℃，最低气温−40℃。

（2）外貌特征　体质结实，体形中等大小，头长短适中，额宽，面微凹，耳中等大小，略向前方倾伸，身腰长、宽、平直，臀部较丰满，四肢强健。乳头6对以上，被毛全黑。

（3）生产性能　新疆黑猪头胎初产仔猪9头左右，经产11头左右。20～90千克育肥期间日增重570克，瘦肉率50.8%。

（4）杂交利用　含野猪血统37.5%的杂种新疆黑母猪×野杜（F_2）公猪，生产含野猪血统56.25%的育肥肉用野猪。含野猪血统50%的杂种新疆黑猪×野杜（F_2）公猪，生产含野猪血统62.50%的育肥肉用野猪。含野猪血统50%的杂种新疆黑猪×野杜（F_3）公猪，生产含野猪血统67.75%的育肥肉用野猪。

3. 新金猪

新金猪是在巴克夏猪与民猪杂交的基础上选育而成的一个新品种，其中包括新金、吉黑、宁安三个品系。

（1）产地分布　主要分布在辽宁省丹东市、辽阳市、锦州市、铁岭市、朝阳市和内蒙古自治区赤峰市等地区。吉黑系分布于长春到大连铁路沿线以及洮安县和延吉市等地。宁安系分布于牡丹江地区的铁路和公路沿线的农场和农村。

（2）外貌特征　新金猪体质结实，结构匀称，头大小适中，颜面稍弯、耳直立、稍前倾，胸宽深，背腰平直。腹线平直，后躯较丰满，四肢健壮，被毛稀疏，全身黑色，鼻端、尾尖和四肢下部为白色，具有"六白"或不完全"六白"特征。乳头6对以上。

（3）生产性能　成年公猪体重220千克左右，体长160厘米，胸围151厘米，体高84厘米；成年母猪体重170千克左右，体长145厘米，胸围133厘米，体高74厘米；黑吉系和宁安系体重体形略小于新金系。

（4）杂交利用　新金猪适应性强、生长快、瘦肉较多、遗传性稳定，与其他种杂交效果显著。与野猪杂交利用同新疆黑猪。

4. 内蒙古黑猪

（1）产地分布　内蒙古黑猪分布于呼和浩特市、包头市、乌兰察布市、巴彦淖尔市、锡林郭勒盟、鄂尔多斯市等地区。

（2）外貌特征　内蒙古黑猪全身被毛黑色，具有不规则的"六白"特征。头中等大小，嘴长短适中，面部微凹，耳中等大小、前倾。体格中等大，结构匀称，体质结实，后躯发育良好，四肢坚强有力，乳头6~7对，皮薄毛细。

（3）生产性能　内蒙古黑猪成年公猪体重200千克左右，体长150厘米，体高76厘米，胸围140厘米；成年母猪体重150千克左右，体长155厘米，体高70厘米，胸围127厘米。

内蒙古黑猪初产9头，经产10.7头，初产仔猪重0.98千克，经产仔猪重1.2千克。中等水平饲养20~90千克期间，日增重490克，屠宰率70.5%，瘦肉率49.6%。内蒙古黑猪在低能量、低蛋白饲料水平饲养情况下，具有较好的生长速度和饲料利用率。母猪性情温顺，护仔较好，但产仔数低。

（4）杂交利用　内蒙古黑猪和野猪杂交模式请参考新疆黑猪部分。

5. 甘肃黑猪

甘肃黑猪主要分布在甘肃省的平凉、庆阳、天水、陇南以及甘南的部分地区，在陕西省也有少量分布。

甘肃黑猪属于肉脂兼用型品种，全身被毛黑色，头略大，嘴稍长，额头间少有横纹，耳大下垂。头颈结合良好，身躯较长，背腰平直，腹部略下垂，四肢粗壮结实，臀部较丰满，母猪有效乳头7对。

甘肃黑猪成年公猪体重160千克左右，母猪150千克左右，后备猪8月龄可达80～90千克。甘肃黑猪头胎平均产仔9.6头，经产平均产仔10.6头，头胎出生重0.91千克，经产出生重1.01千克。20～90千克育肥期日增重518克，瘦肉率51.19%。甘肃黑猪抗逆性强，适应较粗放管理，猪肉品质好。甘肃黑猪和野猪杂交模式请参考新疆黑猪部分。

6. 北京黑猪

（1）产地分布　北京黑猪主要在原北京市双桥农场和北郊农场育成，分布于北京市朝阳区、海淀区、昌平区、顺义区、通州区等京郊各区。

（2）体形外貌　体形较大，生长速度较快，母猪母性好。北京黑猪头大小适中，两耳向前直立，面微翘，额较宽，颈肩结合良好，背腰平直且宽，四肢健壮，腿臀较丰满，体质结实，结构匀称。全身被毛呈黑色。成年公猪体重260千克，体长150厘米左右；成年母猪体重220千克，体长145厘米左右。

（3）生产性能　母猪初情期为6～7月龄，发情周期21天，发情持续期2～3天。小公猪3月龄出现性行为，6～7月龄、体重70～75千克时可用于配种。初产母猪每胎产仔9～10头，经产母猪平均产仔11.5头，平均产活仔10头。

北京黑猪在每千克配合饲料含消化能12.56～13.4兆焦、粗蛋白14%～17%的条件下饲养，生长育肥猪体重20～90千克阶段，日增重达600克以上，每千克增重消耗配合饲料3.5～3.7千克。体重90千克屠宰，屠宰率72%～73%，屠宰瘦肉率56%以上。

（4）杂交利用　北京黑猪既适应散养，又能适应规模饲养，具有中外猪种的综合优势。北京黑猪体形较大，生长速度较快，与野猪杂交效果较好。适宜作肉用野猪第一母本，以含野猪血统50%的母猪和含野猪血统75%的野、杜杂交效果较好。与野猪杂交模式参考新疆黑猪部分。

7. 南阳黑猪

南阳黑猪又名宛西八眉猪、师岗猪。

(1) 产地分布　河南省南阳市西部。

(2) 外貌特征　体形中等，按头型分"木碗头"和"黄瓜头"，头较短，耳较大、下垂至嘴角，耳根较硬，身腰长，背宽平，腹大不下垂，臀短宽、较倾斜，四肢细致结实。皮肤灰色，被毛全黑。

(3) 生产性能　成年公猪体重 137 千克，母猪体重 130 千克。小母猪 121 日龄初次发情，初产仔 7 头，经产仔 9～11 头。育肥期日增重为 385 克，屠宰率为 72%，膘厚 3.3 厘米，眼肌面积 21.8 平方厘米，腿臀比例 26%，瘦肉率为 47.5%。

(4) 杂交利用　与野猪杂交模式参考新疆黑猪部分。

8. 沂蒙黑猪（沂南二茬猪、莒南猪）

(1) 产地分布　山东省临沂市北部。

(2) 外貌特征　体形中等，头大小适中，额宽，有金钱形皱纹，耳中等大，耳根硬，耳尖向前倾罩，嘴筒短而微撅，胸宽而深，背腰平直且宽，四肢结实，皮灰色，被毛黑色，分为大、中、小三型。

(3) 生产性能　成年公猪体重 199 千克，母猪为 154.3 千克。初产仔 8～9 头，经产仔 10～11 头。育肥期日增重为 419～680 克，屠宰率为 76.3%，膘厚 4.6 厘米，瘦肉率为 43.9%。

(4) 杂交利用　与野猪杂交模式参考新疆黑猪部分。

9. 八眉猪（泾川猪、西猪）

八眉猪具有适应性强、抗逆性强、肉质好、脂肪沉积能力强、耐粗放管理、遗传性稳定等特点，但八眉猪也存在着生长慢、后躯发育差、皮厚等缺点。

(1) 产地分布　中心产区在陕西泾河流域、甘肃陇东和宁夏固原地区。主要分布在陕西、甘肃、宁夏、青海等地区，在临近的新疆和内蒙古也有分布。

(2) 外貌特征　头较狭长，耳大下垂，额有纵行"八"字皱纹，故名八眉。被毛黑色。按体形外貌和生产特点可分为大八眉、二八眉和小伙猪三大类型。

① 大八眉。体格较大。头粗重，面微凹，额较宽，皱纹粗而深，纵横交错，有"万"字或"寿"字头之称；耳大下垂、长过鼻端，嘴

直。背腰稍长,腹大下垂。肢稍高,后肢多卧系、尾粗长。皮厚松弛,体侧和后肢多皱襞,呈套叠状,俗称"套裤"。被毛粗长。乳头6～7对,多达9对。经济成熟较晚。群众描述大八眉猪为"寿字头,八字眉,耳大遮面超过嘴,松皮大胯套裤腿"。新中国成立初期,大八眉猪尚有相当数量,现已为数不多,仅占八眉猪总数的1%左右。

②二八眉。介于大八眉与小伙猪之间的中间类型。头较狭长,额有明显细而浅的"八"字皱纹,耳大下垂、长与嘴齐。背腰狭长,腹大下垂,斜尻。大腿欠丰满,皱裙较少,且不明显。乳头6对,多达7～8对。生产性能较高,属中熟型。占八眉猪总数的19%左右。

③小伙猪。体形较小,侧面呈椭圆形。体质紧凑,性情灵活。头轻小,面直,额部多有旋毛,皱纹少而浅细,耳较小下垂,耳壳较硬,俗称杏叶耳,嘴尖,俗称黄瓜嘴。背短宽较平,腹大稍下垂,后躯较丰满。四肢较短。皮薄骨细。乳头多为6对。早熟易肥,适合农户饲养。占八眉猪总数的80%左右。

(3)生产性能　八眉猪生长较慢。大八眉成年公猪平均体重104千克,母猪体重80千克,2～3年体重达150～200千克时屠宰,膘厚8厘米,花板油20～25千克。二八眉公猪体重约89千克,母猪体重约61千克。二八眉猪育肥期较短,10～14月龄、体重75～85千克时即可出栏。小伙猪公猪体重81千克,母猪体重56千克。小伙猪10月龄、体重50～60千克时可屠宰。育肥期日增重为458克,瘦肉率为43.2%。八眉猪肉质好,肉色鲜红,肌肉呈大理石纹状,肉嫩味香。

公猪性成熟早,30日龄左右即有性行为,10月龄体重40千克时开始配种。一般利用年限6～8年,亦有利用10年以上的。成年公猪一次射精250～400毫升;母猪于3～4月龄(平均116天)开始发情,发情周期一般为18～19天,发情持续期约3天,产后再发情时间一般在断乳后9天左右(5～22天)。母猪8月龄体重45千克时开始配种。产仔数头胎6.4头,三胎以上12头。一般利用年限4年左右。

(4)杂交利用　以八眉猪为母本和野猪杂交,能够生产出高档野猪肉,肉质细嫩,多汁味香,肌间脂肪饱满。其中下面五种组合较好。

① 八眉母猪×纯种野公猪，生产含野猪血统 50％的育肥野猪。

② 含野猪血统 37.5％的杂种母猪×野杜（F₂）公猪，生产含野猪血统 56.25％的育肥野猪。

③ 含野猪血统 37.5％的杂种母野猪×野杜（F₃）公猪，生产含野猪血统 62.5％的育肥野猪。

④ 含野猪血统 50％的杂种母猪×野杜（F₂）公猪，生产含野猪血统 62.5％的育肥野猪。

⑤ 含野猪血统 50％的杂种母猪×野杜（F₃）公猪，生产含野猪血统 68.75％的育肥野猪。

其中，八眉猪和纯种野猪杂交的（F₁）育肥野猪，肉质细嫩，色泽鲜红，为肉用野猪肉中之上品。

10. 河套大耳猪

河套大耳猪产于内蒙古自治区巴彦淖尔市的阴山山脉以南河套平原。产区在历史上常因黄河水泛滥成灾，易涝易旱，粮食产量低而不稳。由于人稀地广，闲散土地较多，群众养猪常采用放牧与舍饲相结合的方式。河套大耳猪是在较艰苦的条件下培育而成的，所以能适应粗放管理和低劣的生存环境。

河套大耳猪，体形较大，耳大下垂超过鼻端，嘴筒长直，背腰平直狭窄，臀部倾斜，四肢坚实有力，皮、毛为黑色，皮厚，毛粗而密，冬季密生棕红色绒毛乳头 7～9 对。

河套大耳猪，成年公猪体重 140 千克左右，体长 142 厘米；成年母猪体重 10 千克左右，体长 126 厘米。分布面积广，能适应较粗放的饲养条件，生长速度慢，但胴体瘦肉率较高，肌间脂肪丰富，猪肉味香汁浓。

杂交利用：河套大耳猪和野猪杂交，能生产高档野猪肉，又以纯种野猪和河套大耳猪杂交的 F₁ 代育肥野猪肉质最佳，被称为最适合培育特种野猪的北方六大优秀猪种之一。河套大耳猪和野猪杂交模式请参考八眉猪部分。

11. 莱芜黑猪

莱芜黑猪生长速度慢，饲料报酬低。皮厚，眼肌面积和后腿比例少，瘦肉率低。

（1）产地分布　中心产区在莱芜市，分布于泰安市及毗邻各县。

（2）外貌特征　莱芜黑猪体形中等，体质结实，被毛全黑，毛密，鬃长，脊背有绒毛。耳根软，耳大、下垂齐嘴角。嘴筒长直，尾粗长。有效乳头 7～8 对，排列整齐，乳房发育良好。

（3）生产性能　经过世代的选育，经产母猪产仔数 15.01 头（251 窝统计），60 日龄育成 12.05 头，窝重 158.9 千克，同胞育肥增重 450 克，料重比 4.1∶1，瘦肉率 47.2%，肌间脂肪含量平均10.6%，是我国生产高标准猪肉的首选品种，非常适合培育特种野猪。莱芜母猪性成熟早，发情明显，容易受胎，母猪产仔多，利用年限长。母猪 2 胎以后表现持续高产，直至 15 胎并无明显下降趋势。

（4）杂交利用　在北方，以莱芜猪、八眉猪和野猪杂交所产生的后代，肉质最好，肌间脂肪丰富，大理石纹分布均匀。其中有以下五种杂交组合生产效益和肉质较好。

① 野莱母猪（F_1）×野杜（F_3）公猪，生产含野猪血统 68.75%的育肥野猪。

② 野莱母猪（F_1）×野杜（F_2）公猪，生产含野猪血统 62.5%的育肥野猪。

③ 含野猪血统 37.5%的杂种母猪×野杜（F_2）公猪，生产含野猪血统 56.25%的育肥野猪。

④ 含野猪血统 37.5%的杂种母猪×野杜（F_3）公猪，生产含野猪血统 62.5%的育肥野猪。

⑤ 纯种野猪公猪×莱芜黑猪母猪，生产含野猪血统 50%的育肥野猪。

莱芜母猪和纯种野猪杂交的育肥野猪肉质最好（指长白山白胸野猪），是目前已知杂交组合中肉质最佳的一个杂交组合。此组合生产的猪肉为特种野猪肉上品中之上品。北方猪种和野猪杂交培育的特种野猪，以莱芜黑猪最优，其次为八眉猪、民猪、河套大耳猪、大蒲莲猪、太湖猪，堪称北方六大优秀猪种（这里就猪肉品质和口感风味而言）。

12. 汉江黑猪

汉江黑猪包括黑河猪、铁河猪、铁炉猪、水砭河猪、安康猪等。

（1）产地分布　陕西南部汉江流域。

（2）外貌特征　分大耳黑猪和小耳黑猪两个类型。前者又可分为

"狮子头"和"马脸"二型,马脸型猪体型大,头大,脸直,身长,腿高;狮子头型头短宽,面微凹,耳大下垂,达嘴角或与嘴齐,形如蒲扇,耳根较软,嘴筒粗。小耳猪头小,嘴尖,耳小而薄,耳根较硬,半下垂,仅达眼下,形如杏叶。

(3)生产性能 成年公猪体重为61~138千克,母猪为92千克。性成熟早,农村公猪3~4月龄、母猪4~5月龄开始初配,初产仔8~9头,经产仔10头。育肥期日增重为561克,屠宰率为66%,腿臀比例27.5%,瘦肉率为49.3%。

(4)杂交利用 杂交利用参见莱芜猪。

13. 太湖猪

太湖猪是我国猪种繁殖力强、产仔数多的著名地方品种,耐粗饲、耐低营养水平日粮。但因其繁殖力高,妊娠母猪及哺乳母猪的营养需要较多,同时,太湖猪对不良环境刺激易产生应激反应。

(1)产地分布 太湖猪主要分布于长江下游江苏、浙江和上海交界的太湖流域。依产地不同分为二花脸猪、梅山猪、枫泾猪、嘉兴黑猪、米猪、沙乌头猪和横泾猪等类型。

(2)外貌特征 太湖猪体形中等,各类群间有差异,梅山猪较大,骨骼较粗壮;米猪的骨骼较细致;二花脸猪、枫泾猪、横泾猪和嘉兴黑猪则介于二者之间。被毛稀疏,黑或青灰色,四肢、鼻均为白色,腹部紫红,头大额宽,额部和后躯皱褶深密,耳软大下垂,形如烤烟叶。四肢粗壮,腹大下垂,臀部稍高,乳头8~9对,最多12.5对。成年公猪体重128~192千克,母猪体重102~172千克。

(3)生产性能 日增重为430克以上,屠宰率为65%~70%,二花脸猪瘦肉率45.1%。眼肌面积15.8平方厘米。太湖猪早熟易肥,胴体瘦肉率38.8%~45%,氨基酸含量中天冬氨酸、谷氨酸、丝氨酸、蛋氨酸及苏氨酸比其他品种高。太湖猪肉色鲜红,肌间脂肪多(含量为1.37%±0.28%),胴体中皮比例较高。

太湖猪高产性能蜚声世界,尤以二花脸猪、梅山猪最高。初产平均12头,经产母猪平均16头以上,最高纪录产过42头。太湖猪性成熟早,公猪4~5月龄精子的品质即达到成年猪水平。母猪2月龄即出现发情。据报道,75日龄母猪即可受胎产下正常仔猪。太湖猪护仔性强、泌乳力高,60天泌乳量311.5千克。起卧谨慎,能减少仔猪被压。仔猪哺育率及育成率较高。

（4）杂交利用　纯种野猪和太湖母猪杂交有较好的配合力。二花脸猪产仔率最高，据统计，36窝初产母猪平均产仔11.8头，产活仔10.8头；经产母猪平均产仔13.7头，产活仔12.3头。其次是梅山猪。米猪和横泾猪母猪与野猪杂交的后代，外形和野猪很像，表现为嘴尖脸长。太湖母猪和纯种野猪的杂交育肥猪，肉质鲜嫩，色泽鲜红，肉品上乘，但生长速度慢，适宜生产高档野猪肉。野猪和太湖猪的杂交后代抗湿热能力强，适应南方地区高温高湿的气候，在高温季节仍有较好的生长速度。太湖猪和野猪杂交模式请参考莱芜猪部分。

14. 槐猪

（1）产地分布　产于福建省的漳平、上杭、兰溪及平和县。分布于福建省闽西山区的龙岩、三明、龙溪和晋江等地。

（2）外貌特征　头短宽，额部有明显的横行皱纹，耳小竖立，体躯短，胸宽而深，背宽而凹，腹大下垂，多卧系，被毛黑色，分大骨和细骨两个类型。大骨猪体型较大，骨稍粗，背较平；细骨猪体形矮短，骨较细。

（3）生产性能　大骨猪产仔数略高；细骨猪脂肪沉积较早，出肉率较高。成年公猪体重为62.3千克，母猪为65.2千克，性成熟较早，公猪6月龄配种，母猪4月龄发情，6～8月龄第1次初配，头胎产活仔5～6头，三胎以上产活仔9头以上。屠宰率为66.2%，眼肌面积17.8平方厘米。

（4）杂交利用　槐猪和野猪杂交模式请参考莱芜猪部分。

15. 隆林猪

（1）产地分布　隆林猪产于广西壮族自治区隆林县，以德俄、蛇场、克长等地为中心产区。

（2）外貌特征　隆林猪体形大，身长，头大小适中，嘴筒较大，微凹，口叉深，额有皱纹，横纹较深，突出如狮头状，颈粗短，胸较深而略窄，背腰平直，腹大而不拖地，臀稍斜。四肢强健有力，尾长过飞节，被毛粗，鬃毛长。

（3）生产性能　隆林成年公猪体重120千克左右，体长126厘米，胸围116厘米，体高66厘米；成年母猪体重130千克左右，体长133厘米，胸围120厘米，体高63厘米。隆林母猪头胎平均产仔

6.5头，二胎平均产仔7.4头，三胎平均产仔8.26头。

（4）杂交利用　隆林猪和野猪杂交模式请参考莱芜猪部分。

16. 大围子猪

（1）产地分布　湖南省长沙市郊县。

（2）外貌特征　体形中等，头较清秀，耳中等大、下垂呈八字形，群众称为"蝴蝶耳"，头分长头和短头两型，长头型俗称"阉鸡头"，额较窄，皱纹较浅，嘴筒圆而较细；短头型俗称"寿字头"，额较宽，皱纹较深，嘴筒粗而稍扁，脸稍凹，胸宽而深，背腰宽而微凹，腹大略下垂，体态前高后低，被毛黑色，仅四肢下端为白色，称"四脚踏雪"。

（3）生产性能　成年公猪体重为106.9千克，母猪为80.9千克。头胎产仔8.7头，三胎以上12.3头，泌乳力31.4千克，育肥性能较好，农村饲养日增重为384克，屠宰率为67%，膘厚4.2厘米，眼肌面积22.2平方厘米，臀腿比例26.5%，瘦肉率为40.7%。

（4）杂交利用　大围子猪和野猪杂交模式请参考莱芜猪部分。

17. 内江猪

内江猪对外界刺激反应迟钝，忍受力强，对环境有良好的适应性。在炎热、寒冷、沿海或海拔4000米以上的高原都能正常繁殖和生长。

（1）产地分布　内江猪分布在四川省内江市和内江县，以内江市东兴区一带为中心产区，历史上曾称"东乡猪"。

（2）外貌特征　体形大，体质疏松，头大，嘴筒短，额面横纹深陷成沟，额皮中部隆起成块，称"盖碗"。耳中等大小、下垂，体躯宽深，背腰微凹，腹大、不拖地，臀宽稍后倾，四肢较粗壮，皮厚，成年种猪体侧及后腿皮肤有深皱褶，俗称"瓦沟"或"套裤"。被毛全黑。

（3）生产性能　农村传统习惯采用"吊架子"方式饲养育肥猪，皆喜养大猪。出栏育肥猪体重多在150千克左右，间有200千克以上者，育肥时间长达1.5～2年。20世纪60年代以后，由于受收购价格影响，肥猪体重多为75～85千克。成年公猪体重169千克，母猪体重155千克，体脂沉积早。中等饲养条件下育肥期日增重为410克，90千克的肉猪屠宰率为67.5%，瘦肉率为37%。随着屠宰体重的增加，体脂肪的沉积和每单位增重耗料亦有所增加。母猪于113

（74～166）日龄时初次发情。成年母猪平均排卵 11～18 枚，头胎产仔 9～10 头，三胎以上 10～11 头，60 天泌乳量 186.8 千克。

（4）杂交利用　以内江猪为母本和野猪杂交，有四种杂交组合肉质和生产效益较好。

① 含野猪血统 37.5% 的野内母猪×野杜（F_2）公猪，生产含野猪血统 56.25% 的育肥野猪。

② 含野猪血统 37.5% 的野内母猪×野杜（F_3）公猪，生产含野猪血统 62.5% 的育肥野猪。

③ 含野猪血统 50% 的野内母猪×野杜（F_2）公猪，生产含野猪血统 62.5% 的育肥野猪。

④ 含野猪血统 50% 的野内母猪×野杜（F_3）公猪，生产含野猪血统 68.75% 的育肥野猪。

18. 滇南小耳猪

（1）产地分布　滇南小耳猪产于云南省的勐腊、潞西、文山等地，分布于德宏、西双版纳及思茅地区。

（2）外貌特征　滇南小耳猪体躯短，皮薄，毛稀，背腰宽平，全身丰满，乳头多为 5 对。滇南小耳猪体形短小，素有"冬瓜身、骡子屁股、扈字蹄"之称。

（3）生产性能　初产母猪产仔为 5～6 头，经产母猪为 7～9 头。屠宰率 74%，瘦肉率 37.5%。

（4）杂交利用　滇南小耳猪和野猪杂交模式请参考内江猪部分。

19. 乌金猪

乌金猪包括柯乐猪、威宁猪、大河猪、凉山猪。

（1）产地分布　分布于四川、云南、贵州三地接壤的乌蒙山和小大凉山地区。

（2）外貌特征　体质粗壮结实，头长，嘴筒粗而直，额部多有旋毛，耳中等大小、下垂，体躯较窄，背腰平直，后躯较前躯略高，腿臀较发达，大腿下皮肤有皱褶，称"穿套裤"。被毛多为黑色，有部分棕褐色。成年公猪体重 48 千克，母猪体重 69.5 千克。

（3）生产性能　头胎产仔 5～6 头，三胎以上 8～9 头。以放牧为主，育肥期日增重为 200 克左右，屠宰率为 71.8%，瘦肉率 46.3%，脂肪占 34.4%，背最长肌含水分 73.4%。

（4）杂交利用 乌金猪和野猪杂交有三种组合，生产的野猪肉品质和速度较好。

① 野杜（F_2）×含野猪血统 37.5％的杂种乌金猪，生产含野猪血统 56.25％的育肥野猪。

② 野杜（F_2）×含野猪血统 50％的杂种乌金母猪，生产含野猪血统 62.5％的育肥野猪。

③ 野杜（F_3）×含野猪血统 50％的杂种乌金母猪，生产含野猪血统 67.75％的育肥野猪。

20. 藏猪

藏猪是世界上少有的高原型猪种。藏猪长期生活于无污染、纯天然的高寒山区，具有皮薄、胴体瘦肉率高、肌肉纤维特细、肉质细嫩、野味较浓、适口性极好等特点。可生产酱、卤、烤、烧等多种制品，其中烤乳猪是极受消费者青睐的高档产品。

（1）产地分布 产于西藏、四川西部以及云南西北部广大地区。

（2）外貌特征 藏猪被毛多为黑色，部分猪具有不完全"六白"特征，少数猪为棕色，也有仔猪被毛具有棕黄色纵行条纹。鬃毛长而密，每头可产鬃 93～250 克，被毛下密生绒毛。体小，嘴筒长、直、呈锥形，额面窄，额部皱纹少。耳小直立或向前平伸，转动灵活。胸较窄，体躯较短，背腰平直或微弓，后躯略高于前躯，臀倾斜，四肢结实紧凑、直立，蹄质坚实，乳头多为 5 对。

（3）生产性能 藏猪在终年放牧饲养条件下，育肥猪增重缓慢，1～2 月龄体重 20～25 千克，24 月龄时 35～40 千克。屠宰率 66.6％，胴体瘦肉率 52.55％，脂肪率 28.38％。

母猪初次发情期 3～5 月龄，体重 7～10 千克，5～10 月龄初配，体重 15～30 千克，母猪一般年产一窝，初产母猪平均产仔 4.78 头，二胎 6.03 头，经产 6.43 头。公猪 2 月龄出现爬跨行为，2.5～3 月龄可随群放牧配种，利用年限 1～2 年。

（4）杂交利用 藏母猪与野杜（F_1）公猪杂交，产仔率明显提高，经产猪可达 8～9 头，体形较大，12 月龄体重可达 80 千克。与野猪杂交模式参考乌金猪。

21. 苏太猪

苏太猪是以世界上产仔数最多的太湖猪为基础培育成的中国瘦肉

型猪新猪种，保持了太湖猪的高繁殖性能及肉质鲜美、适应性强的特点。

（1）产地分布　苏州。

（2）外貌特征　苏太猪全身黑色，耳中等大小、前垂，脸面有浅纹，嘴中等长而直，四肢结实，背腰平直，腹小，后躯丰满，结构匀称，具有明显的瘦肉型猪特征，有效乳头 7 对以上。

（3）生产性能　在正常饲养条件下，公猪 7～8 月龄、体重 85 千克以上适配；母猪 6～7 月龄、体重 70 千克以上适配。初产母猪平均 11 头左右，经产母猪平均 13 头左右。体重在 85 千克时屠宰率 70% 左右，胴体平均背膘厚 28 毫米以下，胴体瘦肉率 55% 左右，肉色鲜红，肉质良好。

（4）杂交利用　苏太猪含有 50% 杜洛克猪血统和 50% 太湖猪血统。在与野猪的杂交中太湖猪血统含量不宜过低，至少应保持 25%。如果低于 25%，则会影响猪肉的品质。苏太猪和野猪杂交的后代生长速度快，瘦肉率高，适应规模化养殖。比较优秀的杂交组合有以下三种。

① 纯种野猪公猪×苏太母猪，生产含野猪血统 50% 的育肥野猪，肉质好，但生长速度慢。

② 含野猪血统 50% 的苏太杂种母猪×野杜（F_2）公猪，生产含野猪血统 62.5% 的育肥野猪，此组杂交组合生长速度快。

③ 含野猪血统 50% 的苏太杂神母猪×野杜（F_3）公猪，生产含野猪血统 68.75% 的育肥野猪，生长速度比第一组合快，比第二组合慢。

22. 里岔黑猪

（1）产地分布　山东省胶州市里岔镇。

（2）外貌特征　具有杂食、耐粗、多胎、高产的特点。体质结实，结构紧凑，头中等大小，嘴筒长直，额有纵纹，耳下垂，身长体高，背腰长直，腹大小适度不下垂，四肢健壮，后躯较丰满，被毛全黑色。腰椎数比一般猪多 2～3 个，其胸腰椎数为 21.7 个。

（3）生产性能　成年母猪体重为 209.7 千克。经产母猪平均窝产仔为 12 头以上，最高达 21 头。育肥期日增重为 550.2 克，屠宰率为 73.03%，膘厚 2.9～2.6 厘米。

（4）杂交利用　参考苏太猪。

●●●●● 第二节　肉用野种猪的引种和培育 ●●●●●

一、引种前的准备工作

（一）市场调研与可行性分析

肉用野猪经营者引种前，要做好市场调查，有目的、有计划、系统地收集和分析本地及周围市场的情况，取得近期的市场信息，预测远期的市场需求，确定肉用野猪场的经营方向、生产规模和产品档次。

（二）按规定办理相关手续

野猪是国家保护动物，受法律保护。购买和饲养野猪必须到国家林业部门办理相应的执照和手续。驯化、饲养及销售野猪必须到林业部门办理养殖销售许可证。首先，到县级林业部门办理初级手续，后到市级林业部门办理全套手续。只有获得经营许可后，才可建造肉用野猪场，购进野猪进行生产。需要办理的证件主要有"野生动物驯养许可证"和"野生动物经营许可证"。无证驯养和经营属于违法行为。

（三）制订引种计划

在做好上述准备后，引种前制订一个详细的引种计划，包括种源地、引种数量、种群结构（年龄和性别比例）、引种时间、运输方式、运输人员等。引入野猪或杂交野猪的数量、年龄和性别比例，应该根据饲养目的和饲养规模有计划选购，切勿贪大求洋。已建野猪场的养殖户应根据自身实际和种群更新计划，确定所需品种和数量，有选择地购进能提高本场种野猪某种性能、满足自身要求，并与自己的野猪群健康状况相同的优良个体。如果是补充核心群，则应购买经过生产性能测定的种猪。另外，所引野猪产地的环境和自然条件必须与当地大体一致。

（四）引种场家的选择

在肉用野猪的种源上，除了少数从野外直接获得种源外，引种必须到已取得"野生动物驯养许可证""野生动物经营许可证"的场家引种。否则，从没有获得经营许可证的场家引进野猪属于违法行为。引种要从所在地是国家畜牧兽医部门划定的非疫区、正规的、知名度高的大场购入优良品种，以保证其数量和质量的稳定、可靠，要检查它们的记录，如谱系关系、品种特性、营养健康状况、年龄、免疫接种情况等，避免近亲繁殖。

（五）准备好运猪设备

野猪野性强，性情暴躁，逃逸能力强。运输野猪或肉用野猪时，必须把野猪或肉用野猪逐头装在铁笼子里。否则，运输途中极易造成逃逸和野猪之间咬架而造成伤亡。

装野猪用的铁笼子有三种规格。第一种是装成年野猪用的笼子，规格尺寸是长 1.4 米，高 0.65 米、宽 0.5。笼子的网眼为长方形，长 20 厘米、宽 7 厘米。笼子底面网眼尺寸是长 20 厘米、宽 3 厘米。网眼的方向与笼子顺行，用 0.65 毫米的钢筋焊接而成。高和宽的两面，一面是焊死的，另一面是盖，可以挪动，用于封笼。

第二种是装中野猪用的笼子。规格尺寸是长 1.2 米、高 0.6 米、宽 0.4 米。笼子的网眼为长方形，长 18 厘米、宽 5 厘米。笼子底面网眼尺寸是长 12 厘米、宽 2 厘米。笼子的网眼方向和笼子顺行，用 0.5 毫米的钢筋焊接而成。笼子的两端，一面是焊死的，另一面是盖。

第三种是装小野猪用的笼子。规格尺寸是长 1 米、高 0.45 米、宽 1 米。笼子的网眼尺寸是长 15 厘米、宽 4 厘米。笼子底面网眼尺寸是长 12 厘米、宽 1.5 厘米，用 0.4 毫米的钢筋焊接而成。上盖的 1/2 是焊死的，另外的 1/2 是可以挪动的，用于封笼。

运输时，大野猪和中野猪一个笼子装一头，小野猪可根据体重大小装载数头。装猪后，笼子的封口要用 8 号铁丝捆扎结实，以防逃跑。

铁笼子是肉用野猪养殖场必备的设施，在种猪的销售和育肥猪的出栏时都必须使用，尽管增加了投资，却能减少运输途中野猪和特种野猪的逃逸。

同时还应准备一些必要的工具和药品，如 8 号铁丝、钳子、绳子、水桶、塑料防水雨布或帆布、镇静药（氯丙嗪）和消毒用药（百毒杀、漂白粉、火碱）及碘酊、紫药水等外伤用药。

二、种猪的选择

(一)纯种野种猪的选择

1. 捕捉的纯种野猪

(1)纯种野猪的捕捉区域　纯种野猪是自然界的野生动物,只能从深山和森林中猎捕。除了青藏高原与戈壁沙漠外,我国的野猪分布主要在东北地区、云贵地区、福建、广东地区。由于我国近20年来退耕还林政策的作用,生态环境得到改善,再加上生物链改变,野猪的天敌虎、豹、狼灭绝,使野生野猪种群数量迅速扩大。本已濒临灭绝的野猪活动范围逐渐扩大,在东北地区、内蒙古、新疆、湖北、湖南、安徽、浙江、河南、山西、重庆等众多地区野猪泛滥,严重影响到山区人民的生活与安全。因此,纯种野猪种源已不紧缺,在各地山区、林区的林业部门及山区农户都可以购买到。

(2)纯种野猪的捕捉方法　捕捉一般从冬季开始,此期由于食物短缺,野猪成群结队出来寻食,捕捉容易成功。在取得国家有关部门批准的捕捉许可证后,方可进行野猪的捕捉。捕捉野猪时,除力求避免对机体的伤害之外,还要尽量减少对其精神上的损伤。野猪胆小易惊,初次捕捉后的护理十分重要,在护理时一要保持安静,防止外来人员观看;二要精心喂养,使其尽快解除惊恐状态,并适应新的环境。

采用钢板和铁网焊成1.2米×1.8米×2.4米的长方形捕兽笼捕捉野猪。捕兽笼一端有闸门,用钢丝拉起,通过支架和踏板相连,踏板设在笼箱关门的另一端。把捕获笼置于野猪经常活动的地方,在周围和笼中撒上诱饵,待野猪进入,踩动踏板,闸门自动落下将其捕获。为了防止疫病带入饲养场,对初捕的野猪,要在原地暂养观察一段时间。运回饲养场,肌内注射猪瘟疫苗6头份。隔离饲养一段时间并未发现异常时,再混群饲养。

2. 直接从野猪繁殖场选种

(1)纯种野猪的外貌要求　从正规野猪繁殖场选择已驯化好的野公猪或野母猪。一般要求纯种野公猪具有典型的特性,吻鼻尖长而有力,嗅觉敏感,面部狭长而直,拱嘴以上眼部以下稍凸,肩凸,尾长而直立下垂，头骨侧面呈长三角形，颧骨粗大外扩，獠牙锋利，伸出唇外向上曲翘，耳小而竖立，听觉灵敏，体毛粗硬，脊背部毛粗长，四肢短健，前躯发达，利于奔跑，睾丸对称，大小一致；纯种母野猪则要求阴户大，乳头数多而排列整齐，有较强的护仔行为，但因野母猪季节性发情特点，大多年产一胎，产仔数较低，一般3～8头，哺乳2～3月，幼仔体重才达5～10千克，一般很少引进作种用。作种用的野猪，均要求野性较低，易于和人接近。

（2）纯种野猪的年龄要求　引进纯种野猪多大为好，要根据各家的实际情况而定。小猪可塑性强，好驯化，不需要太大的驯化场地，一般圈舍外加30平方米的运动场即可，驯化时间也比大猪短。但小猪对外界的适应能力不太强，成活率低，太小的野猪有些生理缺陷看不出来。另外，小猪生长期长，风险大，一般10千克重的小猪需要饲养一年半才能够使用，而在一年半的饲养期内蕴含着很大风险。

购买中猪和大猪，投资虽然大些，但成活率高，由于大猪已完成身体的生长发育，从外观就能分辨出有无缺陷。另外，大猪对外界适应能力强，不易得病，成活率高，饲养期短，见效快。但大猪驯化需要较大的驯化场地（约300平方米）。至于种公猪买大买小，要根据母猪的大小确定，母猪小，就应该买小种公猪；如果母猪是中猪或大猪，那么就应该选择成年种公猪。总体上要大小配套，使用时间一致，避免过大过小，造成人力、物力的浪费。

（3）选种场家要求　按照国家相关部门规定，引种必须到有"野生动物驯养繁殖许可证"和"野生动物经营许可证"的正规场所引种。引种前要详细了解供种场当地疫情、种野猪的选育情况（野公猪需知道其日增重、料重比、背膘厚等，野母猪需知道其母体的产仔数、受胎率、初配月龄等），最好根据种野猪综合选择指数进行引种。因为北方的野猪不适应南方高温潮湿的气候，南方野猪也不适应北方寒冷的气候，要就近引种。

（二）肉用野猪的选择

1. 肉用野猪的基本特征

肉用野猪基本特征见表4-1。

表 4-1　肉用野猪的基本特征

项　目	特　征
毛色	出生时身上有纵向深棕褐色较宽的带状条纹,余被毛为黄褐色,仔野猪长到 35～75 天,纵向条纹逐渐失。体重达到 40～50 千克时,被毛变为灰黄褐色、灰褐色或棕灰褐色的成年毛色。每年 6 月中下旬开始换毛,至 9 月新毛长齐
体形	略呈正方形或稍偏长,体长略短。各部衔接好,结构紧凑,肌肉发达,体质健壮
头	嘴脸尖长,头呈楔形,成年公猪獠牙粗壮
耳	耳小,向前上方直立
颈	颈短粗,与头、肩衔接良好,鬃毛粗长且硬。母野猪颈部比公野猪颈部略细长
肩	肩胛倾斜度适宜,肌肉发达。公野猪肩宽实,富悍威
胸	胸深,宽窄适中,结构坚实
腹	腹部平直,与胸部衔接良好
背腰	背腰平直,宽窄适中,腰背间衔接良好,与颈、部过渡平顺
尻	尻部稍倾斜,后躯推进力强
尾	长短适中,尾端多数有上下分叉的尾毛
四肢	粗壮坚实,蹄壳坚硬,呈黑色或灰黑色

2. 种公猪的选择

种猪场可根据生产需要选择不同野猪血统含量的种公猪。一般生产商品育肥猪的场家应选择含野猪血统在 75％的种公猪。因为这个血统含量的种猪,含杜洛克猪血统 25％,体形较大,利于配种,其后代的生长速度、饲料转化率高,猪肉的品质也好。

种猪外形首先要符合纯种野猪的基本特征。种公猪要求肚子小,就像人们常说的"棒槌肚",身腰要长,腿要高。骨骼要粗壮,肢蹄要强健有力并且体质健壮。被毛光亮,两眼有神,反应敏捷,性格活泼好斗,有明显的雄性表现。种公猪要求睾丸外突明显、匀称,没有单睾、隐睾,包皮内没有明显的积尿。一般一头健康的成年种公猪可以担负 10～20 头母猪的配种任务。

3. 种母猪的选择

特种野猪种母猪最好选择含野猪血统 50％以下的母猪,因为野猪血统含量超过50％，野性强，性格暴躁，母猪哺育期不易管理，仔猪哺育率低，并且发情不明显。

引进种母猪不仅在野猪血统含量多少上要进行选择，而且杂交品种上也要进行选择，最好选择地方品种猪及培育品种猪和野猪杂交的后代。因为这种杂交猪的后代母性好，产仔率高，所生产的后代猪猪肉品质好。种母猪不要过肥，要清瘦一些的，身材要短，肚腹要大，千万不要选购那种"棒槌肚"的母猪，母猪肚子小，产仔率低。选择性情温顺老实的母猪，这种母猪母性强，护仔好。阴户上翘和过小的母猪，无法正常配种，不能要。大乳头比小乳头好，乳头过小不能要，乳头数量要求在6对以上。

种母猪应该在杂交品种、野猪血统含量、体形、肥瘦、性格、阴户、奶头等方面认真挑选。

（三）种猪场的选种

1. 选择健康的种猪

在引种时，进场后首先要对猪场整体进行观察，查看一下公猪、种母猪、仔猪、生长育肥猪的整体情况。从整个猪场的环境卫生和猪舍内猪圈的卫生状况，就可以判断出这个猪场管理水平和猪只健康状况。

如果猪圈内猪粪干稀适中，无球粪（栗子状）和稀粪，表明猪只健康状况良好。同时，要详细了解猪场的防疫情况及预防程序，还要查看一下圈舍内的种猪有无耳号。因为正规的养殖场家，每头种猪都应该有耳号和详细的系谱。

在观察中，不仅对流行性病要重视，进行认真考察，而且也要对慢性病进行认真查看。例如猪喘气病，一旦引进患喘气病的种猪，病菌很难根除，将给未来的猪场造成很大损失。要重点查看一下15千克左右的生长育肥猪，因为这个阶段的生长育肥猪此病表现最为突出。如果发现猪舍内有不断咳嗽声，就要引起重视，并查明原因。

在购买种猪的同时，最好购进一部分本场的饲料。这样不至于因改变饲料而影响种猪采食，减少应激。

2. 正确评估种猪质量

（1）考察猪场种公猪的纯度　不仅要看种猪的系谱，还要认真查看种猪的外形。根据种猪的头、脸、嘴、耳、颈和身躯长短及粗细来判断。

看看是否符合纯种野猪的外貌特征，根据相似的程度就可以看出种猪的纯度。如果种猪本身和纯种野猪差异较大，就说明这个种猪野猪血统含量较低。如果种猪本身和纯种野猪差异较少，则说明这个种猪野猪血统含量较高。外形特征差异越少，说明含野猪血统越高。

在种公猪的选择上并非纯度越高越好。除非育种需要纯种野猪和野猪血统含量在82.5％以上的种猪，一般以含野猪血统75％～82.5％为宜。同时，还要查看种母猪的野猪血统含量。原则上是种公猪和种母猪野猪血统含量的总和除二，不小于62.5％，不高于75％。

选用杜洛克母猪和野猪杂交的后代，毛色偏红棕色和黄褐色。如果杂交后代的杜洛克猪血统含量在62.5％以上，则毛色呈红棕色。含杜洛克猪血统在62.5％以下，毛色则为黄褐色。

选用地方品种黑猪和野猪杂交的后代，毛色偏黑和棕灰色。如果杂交后代含地方品种黑猪血统在62.5％以上，则毛色呈黑色。含地方品种黑猪血统在62.5％以下，毛色则为棕灰色。

是选用地方品种黑猪和野猪杂交的后代好，还是选用瘦肉型猪的杂交后代好，这要根据自己的生产用途和市场定位来决定。如果想要生长快，选杜洛克猪和野猪杂交的后代。如果想肉质好，选地方品种猪和野猪的杂交后代。

如果是在果园、林地放养，最好选用野猪和地方品种猪的杂交后代。这样的特种野猪能适应粗放管理，能够采食野生植物，饲养成本低，猪肉品质好，能增加经济效益。

（2）仔细观察母猪的产仔率和哺育率　到哺育舍里认真查看哺育母猪的现有情况。各窝母猪仔猪的头数如果大都在8～10头之间，说明种母猪产仔率高，管理水平好，猪场无疫病流行。如果各窝母猪哺育仔猪大都在5～6头，甚至4～5头，就说明此场母猪产仔率不高，或者是本场管理不好，有疫病发生。要认真分析哺育期仔猪窝数过少的原因，然后决定在此引不引种。

三、种猪的检疫

运输前要对种猪进行检疫，检疫合格后方可运输。否则，容易将病原带入猪场，形成潜在隐患，甚至导致疫病发生。

四、种猪的运输

种猪运输是一项十分重要的工作，一定要做到仔细认真。如果疏忽大意，就可能出现种猪途中死亡或患病，尤其是在运输纯种野猪和含野猪血统含量较高的肉用野猪时，更要加倍小心，否则极易造成种猪的死亡。

（一）对环境要求

1. 天气状况

种猪运输时，一定要考虑天气状况。提前几天就要注意气象预报，把运输工作安排在好天气时进行，尽量避免气候恶劣的雨雪天。在北方，冬季时不要在下雪天，尤其不要在路面结冰的情况下运输，以免因路滑造成麻烦和损失；在南方，应尽量避免在雷雨天气进行，春秋季节也不要在刮风的天气运输种猪，确保运输安全。

2. 温度和光照

运载种猪的车辆，要随车带有塑料布或帆布，寒冷季节运输种猪时，要重视防寒保暖，运输车辆要用帆布进行全面封盖，以保持车厢内的温度。封盖时要留有足够的空隙以保证猪只呼吸。为车厢内空气流通，可以在车后方设通风口，但不能在车辆前面留，以免冷风直吹猪体；夏季高温季节运输种猪时，要重视种猪的防暑工作，应尽量避免在炎热的酷暑天气运输种猪，尤其不能在炎热的中午装卸种猪，装卸工作应在早晨或傍晚进行。夏季高温季节运猪时，车厢顶部要加盖帆布或塑料雨布来挡阳光的直接照射。如果运输途中下雨，应封盖车厢顶部和进雨的一面，千万不要把整个车厢盖死，以免种猪中暑甚至死亡。运输途中不要用冷水往猪体上泼水降温，因为冷水和猪体表面的温差太大，容易引起猪感冒。特别是小猪，更容易受凉引起感冒。

未经驯化的野猪，野性强，运输难度更大（成年野猪比幼年猪难运，雄性比雌性难运输）。运输时可采用遮光运输，对野猪运输笼或运输车辆严密遮光（透光孔隙易引起野猪探头、冲撞和拥挤不安）。少留孔隙，这样可使野猪保持安静，减少活动，降低能量消耗。

（二）对车辆的要求

1. 运输的车辆

猪是活物，不能在运输途中停留过长时间，否则要给种猪准备饮水和饲料，进行饲喂，非常麻烦，也不利于种猪健康。为尽量缩短路途运输时间，要选择性能好的运输车辆，以保证快速安全到达目的地。种猪运输前，对运输车辆和猪笼彻底消毒。消毒时应严格按照程序操作，首先要对车辆进行彻底清洗，待水干后用2％的火碱溶液水进行喷洒，然后再用百毒杀或漂白粉进行消毒，方可使用。

2. 种猪的装载

种猪装载时要注意装载顺序。把最小的野猪笼放在前面，成年猪笼放在中间，中猪笼放在最后面（因为车辆在行进中前面最稳，后面最颠）。装载结束后，应仔细检查车厢的固定情况。对高出车厢部分要用绳子捆扎结实，以免运输途中出现猪笼掉落。

为有利于种猪肢蹄的保护和卸车后车厢的清理，种猪装载时，车厢底部要铺设垫料，一般要铺5～10厘米厚的细沙，如果没有细沙，铺设细土也可以。一般不要铺稻草和麦秸之类的东西，以免因猪的踩碾而使空气污浊，影响猪的呼吸。尤其冬季，在车厢封闭的情况下，更要注意车厢内千万不要铺设垫草。

3. 运输车辆的车速和停靠

种猪运输途中，车速不要过快，应中速行驶。在路面不好的情况下，更应合理控制车速，保持车辆平稳。尽量不要紧急刹车，避免因紧急刹车造成装猪笼子之间的相互碰撞。

停车时，车辆不要和其他拉货车辆停放在一起，尤其是不能和运载其他猪只的车辆放在一起，以防疾病传播。最好选择远离车辆的地方单独停靠。车辆停放时间不要过长，尤其在夏季高温季节，车辆停后车厢内温度很高，容易引起种猪中暑。运输途中应对种猪进行检查，一般2～3小时检查1次，发现问题应及时处理。

（三）对饲喂和免疫的要求

1. 种猪运输前的饲喂

种猪在运输前要饲喂，喂食量的多少，要根据运输距离来决定。如果路途遥远，当天不能到达，喂量应达到平时喂量的八九成。如果距离比较短，当天就能到达，喂量应达到平时喂量的六七成。严禁喂得过饱，以免装车时对种猪造成伤害。但也不要一点不喂，因为种猪在运输过程中受到应激，到达新猪场后，不会马上采食。

2. 种猪的免疫

纯种野猪或肉用野猪性情凶猛，捕捉一次不容易。在捕捉过程中必然对种猪造成应激，为减少应激，在种猪装车前后要进行疫苗注射。一般情况是装车前对中猪和成年猪注射疫苗；卸车时对仔猪注射疫苗。种猪到达猪场后应及时卸车，让种猪尽快饮到清洁水。

五、野猪的驯化

未被驯化的野猪要进行驯化，通过科学的驯化使其适应家养的环境和方式。

（一）驯化场的准备

驯化场地最好建造在猪场比较僻静的一角，可以利用猪围墙的两面墙体和一面猪舍作隔离墙。只在东面或西面建一堵墙就可以了。小野猪驯化可以利用一间猪舍外接 50 平方米场地来驯化。驯化场，墙要求高 1.5 米。大猪的驯化场地不低于 300 平方米，围墙要求高 4 米，墙体宽 24 厘米。要用水泥砌和抹面，保证墙体坚固，以防逃逸。圈舍隔离墙那面可用铁丝来隔离。

驯化场地内要栽树，树木种植尺寸（株行距）是 4 米×6 米，选择栽速生杨最好，生长速度最快。树冠遮阴面积大，经济效益也好。

树丛中要种植牧草和蔬菜，以备野猪采饲。牧草以苜蓿、麦草、籽粒苋、鲁梅克斯、串叶松香草为宜，夏秋季以籽粒苋、鲁梅克斯、串叶松香草为主，春冬季以黑麦草、苜蓿为主。

驯化场地在进野猪前要进行彻底消毒，用 2% 的火碱进行 2 次消毒。如果在夏秋两季，注意消毒液不要喷洒在牧草和蔬菜上，以防引起野猪中毒。进猪前，要把水槽的水加满，并在水槽旁的食槽里投放一定的食物，冬季可投放一些萝卜、大白菜、胡萝卜、土豆、水果之类的食物，夏季可投放一些牧草及蔬菜。

驯化场地不要架设电灯，因野猪夜间对光非常敏感，容易受到惊吓。驯化场内要建食槽、水槽。有条件的话，要安装自动饮水器，还要在食槽的上方加盖遮雨棚，遮雨棚面积以 4 平方米为宜。

准备好隔离网和水泥柱，隔离网要求用 6 毫米钢筋焊接，市场上也有成品网出售。水泥柱高度要求 1.8 米，以便根据猪只多少隔离驯化场地。食槽和水槽上方 1.5 米处，要安装一个 0.6 米×0.8 米的小窗，用于野猪驯化前期投放食物和水。小窗的关闭方式以推拉式为宜。

驯化场地应该和种公猪舍相连，内设通道，种公猪可以直接从圈舍到驯化场地，这样方便配种和野猪的自由运动。

（二）驯化的要求

野猪运回场后，立即放入驯化场内。头 1 个月，饲养人员尽量不要惊扰野猪，加水加料在墙外的小窗上进行。避免大声惊吓野猪，尽量让野猪感到驯养场地安全，使其慢慢适应环境。

由于改变了生存环境，野猪头几天不会吃食。只要不过分惊吓野猪，保证饮水，就没有问题。一般情况下，第四五天就会逐渐进食。野猪在野外是靠采食野生动植物生存，喜欢生食整块的土豆、地瓜、带壳的花生果、玉米穗等囫囵食物，开始驯养时，也要喂给以上野猪爱吃的食物。1 个月后，用青绿饲料切碎或打浆拌入豆饼、玉米、麸皮等精料，逐渐让野猪适应家猪饲料。3 个月后，用一半家猪饲料和一半青饲料拌在一起饲喂，让野猪慢慢改变生食囫囵食物的习性，待野猪慢慢适应了圈养环境后，就可以放入中猪舍，按照家猪的饲养方式喂养。

野猪因长期采食野生动植物，体内外寄生虫比普通家猪多，当野猪适应饲料喂养后，要给野猪驱虫。驱虫时要对野猪断食一顿，减少野猪体内的食物，最好是早晨断食。晚上，喂拌入阿维菌素和依维菌素的饲料，隔 1 周后，再重复 1 次。纯种野猪身体上的虱子特别多，要经常用敌百虫溶液对猪体进行喷洒，彻底清除野猪体内外的寄生虫。

野猪进入驯养场前期，供野猪泥浴的水坑不要放水，以防野猪喝污水引起腹泻和拉稀。当野猪完全熟悉场地环境，能够通过水槽正常饮水后，方可放水，供野猪泥浴。

驯养野猪的饲养人员，不要穿红色衣服，夏季以白色、其他季节以绿色和蓝色服装为宜。饲养人员的服装要保持一个颜色，以便野猪辨认。饲养人员进场加水加料时，要带防护板，小心谨慎，不要大声呵斥野猪，逐渐让野猪熟悉。

野猪驯化的关键是头3个月，这期间任何生人不得进入驯化场地，保持场地安静。只要野猪开始进食，就算驯化成功了一半。野猪开始进食后，如果有发情母猪，应尽早进行配种训练，一旦和家猪交配成功，野猪驯化就算完成了。

交配后的野猪，情绪慢慢就会安稳下来，然后饮食会恢复到正常状态。这时要加强营养，精心管理，保证青绿饲料的供应，饲料里要多加一点盐（1%～1.5%），让野猪多喝水。1个月后，食盐添加量恢复到正常状态（0.5%）。

野猪在交配五六头母猪后，就不愿意离开配种的地方，这时，饲养人员每天要增加进入驯化场地的次数，开始发出一号令，逐渐靠近野猪。野猪的驯化是一个漫长的过程，野猪因性情不同其驯化时间也不同，快的半年，慢的1～2年。野猪只要不害怕饲养人员了，就说明驯化已基本完成，可以放进种猪舍，进行正常饲养。但是，每天仍然要让野猪进入驯化场地内进行自由活动。

（三）各类型野猪的驯养

1. 未断奶仔猪的驯养

由于仔野猪尚小，正处在吃奶期，对外界的适应能力很差，如果用植物饲料来喂养很难成活。最好的办法是，把这类仔野猪放在哺育圈里，由家养普通哺育母猪代为哺育，这样野猪和家猪一起喂养哺育，仔野猪很快就能适应家养环境。采取家猪代哺的办法来喂养，仔野猪成活率很高，一般不会死亡。

具体办法是要挑选一头性情比较温顺而带仔又较少的母猪来哺育。这样的哺育母猪，由于哺育仔猪较少，有的仔猪兼有两个奶头，便于寄养。寄养时，用来苏水或酒精涂抹所有的家猪和寄养的仔野猪。仔野猪在寄养前，要清理一下身体上的寄生虫，以免传给家仔猪。然后，在夜间，趁着家猪母猪睡熟时，将寄养仔野猪放入圈里，很快寄养仔野猪就能融入家仔猪群里。起初吃奶时，需要饲养人员照看一下，当确认能够吃上奶时，就可以放心寄养了。由于野猪生长速度远不如家猪，断奶时，把家猪一次断掉，把仔野猪留在圈里，让母猪再哺育一段时间。当野猪长到 10 千克左右，就可以断奶了。断奶前，要根据仔野猪的生理特点，对它进行补饲。仔野猪的补饲，光吃颗粒料不行，那样会引起拉稀，最好把颗粒料拌入青菜胡萝卜、南瓜一类饲料，一起饲喂。

2. 断奶仔野猪的驯养

10 千克以下仔野猪的野性还没有完全形成，对外界反应不是太敏感，可采用和家猪混养的办法，让家猪带领野猪采食和活动。按野猪 1 头、家猪 2 头的比例进行混养，这样驯化时间短，野猪很快就和家猪混入一群，能尽快进食。混养时，家猪的个体要接近野猪，不要过大或过小，过大家猪欺负野猪，过小家猪可能被野猪咬伤。混养期间，饲养人员要精心管理，一旦发现打架，应尽快隔离，避免造成伤害，混养 3～4 个月，就可以单圈饲养了。

3. 小野猪的驯养

小野猪是指 10～20 千克的野猪，这个体重的野猪基本具备了适应外界的能力，已经完全可以靠采食饲料来维持生命，但野性尚未形成，比较容易接近人类，也较好驯养。驯养前，首先清除野猪体内外的寄生虫，然后注射猪瘟疫苗和三联疫苗，放在驯养场内。按 1 头野猪和 3 头家猪的比例投放同等体重家猪，家猪要选择母猪，因为母猪比公猪温顺，野猪比较容易亲近，开始时家猪与野猪容易打架，但很快就会平息。野猪会在家猪带领下采食，这期间，野猪仍然要以野草、野菜、青绿饲料为主，多喂些青玉米穗、地瓜、南瓜之类的食物。小野猪驯养大约半年，就不惧怕人了，但仍然不要分圈，一直饲养到 50～60 千克以后再分圈。

4. 中、大野猪的驯养

中、大野猪的驯养是指 50 千克以上、80 千克以下正处在生长期内的野猪。这个体重的野猪野性已基本形成，但尚无定性，其野性的强度比成年野猪低，仍然比较好驯化。

中、大野猪如果数量在 3 头以上，就必须单个驯化，不能采取和家猪一起混养的办法。这个体重的野猪，如果采取和家猪混在一起，常常发生三头野猪一起攻击一头家猪的现象，常会把家猪咬死。

如果是 1～2 头野猪，可采取和家猪一起混养的办法来驯养。具体做法是按野猪 1 头和家猪 4 头的比例进行混养。家猪要选择后备母猪，因为中、大野猪已性成熟，对母猪有亲近感，野猪和家猪之间不易打架。

头一两个月，一般以喂圈圈食物为主，如玉米粒、南瓜、青玉米穗、地瓜、土豆，而后就要用普通家猪饲料混合一部分切碎的青绿饲料喂养。驯化期间，要多喂青绿饲料，如黑麦草、青草、野菜、地瓜秧之类的食物。

5. 成年野猪的驯养

成年野猪性情凶猛，力量强大，成年雄性野猪对人有攻击性。饲养人员应特别重视，以免发生危险。雄性野猪有一对突出嘴外的獠牙，应该通过麻醉手术把獠牙锯掉（用普通钢锯条即可）。成年母性野猪胆子非常小，驯化场地内，应建一个不透光的暗室，面积以8~9平方米为宜，供母野猪躲藏和休息。

成年野猪的驯养场内要用铁管焊接一个2米×2米的圈舍，内装几头家猪的后备母猪。按野猪1头和家猪5头的比例混养。野猪放入驯化场地后，很快就会发现家母猪，然后野猪就会在铁笼子四周转悠，经过一两天的观察，野猪如果不攻击家猪，就可以把家猪放出笼舍。如果野猪对家猪攻击得太厉害，仍然要把家猪重新关入铁笼内。如果攻击不至于造成伤害，就可以混群饲养了。这种办法的好处是减少家猪的死亡。因为成年野猪性情凶猛、力量大，如果不建立一个隔离笼，突然把家猪放进去，容易被野猪咬死。

成年野猪应尽快投入配种生产，这有利于野猪的驯化。起初几头母猪最好选择经产母猪，因为经产母猪有交配经验，胆子比较大，配种成功率高。千万不要用初产母猪，因为没有经验，容易遭到野猪的伤害。

六、纯种野猪的繁殖

纯种野猪的繁殖是指用纯种野公猪与纯种野母猪进行交配的纯种繁育。纯种繁殖应尽量避免近亲交配，要求选择远血统之间的公母猪进行繁殖。纯种野猪是季节性发情，一般在每年的春季和秋季发情，并且发情征状不明显，一般不易察觉。通常的做法是在发情季节把公母猪放在同一圈里饲养，待配种后，把公猪赶走，这种做法配种的成功率高，一般不会错过发情期。

纯种母猪的圈舍必须有足够的面积，不要少于15平方米，必须有足够的运动场地，以便让母猪有充足的运动。否则，母猪有可能常年都不发情。不要把母猪喂得过肥，如果把母猪喂得过肥也可能常年不发情，甚至失去繁育能力。纯种野母猪的饲料供应必须保证70%的青绿饲料。

　　在实际的生产中，纯种野猪的繁殖是不成功的，人类无法建造适应纯种野母猪的生活环境。在人类家养情况下，有1/3母猪常年不发情，有1/2的野母猪受胎率很低，产仔率比野生野猪明显下降，仔猪成活率只有50%。纯种野猪生产需要占用较大的生产场地，且耗费相当多的人力、物力。由于野猪野性的原因，极不好管理。从经济利益考虑，自己纯繁，并不合算，不如直接购买纯种野公猪。如果要培育种公猪，最好的方法是通过引入杜洛克猪血统，培育含野猪血统75%～87.5%的特种野猪进行繁育，具有一定的经济价值。

七、肉用野猪的培育

（一）野猪的杂交优势及杂交方法

　　由于野猪性情凶猛，且季节性发情，产仔少，不适宜直接驯化家养，必须通过和家猪杂交后，才能改变其特性，从而适应饲养环境。实践证明，野猪和家猪杂交后，不仅性情变得温顺，而且生产性能、肉质也发生了根本变化。一是生长速度明显加快。含野猪血统50%的杜洛克猪杂交后代，在中等饲养条件下，8个月体重可达到90千克，而纯种野猪达到此重量需要1.5～2年的时间。仔猪出生体重也显著提高，从0.4千克增加到0.9千克，增加了1倍多。二是繁殖性能大大提高。从原来季节性发情转变成为常年发情。发情征状也从原来的不明显到比较明显。从一年繁殖一窝到一年两窝，甚至两年五窝。从一胎只产4～6头到一胎8～12头（经产母猪）。三是肉的品质得到改善。纯种野猪肉，肉质粗糙，肌间脂肪含量少且有腥臊味，而杂交改良后的肉用野猪肉，肉质细腻、鲜嫩多汁、色泽鲜红、肌间脂肪含量丰满、大理石花纹丰富，猪肉不但无腥味而且香味浓厚。

　　野猪的杂交分正交和反交两种。如用纯种野公猪和杜洛克母猪进行的杂交为正交；杜洛克公猪和纯种野母猪进行的杂交为反交。由于野母猪性情凶暴，不宜哺育仔猪，并且产仔数量少，不符合杂交母本的选择条件，所以在实际生产当中，都采用正交的方式进行杂交。其杂交方法如下。

第一步：选用纯种野公猪和杜洛克母猪杂交，产生第一代杂种野猪。第一代杂种野猪（F_1），含双亲血统各 50%，然后，用杂交（F_1）一代野猪的公母猪作为父母本，进行种猪繁殖，扩大母猪种群。

第二步：以杂交 F_1 的杂种母猪和另一个血统的纯种野公猪杂交出第二代含野猪血统 75%、杜洛克猪血统 25% 的杂种野猪作为育肥猪，进行商品育肥猪的生产。

发展肉用野猪最主要的目的是生产高品质的猪肉。我国地方品种猪性成熟早，产仔数多，发情明显，受胎率高，母性好，带仔成活率高，而且肉质好，肌纤维细而密，肌间脂肪丰富，肌肉大理石花纹明显，含水量少，色泽鲜艳，鲜嫩多汁，并且抗寒耐热，耐粗饲和粗放管理，这些优良特性正好和野猪产生互补，比较适合与野猪杂交生产肉用野猪，以满足市场需求。

（二）杂交模式

1. 纯种野猪与家猪杂交

（1）野猪和地方品种猪的杂交　选用纯种野公猪作父本，家猪（民猪、太湖猪、莱芜黑猪等）母猪作母本进行杂交。这种杂交模式的优点：产仔率高，母性好，仔猪成活率高；母猪个体小，消耗维持体能的饲料少。抗粗饲能力强，耐粗放，好管理，肉质最好。缺点：生长速度慢，瘦肉率低；育肥猪体形小，产肉率低。其杂交模式为：

纯种野公猪 × 地方品种猪的母猪（黑色被毛）

纯种野公猪 × 野地杂交猪（F_1 代，含野猪血统 50%，地方品种猪血统 50%）

野地杂交猪（F_2 代，含野猪血统 75%，地方品种猪血统 25%）

（2）野猪和培育品种猪的杂交　选用纯种野公猪作父本，培育品种（苏太猪、莱芜黑猪、大河乌猪、新里岔黑猪等）母猪作母本进行杂交。这种杂交模式培育的后代，生产性能和猪肉品质介于野猪和地方品种猪、引进品种猪的杂交后代之间。其杂交模式为：

纯种野公猪 × 培育品种猪（苏太猪）

纯种野公猪 × 杂交猪 F_1 代（含野猪血统 50%，杜洛克猪血统 25%，太湖猪血统 25%）

肉用野猪（F_2 代，含野猪血统 75%，杜洛克猪血统 12.5%，太湖猪血统 12.5%）

（3）野猪和引进品种猪的杂交　选用纯种野猪公猪作为父本，进口品种杜洛克母猪作为母本进行杂交。这种杂交模式优点：后代生长速度快，瘦肉率高和饲料利用高。缺点：母猪产仔数低，护仔能力差，母体大，维持生命饲料多，肉质差。其杂交模式为：

纯种野公猪×引进品种（杜洛克母猪）

↓

纯种野公猪×野杜杂交猪（F₁ 代，含双亲血统各 50％）

↓

肉用野猪（F₂ 代，含野猪血统 75％，杜洛克猪血统 25％）

2. 杂交野猪与杂交野猪杂交

（1）杂交野猪与野猪和地方品种猪杂交的母猪杂交　选用野杜杂交公猪与野猪和地方品种猪杂交的母猪杂交，生产肉用野猪育肥猪。这种杂交模式优点：母猪体形较大，耐粗饲能力强，产仔多；生长速度比地方品种快，猪肉品质好。缺点：后代生长速度比培育品种和引进品种与野猪的杂交后代慢。

（2）杂交公猪与野猪和培育品种猪杂交的母猪杂交　选用野杜杂交公猪与野猪和培育品种猪杂交的母猪杂交，生产肉用野猪育肥猪。这种杂交模式优点：后代生长速度比地方品种猪和引进品种猪与野猪杂交的后代快。缺点：猪肉品质及口感比地方品种猪差。

（3）野杜公猪和野杜母猪杂交　选用野杜公猪和野杜母猪杂交，生产肉用野猪育肥猪。这种杂交模式优点：瘦肉率高，最高可达75％，饲料转化率高，为 3.5∶1，生长速度快，8 个月可达 90 千克。缺点：母猪个体大，自身饲料消耗多，对饲料质量要求也高；产仔率低，哺育能方差；猪肉口感差，没有地方品种猪和培育品种猪和野猪杂交后代的猪肉品质好。

杂交野猪与杂交野猪杂交，杂种母猪的野猪血统含量都保持在50％。但含野猪血统 50％的母猪，性情仍然比较粗野，护仔能力差，不易管理。为了充分发挥地方母猪产仔多、护仔好的优势，生产中应尽量降低母本的野猪血统，提高公猪的野猪血统，这才是提高肉用野猪产仔率的最好办法。

在培育品种猪和野猪杂交生产父母代母猪时，可以用野猪与地方品种猪杂交 F₁ 母猪和培育品种公猪（苏太公猪）进行杂交，生产杂种母猪。这种杂种母猪含地方品种猪血统50%，杜洛克猪血统25%，野猪血统25%。用这种母猪生产育肥猪，就能100%发挥地方猪的优良基因。这种杂交模式优点：产仔率高，生长速度比较快，肉质口感好。缺点：多一次杂交，增加生产成本。

（三）肉用野猪种用公母猪（父母代）的培育

1. 肉用野猪种公猪的培育

选用纯种野公猪与杜洛克母猪杂交，产生杂交一代（F_1），杂交一代的杂种野猪含双亲血统各50%，杂交公猪习惯上叫野杜一代（F_1）公猪，杂交母猪叫野杜一代（F_1）母猪。

选用另一血统纯种野猪的公猪×野杜一代母猪（F_1）杂交，产生杂交二代（F_2），杂交二代野公猪含野猪血统75%。公猪称二代（F_2）野杜公猪，母猪称二代（F_2）野杜母猪。

选用另一血统纯种野公猪×野杜母猪（F_2），产生野杜杂交三代（F_3）。三代的杂种野猪，含父本野猪血统87.5%。公猪称三代（F_3）野杜公猪，母猪称三代（F_3）野杜母猪。

野猪和瘦肉型猪的杂交后代，在生产中主要用作父本。常用的是野杜二代（F_2）和野杜三代（F_3）。野杜一代（F_1）的公猪无种用价值，一般作为育肥猪处理。野杜一代、二代母猪用作培育二代和三代野杜公猪。野杜三代母猪也没有种用价值，应作为育肥猪卖掉，因为野杜四代（F_4）的野猪血统含量已经快接近纯种野猪了，已经没有任何杂交意义了。

在生产中也可以用二代或三代野杜公猪和野杜母猪，进行横交繁殖，但要注意避免近亲交配。这种方法培育的种公猪基因不稳定，其后代有返祖现象。

2. 肉用野猪种母猪的培育

（1）以地方品种猪南阳黑猪为例　选用纯种野猪的公猪与南阳黑猪母猪杂交，产生杂交一代（F_1），杂交一代的杂种野猪含双亲血统各50%。习惯上称公猪为一代野南公猪（F_1），母猪称野南母猪（F_1）。一代野南公猪作肉用育肥猪。

野猪和地方品种猪培育的肉用野猪种用母猪，地方品种猪血统应固定在50%。过低或过高生产性能都不好。如果血统低于50%，地方品种猪的产仔性能降低，产仔多的优良基因丢失，产仔率明显下降。如果高于 50%，地方品种猪生长速度慢的基因在后代中显现，影响后代的生长速度。所以说，地方品种猪的血统必须保持在 50%。在生产中，也可以用一代野南（F_1）公母猪进行交配繁殖，进行种用母猪的扩繁。

（2）以培育品种猪苏太猪为例　选用纯种野公猪与苏太猪母猪杂交，产生杂种母猪。这种杂种野猪含野猪血统 50%，杜洛克猪血统 25%，太湖猪血统 25%。野猪和苏太猪杂交的后代，其公猪无种用价值，应作为育肥猪育肥。选用野杜杂交一代（F_1）与苏太母猪杂交，生产杂种母猪。这种杂种母猪含野猪血统 37.5%，杜洛克猪血统 37.5%，太湖猪血统 25%；选用野杜杂交二代（F_2）公猪与苏太母猪，生产杂种母猪。这种杂交母猪含野猪血统 43.75%，杜洛克猪血统 31.25%，太湖猪血统 25%。

野猪和培育品种猪培育的肉用野猪种用母猪，野猪血统应保持在 37.5%～50%。因为苏太母猪本身就是杂种猪，如果野猪血统低于 37.5%，那么野杜二代（F_2）和苏太母猪的后代所生产的商品育肥猪野猪血统就达不到 62.5%，猪肉品质得不到保证。如果种用母猪野猪血统高于 50%，就会降低后代的生长速度和饲料报酬。

第三节　肉用野猪的繁殖

一、肉用野猪的繁殖生理

（一）公猪的生殖生理

1. 公猪的生殖器官及其功能

公猪的生殖器官包括睾丸（性腺）、附睾、阴囊、输精管、副性腺、尿生殖道、阴茎和包皮，如图 4-1 所示。

（1）睾丸　是公猪产生精子和分泌雄性激素的器官，左右两个对称，分居于阴囊的两个腔内。睾丸由外到内有紧密粘在一起的固有鞘膜和白膜两层，白膜分出许多小梁伸向睾丸实质，将睾丸分成多锥体状小叶，并在睾丸纵轴上汇合成一个纵隔。每一小叶中有曲精细管，曲精细管的生精细胞可直接生成精子。曲精细管间的间质细胞可产生雄激素。每一小叶内的曲精细管先汇合成直精细管，然后汇合成睾丸网，从睾丸网再分出睾丸输出小管，构成附睾头的一部分，如图 4-2 所示。

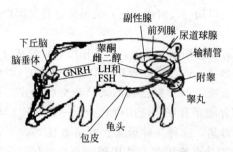

图 4-1　肉用野公猪的生殖系统

GnRH—促性腺激素释放激素；FSH—促卵泡素；LH—黄体生成素

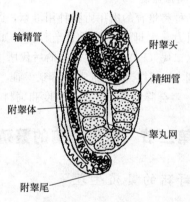

图 4-2　公猪的睾丸

（2）附睾　是精子发育成熟和储存的器官，也是精子的输出管道。附睾由附睾头、体、尾三部分组成，左右各一个，附着于睾丸的前上方外侧，位于阴囊腔内。附睾头主要由睾丸输出小管构成，它们再汇合成附睾管构成附睾体和尾，附睾尾过渡为输精管。附睾管内环境偏酸，缺少果糖，精子不活动，耗能也很少，精子通过附睾管时主要靠附睾管肌和上皮细胞纤毛的波动，精子从附睾头到附睾尾的时间一般为9～12天。在这段时间里精子的原生质滴向精子尾部移行而成熟；包裹磷脂与蛋白质以提高抗逆性；获得电荷以防止凝集；精液在此经脱水、浓缩而增加密度，以便于储存。若精子储存过久，则活力降低，死亡精子数增加，因此，生产上应注意公猪的采精间隔，不可过长或过短。

（3）阴囊　阴囊从外向内由皮肤、内膜、睾外提肌、筋膜及壁层鞘膜构成，并由一纵隔分为两腔，两个睾丸及附睾分别位于一个腔中。阴囊的主要作用是容纳和保护睾丸及附睾，调节囊内温度，有利于精子的发育和生存。

（4）副性腺　副性腺包括精囊腺、前列腺和尿道球腺。其分泌物参与精液组成，有稀释、营养精子，冲洗尿生殖道，改善阴道环境等作用。前列腺分泌稀薄、浅白色、稍有腥味的弱碱性液体，可以中和进入尿道中液体的酸性，改变精子的休眠状态，使其活动能力增强；交配前阴茎勃起时所排出的少量液体即由尿道球腺分泌，具有冲洗尿生殖道的作用。尿道球腺还可分泌浅白色黏稠胶状物，在自然交配时有防止精液倒流的作用。

（5）输精管与尿生殖道　输精管是连接附睾管与尿生殖道之间的管道，其管壁的平滑肌发达，交配时收缩力较强，能将精子迅速排送入尿生殖道内。尿生殖道是兼有排尿和排精双重功能的管道，尿生殖道的骨盆部有副性腺导管的开口。

（6）阴茎与包皮　阴茎是交配器官，较细，为纤维型，海绵体不发达，不勃起时也是硬的，在阴囊前形成"乙"状弯曲，勃起时伸直，阴茎呈螺旋状。

包皮是皮肤折转而成的管状鞘，有容纳和保护阴茎头的作用，在包皮腔前部背侧有一盲囊，常积有腐败的余尿、脱落的上皮和包皮腺的分泌物。有特殊的腥臭味，与公猪的强烈性气味有关。

2. 公猪的初情期与性成熟

公猪的初情期是指公猪第 1 次射出成熟精子的年龄（有人认为精液精子活率在 10% 以上，有效精子总数在 5000 万时的年龄）。猪的初情期一般为 6～7 月龄。初情期公猪的生殖器官及其机能还未发育完全，一般不宜此时参加配种，否则将降低受胎率与产仔数，并影响公猪生殖器官的正常生长发育。

公猪的性成熟是指生殖器官及其机能已发育完全，具备正常繁殖能力的年龄。一般在 5～8 月龄。适宜的配种年龄一般稍晚于性成熟的年龄，以提高繁殖力。

公猪达到初情期后，在神经和激素的支配和作用下，表现性欲冲动、求偶和交配三方面的反射，统称为性行为。

3. 公猪的射精量与精液组成

公猪的射精量大，一般为 150～300 毫升。公猪精液由精子和精清两部分组成，在不同的射精阶段两部分的比例不同，第一阶段射出的是精子前液，主要由凝胶和液体构成，只有极少不会活动的精子，占射精总量的 10%～20%；第二阶段射出的是富含精子的部分，颜色从乳白色到奶油色，占射精总量的 30%～40%；第三阶段射出的是精子后液，由凝胶和水样液构成，几乎不含精子，占射精总量的 40%～60%。据测定，在附睾内精子储备达到稳定之后（每周 3 次连续 6 周采精，以最后 6 周采得的精液算出），射精持续时间一般为 5～10 分钟，平均 8 分钟。除了第一和第二阶段之间有一短暂间歇外，射精一般都是连续进行的。

（二）母猪的生殖生理

1. 母猪的生殖器官及其功能

母猪的生殖器官包括卵巢、输卵管、子宫、阴道和外生殖器（图 4-3）。

（1）卵巢　卵巢位于腹腔内肾脏的后方，左右各一个，固定在子宫扩韧带的前缘上。母猪发情时能排出多个卵子，故卵巢上同时存在多个卵泡或黄体，使卵巢呈葡萄丛状。卵巢的功能是产生卵子；卵泡在发育过程中可以产生雌激素，它是导致母猪发情的直接因素；当母猪排卵后，在原位形成黄体，黄体能分泌黄体酮，是母猪维持妊娠的必需激素之一。

（2）输卵管　输卵管位于输卵管系膜内，是卵子受精和卵子进入子宫的必然通道，具有承接、运送和营养卵子、精子和合子的作用。输卵管由漏斗、壶腹和峡部组成。漏斗部靠近卵巢，接纳由卵巢排出的卵子。壶腹是输卵管的膨大部，位于输卵管靠近卵巢的 1/3 处，是卵子受精的部位。其余部分较细，称为峡部。输卵管与子宫连接处有输卵管子宫口，与子宫角相通。卵巢中成熟的卵泡破裂后，排出的卵子由输卵管漏斗接纳，并向子宫方向运送，到达输卵管壶腹，与逆行而上的精子相遇并受精，形成的合子一边发育一边向子宫方向运行，一般经2～6天到达子宫。

（3）子宫　子宫是胚胎生长发育的地方，也是运送精子的通道，并具有营养精子与扶植胚胎的作用，子宫内膜可形成母体胎盘，与胎儿胎盘结合成胎儿与母体交换营养和排泄物的器官，在妊娠期，母体胎盘还可分泌雌激素、孕激素和松弛素等，对于维持妊娠具有重要作用，子宫也可分泌前列腺素，具有刺激子宫收缩、破坏黄体、使母猪再发情的作用，对于发动分娩具有重要作用。子宫由子宫角、子宫体和子宫颈三部分组成。母猪子宫角有两个，长而弯曲，很像小肠，一般长1～1.5米，直径1.5～3.0厘米。两子宫角向后汇合成短的子宫体，长3～5厘米。子宫体后方为管径变细的子宫颈，长10～18厘米，内壁上有左右两排彼此交错的半圆形突起，中部的较大，越靠近两端越小，子宫颈后端过渡为阴道，没有明显的阴道部，发情时，子宫颈管开放，所以给猪输精时不用阴道开张器，即可将输精管穿过子宫颈而插入子宫体内。

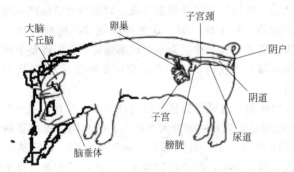

图4-3　母猪的繁殖系统

（4）阴道　阴道长10～12厘米，是母猪的交配器官，也是胎儿产出的通道。发情时阴道内壁增厚，而且有黏液排出。

（5）外生殖器　由尿生殖前庭和阴门组成，尿生殖前庭为从阴瓣到阴门裂的短管，长5～8厘米，是生殖道和尿道共同的管道，前庭前端底部中线上有尿道外口，前庭分布有前庭腺，发情时分泌黏液有利于公猪交配。阴门是母猪的交配器官，母猪发情时外阴部充血肿胀。

2. 母猪的初情期与性成熟

母猪的初情期是指母猪初次发情排卵的年龄。一般在 3～6 月龄，此时的生殖器官及其机能还未发育完全，发情周期往往也不正常，一般不宜参加配种，否则使受胎率与产仔数降低，并影响生殖器官的正常生长发育。

母猪的性成熟是指生殖器官及其机能已发育完全，具备正常生殖能力的年龄。一般在 5～8 月龄。适宜的配种年龄一般稍晚于性成熟的年龄，以提高繁殖力。

3. 肉用野母猪的发情周期

肉用野青年母猪初情期后每隔一定时间重复出现 1 次发情，一般把从上次发情开始到下次发情开始的间隔时间称为发情周期。一般母野猪的发情周期为 18～26 天，平均 23 天。每次发情持续时间因母野猪含野猪血统的不同而不同。含野猪血统 87.5% 以下的肉用野猪为 2～3 天，纯种野猪和含野猪血统 87.5% 以上的肉用野猪为 3～4 天。老龄母野猪发情时间短，年轻母野猪发情时间长，这是因为老龄母野猪性机能衰退，年轻母野猪性机能转强。后备母野猪性刚成熟时，往往发情不太规律，第 1 次、第 2 次发情不规律，排卵较少，不宜配种，第 3 次发情才可以配种。为便于观察鉴定，我们将整个母野猪发情周期人为地划分为发情前期、发情期（交配期）、发情后期、休情期四个阶段。

（1）发情前期　这是母野猪发情周期的开始阶段，持续时间 1～2.5 天。在此期母野猪外阴部肿大变红，有的从阴门流出黏稠的乳白色黏液，经过 1～3 天后，外阴部的红肿程度加剧，母野猪举止略显焦躁不安或无多大变化，但公野猪接近后并不接受爬跨。这个时期为母猪卵巢卵泡准备发育的时期，卵巢内新的卵泡开始形成，母野猪的生殖道也轻微充血肿胀，腺体活动逐渐增加，子宫逐渐松弛，子宫口开张，子宫和阴道都开始分泌黏液，为配种和受孕做好准备。

（2）发情期　这是母野猪发情周期的高潮阶段，持续时间 1.5～2.5 天。在这个时期，母野猪已有性欲表现，有静立反应并接受公猪爬跨，母野猪的外阴部呈现充血肿胀状态，并逐渐加强至肿大的外阴部后稍变轻，出现小皱纹，红色变至紫红色后色也稍变轻。母野猪变得举止不安，有的发出"呜呜"的特异叫声，有的停食闹圈、有爬跨行为，不时小便，接近饲养人员神态呆痴，多数阴门流出稍多黏稠、糊状能拉成丝的黏液，阴道和子宫颈道松弛、充血，触之较平时有热度。这个时期也正是母猪的排卵高峰期，属最适种时期。

（3）发情后期 母野猪排出的卵未受精，进入发情后期阶段，持续时间为 1.5～2 天。母野猪由发情的情欲激动状态转入安静状态，外阴部红肿逐渐消退至恢复正常，子宫颈道逐渐收缩，腺体分泌活动渐弱，黏液分泌少而黏稠。

（4）休情期 发情之后，母野猪性器官的生理活动处于相对静止期，黄体逐渐萎缩，新的卵泡开始发育，逐步过渡到下一个发情周期。

4. 母猪的发情排卵机理

母猪发情排卵的周期性是在神经和激素的调节下进行的。母猪达到性成熟后，卵巢中即已生长着较大的卵泡。大脑皮层在接受外界阳光、温度和内在激素的刺激下而发生兴奋，并传到下丘脑。下丘脑分泌促性腺激素释放激素（GnRH），经垂体门脉系统到达垂体前叶，使之分泌促卵泡素（FSH），使卵泡生长、发育和成熟。在卵泡的发育成熟过程中，卵泡壁内膜细胞和颗粒细胞协同作用产生雌激素。当雌激素在血液中大量出现时即引起发情。同时，大量的雌激素又通过负反馈作用抑制垂体前叶分泌 FSH，通过正反馈作用激发前叶分泌促黄体素（黄体生成素 LH）。当血液中 LH 增加到和 FSH 成一定比例时，引起成熟卵泡破裂而排卵，排卵后残余卵泡形成黄体。黄体在垂体前叶分泌的促乳素（促黄体分泌素 LTH）作用下分泌黄体酮。黄体酮通过负反馈作用抑制垂体前叶分泌 FSH，从而为合子在子宫内膜附植做好准备。如果野母猪妊娠，这时的黄体称妊娠黄体，继续分泌大量黄体酮直至分娩前数天停止，发情周期因此而中断。如果母猪没有妊娠，黄体则因子宫内膜分泌的前列腺素（PGF_2）溶解破坏而逐渐萎缩退化，FSH 的分泌量又增加，促使新的卵泡发育，开始进入下一个发情周期。

5. 排卵与配种

（1）排卵 母野猪是多胎动物，在一次发情中多次排卵，排卵高峰是在接受公野猪爬跨后的 30～36 小时。母野猪的排卵数一般在 10～25 枚，高产者可达 25 枚以上。排卵数除与品种有关外，还受胎次、营养状况、环境因素及产后哺乳期长短的影响。从初情期到第七个发情周期，每个发情期大约增多一个排卵数。精子和卵子相遇并结合成为合子的生理过程称为受精。野猪受精部位在输卵管壶腹部。射入母野猪生殖道的精子运行除靠精子本身运动外，主要靠母野猪生殖道的蠕动运动。精子到达受精部位的时间为 2 小时左右，而精子在母野猪生殖道内保持受精能力的时间为 10~20 小时。

（2）适宜的配种时间　受胎是精子和卵子在输卵管内结合成受精卵，以后受精卵在子宫内着床发育的过程。所以配种必须在最佳时间，使精子和卵子结合，才能达到最佳的受胎效果。配种最佳时间受以下方面因素的影响。

① 精子在母野猪生殖器官内的受精能力。在自然交配后的 30 分钟内，部分精子可达输卵管内。交配数小时后，大部分精子存在于子宫体、子宫角内，经 15.6 小时，大部分精子可在输卵管及子宫角的前端出现。精子在母野猪生殖器官内最长存活时间是 42 小时，实际上精子受精力一般在交配后的 25~30 小时。

② 卵子的受精力。卵子保持受精力的时间很短，一般为几小时，最长时间可达 15.5 小时。较确切的配种时间是在配种后，精子刚达到输卵管时排卵为最佳时间。但在生产中，这一时间较难掌握。配种时，按以下规律进行：饲养员按压母猪背部，若开始出现静立反射，则在 12 小时以后及时配种；若母猪发情征状明显，轻轻按压母猪背部即出现静立反射，则已到发情盛期，须立即配种。配种次数应在 2 次以上，第 1 次配种后 8~12 小时再配种 1 次，以确保较好的受胎率。据报道，母猪在开始接受公猪爬跨后 25 小时以内配种，受胎率良好，特别是在 10~25.5 小时可达 100%。在以后的时间里配种效果较差。

6. 妊娠

受精后形成的合子不断分裂，经过桑葚期、囊胚期，发育为胚泡，并且从输卵管壶腹部逐渐移动到子宫。配种后 9~13 天，胚泡附着在子宫内膜，称为附植（或着床），母野猪进入妊娠状态。在多数情况下，这个时间少于 4 个胚胎存活，则黄体退化，母猪将再发情。胚泡附植后的 9~15 天（配种后的 18~24 天），胚泡滋养层与子宫宫内膜生长嵌合形成胎盘，胚泡借助胎盘提供营养，妊娠 60~70 天后，胚胎的器官开始形成，继续在子宫内生长发育直至分娩。这一过程在母猪体内大约需 114 天完成。虽然每一个合子都有可能是一个新个体，但一般只有 55%～60% 的合子分娩产生活仔猪。在妊娠期间，胚胎经历 3 次死亡高峰。第 1 次出现在妊娠后 9～13 天，正值胚胎将要附植阶段。第 2 次在妊娠后的 22～30 天，处于胎儿器官系统形成阶段。这两次高峰胚胎死亡最多，约占妊娠期胚胎死亡总数的 2/3。第 3 次死亡高峰是在妊娠的 60～70 天。

7. 分娩

母野猪临近妊娠期结束时，体内发生一系列的生理变化，为分娩作准备。出现临产征兆，一定要安排专人看护，做好接产准备。

8. 泌乳

分娩的发生对母野猪乳腺发育及泌乳起很重要的作用。母野猪乳腺的发育及泌乳产生是由垂体分泌的催乳素、生长激素、促甲状腺素等激素共同作用的结果。此外，乳汁的分泌还受吸吮对乳头的刺激强度、频率以及乳汁排出数量的影响。母野猪在泌乳期间血浆中催乳素的水平很高，从而抑制了促性腺激素的分泌，母野猪表现出乏情状态，卵巢活动受到抑制。母猪乳房受到小猪刺激后，经过神经传入中枢，中枢一方面通过支配乳房的神经，使乳腺腺泡和乳导管上的肌上皮细胞收缩，而使乳汁流入大乳导管，同时乳头括约肌也放松，另一方面使垂体后叶反射性地向血液中释放催产素，引起乳汁排出。一般情况下，哺乳持续时间（包括仔野猪拱乳房的时间、安静期和放乳时间）为 2～5 分钟，而排乳时间（吸吮时间）却很短，为 10～40 秒。母野猪全期泌乳量一般在分娩后处于增加趋势，至仔野猪 21 日龄左右时达到高峰，以后逐渐下降。同一头母野猪不同乳头的泌乳量是不同的，一般认为前面的几对乳头比后面的乳头泌乳量多。野猪乳可分为初乳和常乳。分娩后 3 天内，母野猪分泌的乳为初乳，以后的为常乳。初乳中干物质、蛋白质较常乳高，而乳脂、乳糖、灰分等较常乳低。

二、肉用野母猪的发情和配种

(一) 发情鉴定

1. 发情征状

母野猪发情时的征状因个体、品种及胎龄等不同差异较大，如果下列征状出现一个或同时出现两个或多个，我们均应注意观察判定母野猪是否已在发情：神态呆痴，对饲养员显得比平时更为亲近，行为敏感，歪头倾听，常伴有耳朵躁动，尿频等；有闹圈（即爬跨圈门）的行为，渴慕靠近公野猪或爬跨临栏或同栏的母野猪；阴门红肿且渐次加深加重；食欲不振或停食；阴门出现黏液；有静立反应，按压其肋腹和背部时有挺立反应，出现耳朵扇动上立、尾根上翘的征状或人骑之表现安静，母野猪神态显得舒适，如果出现此挺立反应后不易将母野猪从原处移动，则表明该猪已充分发情。

2. 检查母野猪发情的方法

具体检测母野猪是否发情的方法应从检查母野猪行为、阴门（色泽、膨胀、黏液）、挺立反应（双手按压肋腹和背部，观其神态反应）等方面入手。

生产实践中总结出的"一摸二看三结合"的发情鉴定方法简单、高效、实用。

"一摸"：用手摸母野猪的阴户及将右手食指（剪短指甲）插入母野猪阴道，通过检查母野猪阴户、阴道有无发热、有无黏液及黏液的多少与黏稠变化来判断发情情况，确定是否已能配种。

"二看"：肉眼观察母猪外阴户红肿、皱褶变化和阴道黏液流出与色泽变化情况进行发情鉴定。

"三结合"：从多方面入手，采用"人-猪"结合（按压背部）、"猪-猪"结合（公野猪试情）的方式，并结合野猪的生产及发情历史记录等辅助手段进行发情鉴定。

3. 异常发情的区分

在进行发情检查时还应当注意一些异常发情的情况，异常发情是由于营养不良、饲养管理不当等造成的。常见的异常发情有以下几种情况。

（1）孕后发情　母猪在妊娠以后仍表现发情的一些征状。阴门红肿，生产中多称之为假发情，主要是由母猪激素机能混乱引起的，出现这种情况的母猪一般有发情征状的时间短，且不接受公猪配种。

（2）断续发情　发情时断时续，发情时间延续加长，这是由于卵泡交替发育所致。

（3）短促发情　母野猪发情期限很短，如不注意观察，就很易错过配种时期，这种情况多见于高胎龄的母猪。

（4）安静发情　亦称安静排卵，母野猪发情表现极其不明显，几乎不表现什么发情征状，这种情况就要求配种员要有相当的经验，且观察要极为细微，否则就很容易错过发情配种的机会。

4. 促进母野猪发情排卵的措施

在实际生产中常有一些母野猪不发情的情况出现，这与母野猪的营养供应不足、饲喂方式不当、管理措施不当、圈舍狭小、光照不足、运动不够有关。为使母野猪达到多胎高产，促进其发情排卵，常采用以下措施。

（1）营养供应充足　饲喂营养齐全的母野猪料，满足钙、磷的需要，增加维生素和微量元素的供给，多喂青饲料。这对促进母野猪发情排卵有良好的作用。

（2）适宜环境　新鲜的空气、良好的运动和充足的阳光对促进母野猪发情排卵有很大的好处。配种前要适当增加母野猪户外运动和光照时间，多喂些胡萝卜和青菜叶，促使母野猪发情。对不发情母野猪进行驱赶运动，促进新陈代谢，改善膘情，接受日光照射，呼吸新鲜空气，也能促进母野猪发情排卵。

（3）诱情　经常用试情公野猪去追爬不发情的母野猪，或每天将母野猪关到公野猪栏内2～3小时。母野猪由于公野猪接触、爬跨的刺激，通过神经反射作用，促使母野猪脑垂体产生促卵泡激素，促进发情排卵；或反复播放公野猪求偶录音磁带，利用条件反射作用试情，也能达到诱导发情的目的；或将母野猪关于两头公野猪栏间，通过接触及异性气味等刺激，促进母野猪发情排卵。

（4）群养和并窝　把不发情的母野猪合并到有发情母野猪的圈内饲养，通过发情母野猪爬跨刺激，促进不发情母野猪早日发情。把产仔少和泌乳力差的母野猪所产的仔野猪待吃完初乳后全部寄养给同期产仔的其他母野猪哺养，可以促使母野猪提早发情配种。

（5）使用药物

① 中药催情。淫羊藿、益母草、丹参各150克，香附130克，菟丝子120克，当归100克，枳壳75克，共同干燥后研为细末，按每千克体重3克药末拌入猪料中喂服，每天1次，连用2天，一般发情迟缓的母野猪大多在4～6天后出现发情。肉苁蓉、何首乌、元参

各 9 克，当归 15 克，川芎、菟丝子各 6 克，益母草 9 克，王不留行、淫羊藿各 6 克，研末，拌在饲料中喂服，每 5 天服 1 次。

②激素催情法。注射绒毛膜促性腺激素，每千克体重 10 个国际单位肌内注射，三合激素肌内注射，每头 2～3 毫升，催情效果良好。对屡配不孕的母野猪，可用激素促进排卵。在配种前，注射促排 3 号 100 微克，隔 8～12 小时复配 1 次，对不宜受胎母野猪效果明显。

③土方催情。用韭菜或韭薹 250 克，切碎拌入饲料，连喂 3～5 天，喂后可使母野猪发情。用红糖 250～500 克，放在锅里加热熬焦后，再加适量的水煮沸，然后拌入饲料中，喂给不发情的母野猪，一般 2～7 天后便可以发情配种。

④采用怀孕 6 个月以上孕妇早晨起床后的第 1 次尿液，拌入猪饲料内，饲喂不发情的母猪，连喂 2～3 天，即可发情。如少数母猪不发情可再喂 1～2 次，即可发情。本方法适于各种原因的不孕症，其发情率和配种后受胎率可达 100%。

⑤药物冲洗。由子宫炎引起的虽然发情但屡配不孕的母野猪，可在发情前的 1～2 天，先用 1% 的食盐水（或 0.1% 高锰酸钾，或 0.1% 的雷夫奴尔溶液）冲洗子宫，接着再用 1 克金霉素（或四环素土霉素）加蒸馏水 100 毫升放入子宫，以后每 1～3 天冲洗 1 次。口服或注射磺胺类药物或抗生素，也可以收到良好效果。

（二）配种

1. 配种方式

（1）单次配种　单次配种就是在母野猪发情期间用一头公野猪交配 1 次的方法。这种配种方式适合有丰富饲养经验的人，经过多年的实践，对母野猪发情的"火候"判断准确，一次交配，不必重复，也可以获得较高的受胎率。

好处是可以减轻公、母野猪的体力消耗，充分提高公野猪的利用率，尤其在季节性繁殖的猪场，可以提高生产效率。缺点是没有经验的场家不宜使用这种方法，把握不住"火候"，会降低受胎率和产仔数。

（2）重复配种　在母野猪发情期内，先后用同一头公野猪配种 2 次。一般在发情开始后 24～30 小时交配 1 次，间隔 8～12 小时，再用同一头公野猪交配第 2 次。采取重复配种，可提高受胎率，增加产仔数。

（3）双重配种　母野猪在一个发情期内，用不同品种的两头公猪或同一品种不同血缘关系的两头公野猪，先后间隔 10～15 分钟各配 1 次。这种办法也是适合比较有经验的场家使用。如果"火候"掌握得好，可提高产仔数，仔猪大小均匀，生命力强。

（4）多次配种　在母野猪一个发情期内，分时用多头公野猪进行交配，此法在生产中一般不采用，其效果也并不理想。

从理论上讲，多次配种和重复配种应该比单次配种受胎率高，产仔多。其实，在生产实践中，多次重复交配不但不能提高多胎率和产仔率，往往不及单次配种效果好。多次配种只能增加公母野猪的体力消耗，影响母野猪的排卵，往往起到相反的作用，尤其是特种野猪的交配，增加了配种操作难度。如果有一定的饲养经验，一次交配即可；如果经验不足，采取重复配种是最行之有效的办法。

2. 配种时机

根据母野猪的排卵规律（卵子在输卵管中仅有 8～12 小时受精能力，公野猪精子在母野猪生殖道需经过 2～3 小时游动才能到达输卵管，精子存活 10～20 小时等）判断，配种的适宜时间是母猪排卵前 2～3 小时，即母野猪发情开始后 20～30 小时配种才容易受胎，最迟在发情后 48 小时内即要配上种。实际生产中，母野猪发情时间不易准确判定，最易掌握和判定的是母野猪发情盛期征状。如果母猪的适配时期掌握恰当，配一次种即可达到相当好的效果，但由于最适配种时期的准确把握技术难度较大，工厂化养猪生产中建议一定要进行复配，即在母野猪配种后的 11～24 小时后再交配 1 次，实际生产中，每日检查母野猪 2 次，下午发现发情，次日上午配种，下午再配 1 次；上午发现发情，下午配种，次日上午再复配 1 次。配种时间还要根据母野猪胎龄而定，老龄母野猪宜早配，年轻母野猪宜晚配，中年母野猪的配种时间则把握在老龄和年轻母野猪的中间时段进行。

3. 配种方法

肉用野猪的配种方法分为本交（自然交配和人工辅助交配）和人工授精。

（1）人工辅助交配　人工辅助交配是公、母野猪直接交配的一种配种方法。采用此法应做到以下几点。

① 配种场所应安静无干扰，地面要求平坦，不光滑。

② 配种时间应安排在食前 1 小时或食后 2 小时，并且在配种的同时不要饲喂附近的野猪。气候炎热时宜在早晚凉爽时进行。

③ 配种前应激发公、母野猪的性欲。如将公、母野猪赶入配种场地后，不要马上使其交配，当公野猪爬上母野猪后应将其赶下来，要使公、母野猪性欲冲动到高潮时再让其交配。

④ 配种时人工辅助加快配种过程。如公、母野猪体重差异较大时，设配种架、垫脚板，或在母野猪身上放一条麻袋，当公野猪爬上母野猪时，由两人提着麻袋的四个角，以减轻公野猪对母野猪的压力；交配时要及时拉开母野猪的尾巴，帮助公野猪的阴茎插入母野猪阴道，防止公野猪阴茎损伤；交配后要及时赶开公野猪，并用手轻轻按压母野猪的腰间部，不让它拱背或卧下，以免精液倒流出来。

（2）人工授精　人工授精是人利用专门的器械将猪的精液采出，经过检查、稀释处理后，再借助器械将精液输入到发情母野猪的子宫内的一种配种方法。目前纯种野猪人工授精技术尚未成熟，含纯种野猪血统 75% 以下的肉用野猪中比较温顺的种野猪可以采用人工授精技术。随着技术的成熟，人工授精技术会在生产中应用。

① 人工授精的优点。提高优秀种公猪的利用率（自然交配，1 头优秀种公猪 1 年负担 25～30 头母猪配种任务，人工授精可以分担 300～1000 头母猪的任务）；发挥优良野公猪的作用，促进杂交改良工作；克服公、母猪因体格大小差异所造成的配种困难，提高配种妊娠率及分娩率；减少由于配种所带来的疾病传播；确保配种环节中的公猪精液质量，有利于母猪配种妊娠的提高；克服时间和区域的差异，适时配种；节省公猪饲养费用，提高经济效益。

② 所需器械。采精杯（保温杯亦可），用前应预热并保持 37℃（可在 40℃左右热水中预热），将消毒纱布或滤纸固定（橡皮筋）在杯口，并微向内凹；乳胶手套一副；假母猪台一个（按照母猪的形状做一个木质假母猪，假母猪的身材大小根据公猪的体形大小而定。背呈弧形，两侧有踏板）。

③ 训练公猪爬跨。采精用野公猪要先进行采精训练，使之适应假台猪采精。要事先清理采精公猪的腹部及包皮部，除去脏物和剪掉

包皮毛。训练方法如下。

a. 将发情旺盛的母猪赶到假母猪旁进行诱情。将野公猪赶来，待野公猪刚要爬跨发情母猪时，迅速赶走母猪，让公猪爬跨假母猪而射精。若公猪不爬跨假母猪或不射精，应该让公猪爬跨发情母猪，以后再用上述方法训练，一般都能成功。

b. 在假母猪臀部涂一些发情母猪的尿液或分泌物，或者在假母猪腹下放少量发情母猪的垫草，然后将公猪赶来接触假母猪，只要它愿意接近假母猪，嗅其气味，有性欲要求，愿意爬跨，一般经过 2～3 天的训练，就能成功。若公猪啃、咬、拱假母猪，并靠假母猪擦痒，无性欲表现时，立即赶一头发情旺盛的母猪到假母猪旁引起公猪的性欲，当公猪性欲极度旺盛时，再将发情母猪赶走，让公猪重新爬跨假母猪射精。

c. 把发情旺盛的小母猪用麻袋盖住，放在假母猪下面，引诱公猪爬跨假母猪训练采精，效果也很好。

在训练野公猪爬跨假母猪采精时，要防止其他野公猪的干扰而影响公猪的射精。一旦训练成功，还应连续训练几次，以便巩固。

④ 采精方法。通常采用徒手采精法，此种方法由于不需要特别设备，操作简便易行。采精员戴上消毒手套，蹲在假母猪左侧，等野公猪爬上后，用 0.1% 的高锰酸钾溶液将野公猪包皮附近洗净消毒，当公猪阴茎伸出时，将公猪阴茎龟头导入空拳掌心内，让其转动片刻，用手指由轻至紧，握紧阴茎龟头不让其转动，待阴茎充分勃起时，顺势向前牵引，手指有弹性、有节奏调节压力，公猪即可射精。另一只手持带有过滤纱布集精瓶收集精液，公猪第 1 次射精完成，按原姿势稍等不动，即可进行第 2 或第 3、第 4 次射精，直至完全射完为止，采集的精液应迅速放入 30℃ 的保温瓶中，由于猪精子对低温十分敏感，特别是当新鲜精液在短时间内剧烈降温至 10℃ 以下，精子将产生不可逆的损伤，这种损伤称为冷休克。因此在冬季采精时应注意精液的保温，以避免精子受到冷休克的打击不利于保存。集精瓶应该经过严格消毒、干燥，最好为棕色，以减少光线直接照射精液而使精子受损。由于公猪射精时总精子数不受爬跨时间、次数的影响，因此没有必要在采精前让公猪反复爬跨母猪或假母猪提高其性兴奋程度。

⑤ 精液质量检查。

a. 精液的一般性状检查见表4-2。

表4-2　精液的一般性状检查

项目	正常	异常
射精量	一次采精时公猪射出精液的数量为150～300毫升,但因品种、年龄、性准备以及采精方法等影响,变化范围为50～500毫升	过少可能是采精次数过多;或公猪生殖机能衰退,或日常管理不当,或采精技术不熟练造成;过多则可能有水分混入,或是由于副性腺分泌过多,或混入尿液等。此外,精液中不应有毛发、尘土或其他污染物,含有凝固和成块物质(不同于胶状物质)的精液,表明生殖系统有炎症,这种精液不能使用
色泽	淡乳色或淡灰白色(精液乳白程度越浓,说明精子数量越多)	如精液呈现淡绿色是混有脓液,呈淡红色是混有血液,呈黄色是混有尿液
气味	无味或微带有腥味	带臭味或尿味的精液不正常
pH	弱碱性,pH为7.3～7.9	

b. 精子活率（活力）检查。精子活率是指在公猪精液中具有直线前进运动的精子在总数中所占的百分率。它与精子受精能力密切相关,是评定精液品质的重要指标。一般要求在每次采精后,精液稀释后,输精前均应进行活率检查。

悬滴检查法：在盖玻片上滴一滴精液,然后将盖玻片翻转覆盖在凹玻片的中间,制成悬滴标本。使用带有加热板的显微镜（或将显微镜置于37～38℃的保温箱中）检查,放大200～400倍观察精子呈直线运动的状况,按十级评分法评定。如视野中有10%的精子呈直线前进运动,评定为0.1级,有20%的精子呈直线前进运动,评定为0.2级,依此类推。活率不低于0.7级才可进行稀释配制,若为冷冻精液,解冻后不应低于0.3级,才可用作精液。

c. 精子密度检查。精子密度是指1毫升精液中精子的数量,这也是评定精液品质的一个重要指标,同时也是确定输精的依据。估测是检查精子密度常用的一种方法,要与精子活力检查同时进行。用玻棒取原精液一滴于载玻片上,加盖玻片做成压片,在显微镜下放大

400～600 倍检查，根据视野中精子分布情况分为密、中、稀三个等级。

在生产实践中，活力与密度结合评定。要求公猪精液达到"中"级密度，"稀"级密度活力在 80％以上，才可用于输精。

d. 精子形态学检查。主要检查精子畸形率，要求畸形率以不超过 20％为宜，否则不能作输精用。检查方法是，取原精液一滴，均匀涂在载玻片上，干燥 1～2 分钟后，用 90％的酒精固定 2 分钟，再用蒸馏水轻轻冲洗，再干燥片刻后，用美蓝或红墨水染色 3 分钟，再用蒸馏水冲洗，干燥后即可进行镜检。通常计算 500 个精子，然后按照以下公式计算百分率。

畸形精子百分率＝（畸形精子总数/500）×100％

畸形精子种类很多，如头部畸形包括头部巨大、瘦小、细长、圆形、双头等，颈部畸形如颈部膨大、纤细、曲折、不全、带有原生质滴、不鲜明、双颈等；中段畸形包括弯曲、曲折、双体等；尾部畸形包括弯曲、螺旋形、回旋、短小、长大、双尾等。畸形精子产生的原因有公猪利用过度或饲养管理不良，或长期未配种，采精操作不当，睾丸和附睾疾病等。

⑥ 精液稀释。

a. 精液采集后应尽快稀释，原精储存不超过 30 分钟。

b. 未经品质检查或检查不合格（活力 0.7 以下）的精液不能稀释。

c. 稀释液与精液要求等温稀释，两者温差不超过 1℃，即稀释液应加热至 33～37℃，以精液温度为标准，来调节稀释液的温度，绝不能反过来操作。

d. 稀释时，将稀释液沿盛精液的杯（瓶）壁缓慢加入到精液中，然后轻轻摇动或用消毒玻璃棒搅拌，使之混合均匀。

e. 如作高倍稀释时，应进行低倍稀释［1：（1～2）］，稍待片刻后再将余下的稀释液沿壁缓慢加入，以防造成"稀释打击"。

f. 稀释倍数的确定。稀释倍数一般为 1～2 倍，如密度小时也可以不稀释。稀释后的精液每毫升应含精子数 2 亿～3 亿个，输精量 5 毫升左右。

g. 稀释后要求静置片刻再作精子活力检查，如果稀释前后活力一样，即可进行分装与保存，如果活力下降，说明稀释液的配制或稀释操作有问题，不宜使用，并应查明原因加以改进。

h. 稀释后的精液应分装在30～40毫升（一个精量）的小瓶内保存。要装满瓶，瓶内不留空气，瓶口要封严。保存的环境温度为15℃左右（10～20℃）。通常有效保存时间为48小时左右，如原精液品质好，稀释得当可达72小时左右。按以上要求保存的精液可直接运输，在运输过程中要避免振荡，保持温度（10～20℃）。

i. 不准随便更改各种稀释液配方的成分及其相互比例，也不准几种不同配方稀释液随意混合使用。

j. 稀释液的配方见表4-3。

表4-3　稀释液的配方

配方名称	配方组成
Kiev	葡萄糖6克,EDTA(乙二胺四乙酸)0.37克,二水柠檬酸钠0.37克,碳酸氢钠0.12克,蒸馏水100毫升
IVT	二水柠檬酸钠2克,无水碳酸氢钠0.21克,氯化钾0.04克,葡萄糖0.3克,氨苯磺胺0.3克,蒸馏水100毫升,混合后加热使充分溶解,冷却后通入CO_2约20分钟,使pH达6.5。此配方欧洲应用较广
奶粉-葡萄糖液（日本）	脱脂奶粉3克,葡萄糖9克,碳酸氢钠0.24克,α-氨基-对甲苯磺酰胺盐酸盐0.2克,磺胺甲基嘧啶钠0.4克,灭菌蒸馏水200毫升
我国常用配方	葡萄糖5～6克,柠檬酸钠0.3～0.5克,EDTA 0.1克,抗生素10万单位,蒸馏水加至100毫升(目前常使用庆大霉素、林可霉素、大观霉素、新霉素、黏菌素等)

⑦ 精液的保存和运输。

a. 分装后的精液如果要保存备用，则不可立即放入17℃左右的恒温冰箱内，应先留在冰箱外1小时左右，让其温度下降，以免因温度下降过快刺激精子，造成死精子增多。

b. 从放入冰箱开始，每隔12小时，要摇匀1次精液，因精子放置时间一长，会大部分沉淀。每次摇动时，动作要轻缓均匀，同时观察精液的色泽状况，并做好记录，发现异常及时处理。

c. 保存过程中，要切实注意冰箱内温度的变化（通过温度计显示），以免因意想不到的原因而造成电压不稳而导致温度升高或降低。

d. 远距离购买精液时，运输是关键的环节。高温的夏天，一定要在双层泡沫保温箱中放入冰块（17℃恒温），再放精液进行运输，以防止天气过热，死精太多，严寒的季节，要采取保温措施防止精液因寒冷使精子死亡。

⑧输精。

a. 适时输精。保存的精液随着保存时间的延长，精子活力逐渐变弱，死精子数增多，母猪受胎率偏低。适时输精的时间可以这样掌握，上午发现有呆立反应的母猪，下午输精 1 次，第 2 天下午再实行第 2 次输精；下午发现有呆立反应的母猪，第 2 天上午输精 1 次，第 3 天上午再进行第 2 次输精。最成功的输精应在呆立反应开始后 18～28 小时进行。

b. 输精的准备。输精前，精液要进行显微镜检查，检查精子密度、活力及死精率等。死精率超过 20% 的精液不能使用。输精使用的输精管，要严格清洗、消毒并使之干燥，用前最好用精液冲一下。要清洗待输母猪的外阴部，并用一次性消毒纸巾擦拭，预防将病原微生物等带入母猪阴道。

c. 输精管的选择。输精管有一次性输精管和多次性输精管。一次性输精管多具有海绵头结构，其后连一直径约 5 毫米的塑料细管，长度约 50 厘米。根据海绵头大小分成两种，一种海绵头较小，适用于后备母猪输精；另一种海绵头较大的适用于经产母猪输精。海绵头一般用质地柔软的海绵制成，通过特制胶与塑料细管粘在一起，很适合生产中使用。选择海绵头输精管时，一应注意海绵头粘得牢不牢，不牢固的则容易脱落到母猪子宫内；二应注意海绵头内塑料细管的长度，一般以 0.5 厘米为好，若塑料细管在海绵头内偏长，海绵头较硬，容易抽伤母猪阴道和子宫颈口黏膜，若偏短则海绵头太软而不易插入或难于输精。一次性的输精管使用方便，不用清洗，但成本较高，大型集约化猪场一般使用一次性输精管。

多次性输精管是用特制无毒橡胶制成的类似公猪阴茎的胶管，因其具有一定的弹性和韧度，适用于母猪的人工授精，又因其成本较低和可重复使用较受欢迎，但因头部无膨大部，输精时可能出现倒流，并且每次使用后均应清洗、消毒、干燥等，如若保管不好还会变形，因此使用受到一定的限制。

d. 输精方法及步骤。第一步，先在输精管海绵头上涂些精液或消毒的液体石蜡，以利于输精管插入时的润滑，并赶一头试情野公猪在母猪栏外，刺激母猪性欲的提高，可促使精液吸入到母猪的子宫内。

第二步，清洗并擦干母猪的外阴部后，将输精管沿着稍斜上方的角度慢慢插入阴道内，经抽送 2～3 次，直至不能前进为止。确定进入子宫后，再向外稍拉一点。凭借压力或推力缓慢注入精液。

第三步，用瓶装精液输精时，当插入输精管后，用剪刀将精液瓶盖的顶端剪去，插到输精管尾部就可输精；用袋装精液输精时，只要将输精管尾部插入精液袋入口即可。为了便于精液吸入到母猪的子宫内，可在输精瓶底部开一个口，利用空气压力促使精液吸入。输精时输精人员同时要对母猪腹肋部进行按摩，实践证明，这种按摩更能增加母猪的性欲。输精人员倒骑在母猪背上，并进行按摩，操作方便，输精效果也很好。正常的输精时间应和自然交配一样，一般为 3～5 分钟，时间太短，不利于精液的吸入，太长则不利于工作的进行。为了防止精液倒流，输完精的不要急于拔出输精管，将精液瓶或袋取下，并在输精管尾部系个扣，这样既可防止空气的进入，又能防止精液倒流。每头母猪每次输精最好使用一条新的一次性输精管，防止子宫炎发生。经产母猪用一次性海绵头输精管，输精前检查海绵头是否松动；后备母猪用一次性螺旋头输精管。

e. 输精时的问题处理。如果在插入输精管时，母猪排尿，就应将这支输精管丢弃（多次性输精管应带回重新消毒处理）；如果在输精时，精液倒流，应将精液袋放低，使生殖道内的精液流回精液袋中，再略微提高精液袋，使精液缓慢流入生殖道，同时注意压迫母猪的背部或对母猪的侧腹部及乳房进行按摩，以促进子宫收缩。如果以上方法仍然不能解决问题，精液继续倒流或不下，可前后移动输精管，或抽出输精管，重新插入锁定后，继续输精。

4. 做好配种记录和配种计划

母野猪一经配种要及时作好配种记录。主要记录与配公、母野猪情况以及配种时间和推算出预产期。与配公、母野猪的交配不是盲目进行的，而是根据事先拟订的配种计划有目的地选配的，并且又在收集和分析已有选配结果的基础上，制订出下一批的配种计划。配种计划是全年生产计划的组成部分，为分娩、劳动组织、饲料供应、野猪群计划等的制订提供了依据。规模化野猪场制订相关的配种计划，要根据种猪的生产成绩、血缘、育种及野猪场的客户对象等要求，拟定出全年参加配种的主配公野猪、母野猪的耳号或名称及候补公猪的耳号或名称，一一对号列表并订出配种日期和预计分娩日期及全年的生产预计出栏状况（表4-4、表4-5）。根据生产要求，配种方式可选择单次配种、重复配种、双重配种或多次配种，为提高产仔率，增加产仔数，在肉用野猪生产中不提倡单次配种。

表4-4 母猪配种记录（　　）年度

母猪				第1次配种			第2次配种			预产期
耳号	品种	胎次	月日	与配公猪		配种员	月日	与配公猪		配种员	年、月、日
				耳号	品种			耳号	品种		

表4-5 配种计划（　　）年度

母猪			计划配种公猪				预计配种期
耳号	品种	胎次	主配		替补		年、月、日
			耳号	品种	耳号	品种	

三、肉用野猪的妊娠和分娩

（一）妊娠诊断

1. 观察法

母猪配种后不再发情就认为已经妊娠，但生产实际中没有发情的母猪并不一定是妊娠，如激素分泌紊乱、子宫疾病等都有可能引起不发情。因此，观察法不够准确，但该方法简单，是最常用的妊娠诊断方法。

2. 直肠检查法

一般用于体形较大的经产母猪，通过直肠用手触摸子宫动脉，如果有明显波动则认为妊娠，一般妊娠后30天可以检出。但由于该方法只适用于体形较大的母猪，有一定的局限性，所以使用不多。

3. 激素测定法

测定母猪血浆中黄体酮或胎膜中硫酸雌酮的浓度来判断母猪是否妊娠，一般血样可在配种后 19～23 天采集测定，如果测定的值较低说明没有妊娠，如果明显高，则说明已经妊娠。

4. 超声波测定法

采用超声波妊娠诊断仪对母猪腹部进行扫描，观察胚泡液或心动的变化，这种方法在配种后 20～29 天有较高的检出率，可直接观察到胎儿的心动。因此，不仅可确定妊娠，而且还可以确定胎儿的数目以及胎儿的性别。

上述方法准确率一般为 80％～95％。此外，还有阴道剖解法、玫瑰花环实验等方法。

（二）预产期的确定

肉用野猪母猪妊娠期一般为 111～117 天，平均 114 天。而不同的品种可能略有差异。一般一胎怀仔较多的母猪，妊娠期较短，反之较长。根据妊娠期，可以推算预产期。

1. "三、三、三"法

"三、三、三"法，即是 3 月 3 周零 3 天。例如，一头母猪 5 月 13 日配种，该母猪的预产期为：

5 月＋3 月＝8 月

13 日＋21 日（3 周）＋3 日＝37 日

则是 9 月 7 日（30 天为 1 个月，需要上进 1 个月）。

2. "进四去六"法

即是月加四，日减六法。例如，一头母猪 5 月 13 日配种，该母猪的预产期为：

5 月＋4 月＝9 月

13 日－6 日＝7 日

则是 9 月 7 日。

（三）母猪的分娩

1. 分娩征兆

在分娩前 10～15 天，母猪腹部急剧膨大而下垂，乳房亦迅速发育，从后至前依次逐渐膨胀。至产前 3 天，乳房潮红加深，两侧乳房膨胀而外张。产前 3～5 天，可以在中部两对乳头挤出少量清亮液体；产前 2～3 天，可以挤出 1～2 滴初乳；产前 8～12 小时，可以从前部乳头挤出 1～2 滴初乳。如果能从后部乳头挤出 1～2 滴初乳，而能在中、前部挤出更多的初乳，则表示在 6 小时左右即将分娩。

分娩前 3～5 天，母猪外阴部开始发生变化，其阴唇逐渐柔软、肿胀增大、皱褶逐渐消失，阴户充血而发红，骨盆韧带松弛变软，有的母猪尾根两侧塌陷。临产前，子宫栓塞软化，从阴道流出。在行为上母猪表现出不安静，时起时卧，在圈内来回走动，但其行动谨慎缓慢，待到出现衔草做窝、起卧频繁、频频排尿等行为时，分娩即将在数小时内发生。

2. 分娩过程

分娩过程分为 3 期，一般在第 1 期和第 2 期之间没有明显的界线。在助产之中，重要的应该掌握住在正常分娩情况下第 1 期和第 2 期母猪的表现和两期各所需的时间，以便确定是否发生难产。一般来说，在分娩未超过正常所需时间之前，不需采取助产措施，但在超过正常分娩所需时间之后，则需采取助产措施，帮助母猪将胎儿排出。

第 1 期，开口期。本期从子宫开始收缩起，至子宫颈完全张开。母猪喜在安静处时起时卧，稍有不安，尾根举起常做排尿状，衔草做窝。

在开口期母猪子宫开始出现阵缩，初期阵缩持续时间短，间歇时间长，一般间隔 15 分钟左右出现 1 次，每次持续约 30 秒。随着开口期的后移，阵缩的间歇期缩短，持续期延长，而且阵缩的力量加强，至最后间隔数分钟出现 1 次阵缩。子宫的收缩呈波浪式进行，开口期所需时间为 3～4 小时。

第 2 期，胎儿娩出期。本期从子宫颈完全张开至胎儿全部娩出。在本期母猪表现起卧不安，前蹄刨地，低声呻吟，呼吸、脉搏增快，最后侧卧，四肢伸直，强烈努责，迫使胎儿通过产道排出。

在开口期间，子宫继续收缩，力量比前期加强，次数增加，持续延长，间歇期缩短，同时腹壁发生收缩。阵缩和努责迫使胎儿从产道娩出。当第 1 个胎儿娩出后，阵缩和努责暂停，一般间隔 5～10 分钟后，阵缩和努责再次开始，迫使第 2 个胎儿娩出。如此反复，直至最后一个胎儿娩出为止。胎儿娩出期的时间为 1～4 小时。

第3期，胎衣排出期。本期从胎儿完全排出至胎衣完全排出。当母猪产仔完毕后，表现为安静，阵缩和努责停止。休息片刻之后，母猪开始闻嗅仔猪。不久阵缩和努责又起，但力量较前期减弱，间歇期延长。最后排出胎衣，母猪恢复安静。胎衣排出期的时间为 0.5～1 小时。

3. 分娩处置

（1）产前准备　结合母猪的预产期和临产征状综合预测产期，在产前 3～5 天做好准备工作。首先准备好产房，将待产母猪于产前3～5 天移入产房内待产。产房要求宽敞，清洁干燥，光线充足，冬暖夏凉，安静无噪声。产房内温度以 22～25℃ 为宜，相对湿度在65%～75%。产房打扫干净后，用 3%～5% 的苯酚、2%～5% 的来苏儿或 3% 的火碱水消毒，围墙用 20% 石灰乳粉刷。地面铺以垫草。在寒冷地区，冬季和早春做好防风保暖工作；母猪进入产房前，将其腹部、乳房及阴户附近的污泥清洗干净，再用 2%～5% 来苏儿溶液消毒，然后清洗干净进入产房待产。产房内昼夜均应有专人值班，防止意外事故发生；产房内准备好接生时所需药品、器械及用品，如来苏尔、酒精、碘酊、剪刀、秤、耳号钳、灯、仔猪保姆箱（窝）、火炉以及接产员擦手和擦拭仔猪的毛条、分娩记录卡等。

（2）接产方法　当母野猪卧在产床上开始阵痛，阴部流出稀黏液（羊水）时，就是将要产仔的征兆。此时应用 0.1% 高锰酸钾溶液擦洗母猪的乳房、阴部和后躯。同时，用指甲刀剪短磨光饲养员的手指甲，并用 3% 来苏儿将手臂消毒，准备接产。产仔舍要保持环境安静，接产人员要动作准确、快捷。母野猪在羊水流出后，几分钟至 15 分钟便会产出第 1 头仔野猪。仔野猪生出后，接产人员立即一手抓仔野猪肩背部，另一手将脐带从母野猪阴道拉出，然后用手指掏除仔猪口腔内的黏液，并迅速用干净消毒的毛巾或干净柔软的垫草将其鼻和全身的黏液仔细擦干净，促进其呼吸，减少体表水分蒸发散热。如天气较冷，应立即将仔野猪放入保温箱烤干，接着断脐带，断脐时，接产人员一手提脐带的断头，另一手将脐带内血液向腹部挤压，然后在距脐壁 4 厘米处用手指掐断脐带。断脐后用 5% 碘酊消毒。若断脐后仍继续流血，用手指攥住断端，直至不流血为止，再涂碘酊消毒。脐带相当粗时，可用线绳在碘酊中浸泡一下，进行结扎，然后再剪断脐带，并涂擦碘酊。用剪牙钳将仔野猪乳牙剪掉，同时口服庆大霉素 2 毫升，目的是消炎和预防仔野猪下痢。将仔野猪的尾巴剪掉 1/3，并涂碘酊消毒，再将仔野猪放入保温箱。每产一仔，重复上述处理，直至产仔结束。在母猪产仔结束时，体力耗损很大，这时可以用麦麸、米糠之类粉状饲料用温热水调制成稀薄粥状料，内加少许食盐，喂给母猪，可以帮助母猪恢复体力。仔野猪出生后应尽快吃初乳，以增加仔野猪的免疫力和提高母野猪产仔速度。

（3）难产处理　引起难产的原因是母野猪骨盆发育不全、产道狭窄、早配（初产母野猪多见）、老龄母野猪过肥或过瘦、子宫弛缓、胎儿过大、胎位不正、死胎多、分娩时间拖长等。若不及时赴理，可能会造成母仔双亡。

难产在野猪生产中较为少见。母野猪羊水流出后 30 分钟左右仍产不出仔野猪，可能为难产。当母野猪羊水流出后，长时间剧烈阵痛，反复努责不见产仔，呼吸迫促，努责时发出"吭气"的声音，心跳加快，甚至皮肤发绀，可确定为难产。

对老龄体弱、娩力不足的母野猪，可肌内注射催产素 20 单位，促进子宫收缩。若半小时后仍不能产出仔野猪，就必须动手术。其操作方法是，首先将指甲剪短磨光，手和手臂先用肥皂水洗净，用 2% 来苏尔（或 0.1% 高锰酸钾水溶液）消毒，再用 70% 酒精消毒并涂上润滑剂（凡士林或甘油等）；母野猪外阴部也清洗消毒；将手指尖合拢呈圆锥状，手心向上，趁母野猪努责间歇时将手臂慢慢伸入产道，母野猪努责时即停止前进，切不可强行伸入，否则会造成子宫破裂；手臂进入产道后，即可触摸到胎儿，若是死胎，可抓住胎儿适当部位（下颌、前后肢），再随母猪努责将仔野猪拉出；若是胎位不正，必须拨动胎儿，调整好位置，再将仔野猪拉出。对于羊水流出时间过长、产道干燥、产道狭窄或胎儿过大引起的难产，可先向母野猪产道内灌注液状石蜡或食用油等滑润剂，然后按上述方法将胎儿拉出。如拉出一头仔野猪后转为正产，则不再继续助产。助产后必须给母野猪注射抗生素，以防产道感染。

（4）对假死仔野猪急救　有的仔野猪产出时不能呼吸，心脏仍在跳动，称为"假死"，如立即救护一般都能救活。

① 用手捉住假死猪两后肢，将其倒提起来，用手掌拍打假死猪后背，直至恢复呼吸。

②用酒精刺激假死猪鼻部或针刺其入中穴［在猪吻突（拱嘴）上弯曲部，即上唇与吻突相连处向后第一条皱纹上正中一穴］，或向假死仔猪鼻端吹气等方法，促使呼吸恢复。

③人工呼吸。接产人员左、右手分别托住假死仔猪肩部和臀部，将其腹部朝上。然后两手向腹中心方向回折，并迅速复位，反复进行，手指同时按压胸肋。一般经过几个来回，可以听到仔猪猛然发出声音，表示肺脏开始呼吸。再徐徐重做，直至呼吸正常为止。

④在紧急情况时，可以注射尼可刹米或用 0.1％肾上腺素 1 毫升，直接注入假死仔猪心脏急救。

（5）仔猪称重、编号和登记　在新生仔野猪第 1 次哺乳之前称量仔猪初生重，全窝仔猪初生重的总和为初生窝重。对初生仔猪编号，便于记载和鉴定。将称得的初生重、初生窝重以及仔猪个体特征等进行登记（填写产仔记录表 4-6）。

表 4-6　母野猪产仔哺乳记录表

项目		序号	仔猪耳号	性别	乳头数		初生重/千克	20 日龄重/千克	断奶重/千克	备注
					左	右				
母野猪	耳号	1								
	品种	2								
	年龄	3								
	胎次	4								
公野猪	耳号	5								
	品种	6								
	年龄	7								
配种日期		8								
预产日期		9								
生产日期		10								
生产情况	死胎	11								
	木乃伊胎	12								
	产活仔数	13								
	总产仔数	14								

仔野猪编号的方法，一般野猪场都是采用剪耳法，在仔野猪双耳、上缘用耳号钳剪缺口和在耳朵上打孔，每个缺口、孔代表一定的数目，其相加之和为该猪的耳号。每个缺口和孔所代表的数字无统一规定，但大多数采用两种代表方法（图4-4）。

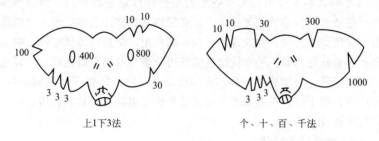

上1下3法　　　　　　　　　　个、十、百、千法

图 4-4　仔猪耳号编制方法

　　第一种，上1下3法。右耳上缘一个缺口代表1，下缘一个缺口代表3，耳尖一个缺口代表100；耳中一个圆孔代表400；左耳相应为10、30、200和800，这种方法只能编1600多号，适合于小猪场使用。

　　第二种，个、十、百、千法。右耳下缘的缺口为"个位"，上缘的缺口"十位"，左耳上缘为"百位"，下缘为"千位"。可记为右耳下"个"上"十"，左耳为上"百"下"千"。又将耳分两部分，近耳尖部为1，近耳根部为3。如左耳下缘近耳尖处为1000，上缘近耳根部为300。

　　（6）哺乳　以上处理结束后，即可将仔野猪送到母野猪身边哺乳。对不会吃乳的仔野猪，要给予人工辅助。初生仔野猪吃乳越早越好，有利于恢复体温和获得免疫力。一般都是仔野猪产出后处理完毕即让母野猪哺乳。给仔野猪喂乳时，要将初生重小一点的仔野猪放在母野猪较前边的乳头上，将大点的仔野猪放在后边，这样会消除断奶时同窝仔野猪大小不整齐的现象。对于在分娩过程中母野猪不让仔野猪吃奶的情况（初产者较多），可先将仔野猪放入保育箱内保温，待分娩结束后再一起让母野猪哺乳。对于拒绝仔野猪吃乳的母野猪，可先用手揉搓其乳房，使其安静后，再先让1~2头仔野猪吃奶，这样慢慢地让所有仔野猪都吃奶；若还不行，须给母野猪打氯丙嗪等镇静药，使其安静后，再让仔野猪吃乳，但时间不能超过 2～3 小时，必须使仔野猪吃上初乳。

（7）清理胎衣　母野猪分娩过程为 2～4 小时，仔野猪全部产完后约 20 分钟开始排出胎衣，也有边产边排胎衣的情况。胎衣排净需 1～3 小时，胎衣排出后要检查胎衣与产仔数量是否相同。如胎衣少于产仔数者，说明胎衣未排净，就必须给母野猪注射催产素一类的药物，促使胎衣排出。胎衣排出后应立即拿走，防止母野猪吃掉影响消化和养成吃仔恶癖。胎衣洗净后煮汤可分数次喂给母野猪吃，能促进母野猪泌乳。当胎衣排完后，将污染垫草清除，污染床面洗刷消毒，并用拖把擦干净，再用来苏儿或高锰酸钾水溶液将母野猪乳房、阴部和后躯擦洗干净。

4. 分娩后的护理

母猪在分娩过程中和产后的一段时期内，机体的消耗很大，抵抗力降低，而且生殖器官须经 2～8 天才能恢复正常，在 3～8 天阴道内排出恶露，容易因饲养管理不当招致疾病。产后对母猪精心护理，可使母猪尽快恢复正常。在母猪分娩结束时，结合第 1 次哺乳，对母猪乳房、后躯和外阴清洗，尤其是尾根和外阴周围应清洗干净。圈内勤打扫，做到清洁卫生，舍内通风良好，冷暖适宜，安静无干扰。在饲养和日粮结构上，给予适当照顾，逐步过渡到哺乳期的饲养。母猪产后可能出现一些病理现象，如胎衣不下、子宫或阴道脱出、产道感染、缺乳少乳、瘫痪、乳腺炎等病变。因此，在产后头几天的日常管理中，注意观察母猪状况，一旦出现异常，应立即采取相应措施加以解决。

第五章
肉用野猪的饲料及日粮配合

一、肉用野猪需要的营养物质

肉用野猪需要的营养物质主要有蛋白质、脂肪、碳水化合物、无机盐、维生素和水。除水之外，其他一切养分都是靠饲料提供的。各种营养物质经过肉用野猪消化、吸收，转化成自身的物质，又经过分解，转化成新的能量。这样周而复始地进行新陈代谢，使肉用野猪正常的生理活动得以延续。因此，营养物质构成了肉用野猪身体的基本物质。

（一）蛋白质

蛋白质是肉用野猪生命活动的基础，是构成机体一切组织和器官（如肌肉、皮肤、内脏、血液、神经、被毛及蹄壳等）的主要成分，而且在肉用野猪的生命活动中，各组织需要不断地利用蛋白质来增长、修补和更新。新陈代谢过程中所需的酶、激素、色素和抗体等也都由蛋白质来构成。所以蛋白质是肉用野猪最重要的营养物质。

饲料中蛋白质进入肉用野猪的消化道，经过消化和各种酶的作用，将其分解成氨基酸之后被吸收，成为构成肉用野猪机体蛋白质的基础物质。因此，肉用野猪对蛋白质的需要实质上是对氨基酸的需要。

氨基酸分为必需氨基酸和非必需氨基酸。必需氨基酸是指体内不能合成或是合成速度慢、合成量少，必须由饲料提供的氨基酸；非必需氨基酸是指体内能合成，不需要由饲料提供的氨基酸。

氨基酸的含量和比例决定了饲料的质量。如动物性饲料（鱼粉、肉粉等），有丰富的蛋白质，含必需氨基酸全面，营养比例适当，因此其营养价值也高；植物性饲料（豆类、粕类等），也含有较高的蛋白质，但往往缺少某些氨基酸，营养价值相对较低。因此，要采取动植物性饲料的多种搭配，取长补短，使氨基酸种类更全面，比例更适宜，得到较全面的吸收和利用，提高饲料的利用价值。

日粮中如果缺少蛋白质或蛋白质质量差，会影响肉用野猪的生长、生产和健康，甚至引起死亡。如只喂植物性饲料等，会引起机体功能失调，严重时还会出现贫血、生长缓慢、体重下降，免疫系统紊乱，肉用公野猪精液品质下降，精子数量减少，肉用母野猪发情异常，胎儿发育不良等。日粮中蛋白质过多也是不利的，不仅造成饲料浪费，而且会引起猪体代谢紊乱，严重时还会引起蛋白质过量中毒，造成心脏、肝脏、消化道、中枢神经系统功能失调，性功能下降等。所以饲粮中蛋白质必须优良且含量适宜。

（二）脂肪

脂肪是肉用野猪体的组成部分，是生长和修补体组织的原料；脂肪还是肉用野猪体内氧化供能和储存能量的重要营养物质；脂肪也是脂溶性维生素的溶剂，可以促进肉用野猪对维生素 A、维生素 D、维生素 E、维生素 K 的吸收利用；脂肪也是肉用野猪体某些维生素和激素的原料，如麦角固醇是维生素 D_2 的原料，固醇类是性激素和肾上腺皮质激素合成的原料；脂肪还能增加饲料香味、提高饲料的适口性；另外肉用野猪的皮下脂肪还可以防止体热散失，保持体温；器官周围的脂肪可以缓冲器官间的撞击和振荡，起到保护器官组织的作用。肉用野猪所需要的脂肪，主要从饲料中摄取，也可由体内的蛋白质和糖转化为脂肪。

肉用野猪机体吸收的不是直接的脂肪，而是脂肪酸。大部分脂肪酸在体内可以合成，但有一部分脂肪酸不能在机体内合成或合成量不足，必须从饲料中供给，这类脂肪酸为必需脂肪酸。

如果摄取脂肪饲料过多，超过机体消化吸收能力之后，就会造成过于肥胖，既影响肉用野猪的商品价值，同时又会影响到肉用野种猪的繁殖。饲料中如果脂肪不足，导致缺乏必需脂肪酸，运动机能就会受到障碍，繁殖能力也会下降。因此，合理供应脂肪饲料，是肉用野猪健康生长发育的重要环节。

（三）碳水化合物

碳水化合物是构成植物组织的主要成分，占其干物质的50％～75％，而在一些谷物子实中，碳水化合物的含量可高达80％，是各种动物日粮的主要组成成分，是肉用野猪体的构成物质和主要的能量来源。饲料中的碳水化合物被机体摄入后，经胰液和肠液的作用，分解成葡萄糖，首先被机体各器官活动所需能量而消化，而未能消化的碳水化合物在肝脏内转变为糖原而储存起来。当肉用野猪体内的碳水化合物量不足时，储存的糖原可以分解成葡萄糖进入血液，进行能量的供应。如果还不够时，可以动用体内的脂肪和蛋白质来供应能量。因此，体内的碳水化合物不足，会使肉用野猪身体消瘦、体质下降，影响其生长发育和健康；当日粮中碳水化合物过多时，会影响其他营养物质的含量。不同品种和不同季节，肉用野猪对碳水化合物的需要量也是不同的。一般碳水化合物饲料占总饲料的40％～50％，但是对商品肉用野猪、寒冷的冬季以及哺乳期的母野猪，可以多增加一些碳水化合物。而对于肉用野种猪，尤其是种野公猪，在炎热的夏季则应控制碳水化合物的总量。

（四）无机盐（矿物质）

无机盐在体内有着确切的生理功能和代谢作用，它们具有调节血液和其他液体的浓度、酸碱度及渗透压，保持平衡，促进消化神经活动、肌肉活动和内分泌活动的作用。猪需要的矿物质元素有钙、磷、钠、钾、氯、镁、硫、铁、铜、钴、碘、锰、锌、硒等，其中前7种是常量元素（占体重0.01％以上），后几种是微量元素。如果无机盐供给不足，就会引起发育不良和发生多种疾病，如氯和钠不足，就会降低肉用野猪的食欲，还会降低饲料的利用和转化率。

常见的矿物质元素见表5-1。

（五）维生素

维生素是肉用野猪生长发育、生殖和保持肉用野猪健壮的主要营养物质。肉用野猪所需要的维生素大多甚至全部由饲料中获取，因此合理搭配饲料，注意维生素的补充是非常重要的一环。虽然对肉用野猪来说每日的维生素需要量很少，但其担负着调节生理机能、维持正常生长发育和生产的重要作用。维生素主要是增强神经系统、血管、肌肉及其他系统功能，并参与酶系统的组成。如果维生素缺乏，将使体内必需的酶无法合成，从而使整个代谢过程受到破坏。维生素分为水溶性维生素和脂溶性维生素两大类。维生素有 20 多种，主要有维生素 A、维生素 D、维生素 E、维生素 K、B 族维生素、维生素 C 等。各类饲料中含有不同种类和不同数量的维生素，如青饲料中含有大量的维生素 C；有些维生素在体内可以转化，如胡萝卜素经肉用野猪体内的胡萝卜素酶的作用转化为维生素 A。常见的维生素见表 5-2。

表 5-1　常见的矿物质元素

名称	功能	缺乏或过量危害	备注
钙、磷	钙、磷是猪体内含量最多的元素，主要构成骨骼和牙齿生长需要的元素，此外还对维持神经、肌肉等正常生理活动起重要作用	缺乏会导致猪食欲减退、体质消瘦、异食癖；幼猪出现佝偻病；妊娠母猪死胎、畸形和弱仔多；泌乳母猪泌乳减少，跛行和奶瘫。公猪缺钙、磷时，精子发育不正常，影响配种工作。过量的钙质与磷相结合成不易溶解的三磷酸钙，猪不能吸收，反之同理	日粮中谷物和麸皮比例大，这些饲料中磷多于钙，猪日粮钙比磷容易缺乏，给猪补充钙更迫切；日粮中的钙与磷应当保持适当的比例。一般猪日粮中钙、磷比例为(1.1~1.5)∶1。一般说来，青绿多汁饲料中含钙、磷较多，且比例合适。谷物与糠麸中所含的磷，有半数或半数以上是猪不能利用的植酸磷，以精饲料为主的日粮，补加含有钙和磷的骨粉或磷酸氢钙，补加量一般可按混合精料的 1% 来搭配
氯、钠、钾	对维持机体渗透压、酸碱平衡与水的代谢有重要作用。食盐既是营养物质又是调味剂，它能增进猪的食欲，促进消化，提高饲料利用率，是猪不可缺少的矿物质饲料	缺钠会使猪对养分的利用率下降，且影响母猪的繁殖；缺氯则导致猪生长受阻；钾缺乏时，肌肉弹性和收缩力降低，肠道膨胀。在热应激条件下，易发生低血钾症	一般食盐以占日粮精料 0.3%~0.5% 来供应即足够。如果用含盐多的饲料，如泔水、酱油渣与咸鱼粉来喂猪，则日粮中的食盐量必须减少，甚至不喂，以免引起食盐中毒。食盐过量中毒，一次喂入 125~250 克食盐，就发生中毒死亡
镁	镁是构成骨质必需的元素，酶的激活剂，有抑制神经兴奋性等功能。它与钙、磷和碳水化合物的代谢有密切关系	镁缺乏时，猪肌肉痉挛，神经过敏，不愿站立，平衡失调，抽搐、突然死亡。中毒剂量尚不清楚	猪对镁的需要量较低，占日粮 0.03%~0.04% 即可。奶中含有镁，可供哺乳仔猪的需要；生长猪对镁的需要不高于幼猪。谷实和饼粕中镁利用率为 50%~60%

续表

名称	功能	缺乏或过量危害	备注
铁	铁为形成血红蛋白、肌红蛋白等必需的元素。体内铁的存在与作用：猪体内65%的铁存在于血液中，它与血液中氧的运输、细胞内的生物氧化过程关系密切	缺铁发生营养性贫血症，其表现是生长减慢，精神不振，背毛粗糙，皮肤多皱及影膜苍白。典型症状是由于横隔肌活动微弱或痉挛性抽搐而引起肠痉挛。尸体剖检可发现肝肿大，脂肪肝，血液稀薄，腹水，明显的心脏扩张，脾肿而硬等	青饲料中含铁较多，经常饲喂青饲料的猪不缺铁。猪乳中含铁很少，因此，以吃奶为主的哺乳仔猪，又是在水泥地面的圈内，既不喂青饲料，又不接触土壤，最容易患贫血症，影响生长发育，甚至死亡。在猪饲料中，补充硫酸亚铁有防止缺铁功效
铜	铜虽不是血红素的组成成分，但它在血红素红细胞的形成过程中起催化作用。铜还与骨骼发育、中枢神经系统的正常代谢有关，也是肌体内各种酶的组成成分与活化剂	缺铜发生贫血，骨端畸形，腿弯曲，跛行，心血管异常，神经障碍，生长受阻，甚至发生妊娠反常和流产。含铜过多，生长缓慢，血红素含量低，黄胆与死亡	猪对铜的需要量不大，一般饲料均可满足。在猪日粮中补加高铜（120～200毫克/千克），具有促进生长作用，可提高日增重与饲料利用率。猪越小，高铜促生长的作用越显著。采用高铜喂猪，必须相应提高口粮中铁与锌的含量，以降低铜的毒性，同时还要防止钙的含量过多
锌	锌是猪体多种代谢所必需的营养物质，参与维持上皮细胞和被毛的正常形态、生长和健康以及维持激素正常作用	缺锌使皮肤抵抗力下降，发生表皮粗糙、皮屑多，结痂，脱毛，食欲减退，日增重下降，饲料采用率降低。母猪则产仔数减少，仔猪初生重下降，泌乳量较少等	生长猪的需要量为50毫克/千克左右，妊娠母猪为55毫克/千克左右。如果日粮中钙过多，会影响锌的吸收，就会提高锌的需要量。养猪生产中，常用硫酸锌来补锌，效果明显
锰	锰是几种重要生物催化剂（酶系）的组成部分，与激素关系十分密切。对发情、排卵、胚胎、乳房及骨骼发育，泌乳及生长都有影响	锰缺乏症导致骨骼变形，四肢弯曲和缩短，关节肿胀式跛行，生长缓慢等；摄入量过多，会影响钙、磷的利用率，引起贫血	需要量一般为20毫克/千克。如果钙、磷含量多，锰的需要量就要增加。常用硫酸锰来补充锰

续表

名称	功能	缺乏或过量危害	备注
碘	碘是合成甲状腺素的主要成分,对营养物质代谢起调节作用	妊娠母猪如果日粮中缺碘,所产仔猪颈大(甲状腺肿大),无毛与少毛,皮肤粗厚并有黏液性水肿。大多数仔猪出生时还存活着,甚至体重大于健康猪,可是身体虚弱,经常是在出生后几天内陆续死亡,成活率较低	正常需要量,一般为0.14～0.35毫克/千克。向日粮中补加0.2毫克/千克就能满足需要。碘的缺乏有地区性,缺碘地区可向食盐内补加碘化钾。如用含碘化钾0.07%的食盐,则在口粮中加入0.5%食盐,即可满足需要
硒	硒是猪生命活动必需的元素之一。硒的作用与维生素E的作用相似。补硒可降低猪对维生素E的需要量,并减轻因维生素E的缺乏给猪带来的损害	缺硒的饲料喂猪,容易发生缺硒症。观察到肝坏死,肌肉营养不良及白肌病;母猪缺时,发情不规律或不发情,受胎率低,胚胎易被吸收或中途死闭产弱仔等。为此给母猪补硒,对提高母猪繁殖力与仔猪成活率都有好处;种公猪缺硒睾丸退化,性欲下降,影响配种	硒与维生素的代谢关系密切,当同时缺乏维生素E和硒时,缺硒症会很快表现出来;硒不足,但维生素E充足,猪的缺硒症则不容易表现出来。白肌病的防治:仔猪生后1周内肌内注射0.1%亚硒酸钠溶液;治疗量加倍。也可在产前1个月给妊娠母猪肌内注射5毫升。如果在日粮中添加硒进行预防,一般为0.3毫克/千克。试验证明,给生长猪喂亚硒酸钠,日粮中含硒量高达5毫克/千克,也不会中毒

表 5-2　常见的维生素

名称	主要功能	缺乏症状	主要来源
维生素A	可以维持呼吸道、消化道、生殖道上皮细胞或黏膜的结构完整与健全,增强机体对环境的适应力和对疾病的抵抗力	缺乏时食欲减退,发生夜盲症。仔猪生长停滞,眼睑肿胀,皮毛干枯,易患肺炎;母猪不发情或发情微弱,容易流产,生死胎与无眼球仔猪,公猪性欲不强,精液品质不良等	青绿多汁饲料含有大量胡萝卜素(维生素A原),在猪的肝脏、小肠及乳腺中转化为维生素A,供机体利用。必要时,可补充维生素添加剂或鱼肝油

续表

名称	主要功能	缺乏症状	主要来源
维生素D(IU、毫克/千克表示)	降低肠道pH,从而促进钙、磷的吸收,保证骨骼正常发育	缺乏维生素D影响钙、磷的吸收,其缺乏症如同钙、磷缺乏症。饲料内钙、磷含量充足,比例也合适,如果维生素D不足,会影响钙、磷的吸收与利用。维生素D充分,钙、磷比例达6.5:1都不会影响钙、磷的吸收	如鱼肝油等动物性饲料内含量较多;青干草内含麦角固醇,在紫外线照射下转变为维生素D_2。皮肤中的7-脱氢胆固醇,在紫外线照射下转变为维生素D_3。经常喂绿色干草粉或让猪多晒太阳,就不会发生维生素D的缺乏症。舍内饲养需补充维生素添加剂或鱼肝油
维生素E(IU、毫克/千克表示)	是一种抗氧化剂和代谢调节剂,与硒和胱氨酸有协同作用,对消化道和体组织中的维生素A有保护作用,能促进猪的生长发育和繁殖率提高	公猪射精量少,精子活力大大下降,严重时睾丸萎缩退化,不产生精子;母猪受胎率下降,受胎后胚胎易被吸收或中途流产或死胎;幼猪发生白肌病,严重时突然死亡	青绿饲料、麦芽、种子的胚芽与棉籽油内,含有较丰富的维生素E。猪处于逆境时需要量增加
维生素K	催化合成凝血酶原(具有活性的是维生素K_1、维生素K_2和维生素K_3)	缺乏症凝血时间过长,血尿与呼吸异常,仔猪会发生全身性皮下出血	绿色植物如苜蓿、菠菜等含维生素较多,动物的肝脏内含量也不少
维生素B_1(硫胺素)	参与碳水化合物的代谢,维持神经组织和心肌正常,可提高胃肠消化机能	食欲减退,胃肠机能紊乱,心肌萎缩或坏死,神经发生炎症、疼痛、痉挛等	糠麸、青饲料、胚芽、草粉、豆类、发酵饲料、酵母粉、硫胺素制剂
维生素B_2(核黄素)	对体内氧化还原、调节细胞呼吸、维持胚胎正常发育及雏猪的生活力起重要作用	食欲不振,生长停止,皮毛粗糙,有时有皮屑、溃疡及脂肪溢出的现象,眼角分泌物增多;母猪怀孕期缩短,胚胎早期死亡,泌乳力下降;公猪睾丸萎缩。有时会出现所产仔猪全部死亡,或产后数小时死亡的现象	存在于青饲料、干草粉、酵母、鱼粉、糠麸、小麦等饲料中,有核黄素制剂;当猪舍寒冷时,猪的核黄素需要量就会增加

113

名称	主要功能	缺乏症状	主要来源
维生素B₃（泛酸）	是辅酶 A 的组成成分，与碳水化合物、脂肪和蛋白质的代谢有关	运动失调，四肢僵硬，鹅步，脱毛等。怀孕母猪发生胚胎夭折或吸收，严重时母猪几乎不能繁殖	存在于酵母、糠麸、小麦；长期喂熟料，易患泛酸缺乏症，采用生饲料喂猪，并在日粮中搭配豆科青草、糠麸、花生饼等含泛酸多的饲料
维生素B₅（烟酸或尼克酸）	某些酶类的重要成分，与碳水化合物、脂肪和蛋白质的代谢有关	皮肤脱落性皮炎，食欲下降或消失，下痢，后肢肌肉麻痹，唇舌有溃疡病变，贫血，大肠有溃疡病变，心肝及体重减轻、呕吐等	酵母、豆类、糠麸、青饲料、鱼粉、烟酸制剂
维生素B₆（吡哆醇）	是蛋白质代谢的一种辅酶，参与碳水化合物和脂肪代谢，在色氨酸转变为烟酸和脂肪酸过程中起重要作用	食欲减退，生长慢；严重缺乏时，眼周围出现褐色渗出液、抽搐、共济失调、昏迷和死亡	禾谷类籽实及加工副产品
维生素H（生物素）	以辅酶形式广泛参与各种有机物的代谢	过度脱毛、皮肤溃烂和皮炎，眼周渗出液、嘴黏膜炎症、蹄横裂、脚垫裂缝并出血	存在于鱼肝油、酵母、青饲料、鱼粉、糠；饲养在漏缝地板圈内的猪可适当补充生物素
胆碱	胆碱是构成卵磷脂的成分，参与脂肪和蛋白质代谢；蛋氨酸等合成时所需的甲基来源	幼猪表现为增重减慢、发育不良、被毛粗糙、贫血、虚弱、共济失调、步态不平衡和蹒跚、关节松弛和脂肪肝；母猪繁殖机能和泌乳下降，仔猪成活率低，断乳体重小	小麦胚芽、鱼粉、豆饼、甘蓝、氯化胆碱
维生素B₁₁（叶酸）	以辅酶形式参与嘌呤、嘧啶、胆碱的合成和某些氨基酸的代谢	贫血和白细胞减少，繁殖和泌乳紊乱。一般情况下不易缺乏	青饲料、酵母、大豆饼、麸皮、小麦胚芽
维生素B₁₂（钴胺素）	以钴酰胺辅酶形式参与各种代谢活动；有助于提高造血机能和日粮蛋白质的利用率	贫血，骨髓增生，肝脏和甲状腺增大，母猪易引起流产、胚胎异常和产仔数减少	动物肝脏、鱼粉、肉粉、猪舍内的垫草、维生素 B₁₂

续表

名称	主要功能	缺乏症状	主要来源
维生素 C（抗坏血酸）	具有可逆的氧化和还原性，广泛参与机体的多种生化反应；能刺激肾上腺皮质合成；促进肠道内铁的吸收，使叶酸还原成四氢叶酸	易患坏血病，生长停滞，体重减轻，关节变软，身体各部出血、贫血，适应性和抗病力降低	青饲料、维生素 C 添加剂；提高抗热应激和逆境的能力

（六）水分

水分是肉用野猪生存、生长和繁育不可缺少的重要营养物质，肉用野猪体内的水分主要由饮水、饲料水和代谢水组成。饮水是直接由外界水分进入土猪体内，饮水量因肉用野猪的品种、个体、运动、饲料种类、气候不同而有所变化。饲料水也因饲料的种类不同，而所含水分量不同。青饲料含水分较高，而精饲料含水分较少，有些精饲料是经过炒熟后加工混合，含水分有的不足 10％。代谢水是肉用野猪机体有机物质代谢过程中形成的水。

由于年龄和营养状况的不同，其体内所含水分有明显的变化，一般幼龄期体内水分含量高一些，年长者体内含水分低；身体瘦弱者含水分多些，而肥胖者体内含水分较少。即使在身体内部不同的部位，所含的水分也不一样，血液中含水分最多，可达 80％以上；肌肉内含水分 75％左右；骨骼中含水分 45％。

肉用野猪身体内部各种生理活动都离不开水，一般缺乏饮水 7～8 天就会造成肉用野猪死亡。构成机体的细胞以及体内组织器官在吸收了大量的水分后，才具有一定的形态、硬度和弹性；营养物质的吸收、运输，代谢产物的排出，都需要溶解到水中才能进行。机体代谢过程中产生的热量，也要经水带到皮肤或肺部散发出去。当野猪体内水分减少 8％时，会出现食欲下降、消化减缓、血液变稠、循环减慢，体内水分减少 20％时，就可能导致死亡。一般野猪每采食 1 千克干物质饲料，需水 3 升左右（包括饮水和饲料中水），因此，在生产实际中，要全天候供应饮水，防止因缺水对肉用野猪造成生长和发育的不良后果。

二、肉用野猪的营养标准（饲养标准）

饲养标准是以肉用野猪的营养需要（肉用野猪在生长发育、繁殖、生产等生理活动中每天对能量、蛋白质、维生素和矿物质的需要量）为基础的，经过多次试验和反复验证后对某一类猪在特定环境和生理状态下的营养需要得出的一个在生产中应用的估计值。肉用野猪是利用野猪与家猪进行杂交获得的杂交猪，目前还没有制定营养标准。结合我国猪的营养标准制定肉用野猪的营养标准，供养殖者参考，见表5-3～表5-6。

表5-3　肉用野猪育肥猪、后备种猪参考饲养标准

猪的类型	育肥、后备	育肥、后备	育肥、后备	育肥	育肥	育肥	后备	后备	后备
体重/千克	1～5	5～10	10～20	20～35	35～60	60～90	25～35	35～60	60～90
预期采食量/（千克/天）	0.2	0.6	1	1.4	2.2	3以上	1.5	2.2	2.5以上
消化能/（兆焦/千克）	14	13	12.5	12.5	12.5	12	12.5	12.5	12.5
粗蛋白/%	16	15	14	14	14	12	15	14	13
钙/%	1	0.8	0.6	0.6	0.6	0.5	0.6	0.6	0.6
磷/%	0.6	0.6	0.6	0.5	0.5	0.4	0.5	0.45	0.4
赖氨酸/%	0.8	0.9	0.9	0.7	0.5	0.5	0.7	0.6	0.5
蛋氨酸/%	0.1	0.1	0.24	0.2	0.2	0.15	0.2	0.16	0.15
蛋氨酸＋胱氨酸/%	0.5	0.5	0.55	0.45	0.35	0.3	0.45	0.4	0.35
苏氨酸/%	0.5	0.6	0.5	0.5	0.4	0.4	0.45	0.4	0.3
色氨酸/%	0.1	0.12	0.17	0.14	0.12	0.1	0.14	0.12	0.1
异亮氨酸/%	0.7	0.5	0.7	0.4	0.4	0.3	0.5	0.65	0.75

表 5-4 空怀母猪和妊娠母猪参考饲养标准

猪的类型	空怀母猪			妊娠母猪		
体重/千克	90～120	120～150	150 以上	90～120	120～150	150 以上
预期采食量/(千克/天)	1.7	1.9	2	2	2.64	2.4 以上
消化能/(兆焦/千克)	11	12	12.5	12.5	14	14 以上
粗蛋白/%	11	11	11	13	14	15 以上
钙/%	0.6	0.6	0.6	0.8	1	1 以上
磷/%	0.4	0.45	0.5	0.5	0.6	0.7 以上
赖氨酸/%	0.45	0.5	0.5 以上	0.5	0.7	0.7
蛋氨酸/%	0.14	0.15	0.15	0.17	0.17	0.19
蛋氨酸＋胱氨酸/%	0.35	0.35	0.35	0.35	0.35	0.36
苏氨酸/%	0.36	0.37	0.39	0.4	0.45	0.49
色氨酸/%	0.1	0.12	0.12	0.13	0.14	0.14
异亮氨酸/%	0.5	0.5	0.5	0.6	0.6	0.7

表 5-5 哺乳母猪参考饲养标准

项目	猪的类型		
体重/千克	120～150	150～180	180 以上
预期采食量/(千克/天)	4	4.5	4.5 以上
消化能/(兆焦/千克)	13～14		
粗蛋白/%	14		
钙/%	1	1 以上	1 以上
磷/%	0.5	0.6	0.6
赖氨酸/%	0.74		
苏氨酸/%	0.5		
色氨酸/%	0.15		
异亮氨酸/%	1.5	1.6	1.6

表 5-6　种公猪参考饲养标准

项目	种公猪类型	
体重/千克	90～150	150 以上
预期采食量/(千克/天)	1.5	2 以上
消化能/(兆焦/千克)	13～20	13～20
粗蛋白/%	14～16	14～16
钙/%	0.5	0.5
磷/%	0.4	0.4
赖氨酸/%	0.7	0.7
蛋氨酸/%	0.13	0.13
蛋氨酸+胱氨酸/%	0.32	0.32
苏氨酸/%	0.4	0.4
色氨酸/%	0.12	0.12
异亮氨酸/%	0.6	0.6

说明：① 各猪种、年龄、体重阶段要根据气候、体况、饲料原料种类适当调整。
② 微量元素和维生素的需要量可以通过添加猪的微量元素和维生素预混料满足需要。预混料是饲料厂根据猪的品种、年龄段、体重段设计的含多种维生素、微量元素、个别特殊必需氨基酸以及矿物质合成的配合料。使用时要选择真空包装的产品，防止氧化失效。另外，要注意生产日期，真空包装的保质期一般在 1～2 个月，超出 2 个月的不宜使用，高温季节使用时间短，特别是含维生素的预混料。无维生素的预混料，可按需要另加维生素。因肉用野猪饲养中饲喂大量青绿饲料，一般不会缺乏维生素。

<h1 align="center">第二节　肉用野猪的常用饲料及
饲料开发利用</h1>

一、肉用野猪的常用饲料

肉用野猪的常用饲料有能量饲料、蛋白质饲料、青绿多汁饲料、青贮饲料、粗饲料、矿物质饲料和饲料添加剂等。以下将分述各类饲料的营养特性和利用方法。

(一) 能量饲料

能量饲料是指干物质中粗纤维含量低于 18%、粗蛋白质含量低于 20%、消化能高于 10.45 兆焦/千克的饲料。能量饲料含有丰富的易于消化的淀粉，是构成日粮的营养基础饲料和能量的主要来源。这类饲料主要包括禾谷类籽实及其加工副产品、淀粉质的块根块茎等。其营养成分的共同特点是淀粉含量高，而粗蛋白和氨基酸的含量较少，其中缺乏赖氨酸和蛋氨酸，色氨酸的含量也较低。矿物质中钙磷比例失调，钙含量低，磷的含量高，而且主要是猪难以消化吸收的植酸磷。缺少维生素 A 和维生素 K，而 B 族维生素和维生素 E 的含量较高。

1. 禾谷类籽实

禾谷类籽实指禾本科植物成熟的种子，包括玉米、高粱、大麦、燕麦、小麦、稻谷、小米等。这类饲料的特点是含有丰富的无氮浸出物，占干物质的 70%～80%，其中主要是淀粉，占 80%～90%。其消化率很高，消化能大都在 13 兆焦/千克以上。缺点是蛋白质含量低，为 8.5%～12%。单独使用该类饲料不能满足猪对蛋白质的需要，赖氨酸、蛋氨酸含量也较低，缺钙、缺磷且钙磷比例也不适宜，缺乏维生素 A（除黄玉米外）和维生素 D。

（1）玉米 玉米是养猪生产中最常用的一种能量饲料，具有很好的适口性和消化性，对任何动物都无副作用，具有饲料之王的美称。

玉米含能量高（代谢能达 14.27 兆焦/千克），粗纤维含量低（仅 2%左右），而无氮浸出物 70%左右，主要含淀粉，其消化率可达 90%。

玉米的脂肪含量为 3.5%～4.5%，是大麦或小麦的 2 倍。玉米含亚油酸较多，可以达到 2%，是所有谷物饲料中含量最高的。亚油酸（十八碳二烯脂肪酸）不能在动物体内合成，只能靠饲料提供，是必需脂肪酸。动物缺乏时繁殖机能受到破坏，生长受阻，皮肤发生病变。猪日粮中要求亚油酸含量为 1%，如果玉米在猪日粮中的配比达到 50%以上，则仅玉米就可满足猪对亚油酸的需要。

玉米蛋白质含量较低，一般占饲料 8.6%，蛋白质中的几种必需氨基酸含量少，特别是赖氨酸和色氨酸。玉米含钙少，磷也偏低，喂时必须注意补钙。近年来，培育的高蛋白质玉米、高赖氨酸玉米等饲料用玉米，营养价值更高，饲喂效果更好。一般情况下，玉米用量可占到猪日粮的 20%～80%。在以玉米为基础饲料组成的日粮中，只需搭配适量的饼粕或豆类及动物性饲料，就可以弥补玉米蛋白质数量和质量的缺陷，满足各类猪能量蛋白需要。玉米含钙量不足 0.1%，含磷约 0.3%，其中一半是植酸磷，因而必须补充钙磷矿物质饲料。

玉米籽实不易干，含水量高的玉米容易发霉，尤以黄曲霉菌和赤霉菌危害最大。黄曲霉毒素可直接毒害有关酶和 DNA 模板，具有致癌作用。赤霉烯酮与雌激素作用有相似之处。据试验，日粮含 0.0002%赤霉烯酮可使母猪卵巢病变，抑制发情，减少产仔数，公猪性欲降低，配种效果变差。0.006%～0.008%可使初产母猪全部流产，在生产上应引起注意。

（2）稻谷、糙米和碎米　稻谷主要用于加工成大米后作为人的粮食，产稻区已有将稻谷作为饲料的倾向，尤其是早熟稻。稻谷因含有坚实的外壳，故粗纤维含量高（8.5%左右），是玉米的 4 倍多；可利用消化能值低（11.29～11.70 兆焦/千克）；粗蛋白质含量较玉米低，粗蛋白质中赖氨酸、蛋氨酸和色氨酸与玉米近似；稻谷钙少，磷多，含锰、硒较玉米高，含锌较玉米低。总之，稻谷适口性差，饲用价值不高，仅为玉米的 80%～85%，限制了其在配合饲料中的使用量。稻谷去壳后称糙米，其代谢能值高（13.94 兆焦/千克），蛋白质含量为 8.8%，氨基酸组成与玉米相近。糙米的粗纤维含量低（0.7%），且维生素比碎米更丰富。因此，以磨碎糙米作为饲料，是一种较为科学地、经济地利用稻谷的好方法。糙米用于猪饲料可完全取代玉米，不会影响猪的增重，饲料利用效率还很高，肉猪食后其脂肪比喂玉米的硬。

（3）大麦　大麦多带皮磨碎，粗纤维含量较高，并含有大量的淀粉，其价值相当于玉米的 85%～90%。大麦含蛋白质较高，为 11.7%～14%，品质也较好；此外，大麦还含有较多的赖氨酸和色氨酸。大麦的脂肪含量低，喂育肥猪可得白色硬脂的优质猪肉。大麦缺乏维生素 A，钙和有效磷含量甚少。由于大麦籽实外包一层坚硬的外壳，粗纤维含量较其他籽实高，饲前必须压碎或碾磨，以免消化不好而浪费。

（4）高粱　营养成分比玉米略低，其价值相当于玉米的 70%～95%。蛋白质品质也稍差，苏氨酸和组氨酸的含量较少，缺乏胡萝卜素。另外高粱含有单宁，有涩味，适口性差，多喂易引起便秘，饲粮中应限量，一般不超过 10%，其他如维生素 A 和维生素 D、钙和有效磷的含量也甚少，饲喂时，应注意与其他饲料进行搭配。高粱对仔猪非细菌病毒性拉稀有止泻作用。

（5）小麦　小麦是我国人民的主要口粮，极少作为饲料。但在某些年份或地区，价格低于玉米时，可以部分代替玉米作饲料。而欧洲北部国家的能量饲料主要是麦类，其中小麦用量较大。

小麦的能量（14.36 兆焦/千克）、粗纤维含量与玉米相近，粗脂肪含量低于玉米。但粗蛋白含量高于玉米（为 10%～12%），且氨基酸比其他谷实类完全，B 族维生素丰富。缺点是缺乏维生素 A、维生素 D，小麦内含有较多的非淀粉多糖，黏性大，粉料中用量过大粘嘴，降低适口性。整粒或碾碎喂猪较好，但磨得过细不好。在等量取代玉米饲喂育肥猪时，可能因能值较低而降低饲料的利用率，但可节约部分蛋白质，并改善胴体品质，防止背膘变厚。

在猪的配合饲料中使用小麦，一般用量为 10%～30%。如果饲料中添加 β-葡聚糖酶和木聚糖酶等酶制剂，小麦用量可占 30%～40%。

2. 糠麸类

（1）麦麸　即麸皮，系由小麦的种皮、糊粉层与少量的胚和胚乳组成，其营养价值因面粉加工工艺过程不同而异。小麦籽实由胚乳（85%）、种皮与糊粉层（13%）及麦胚（2%）组成，在面粉生产过程中，不是全部胚乳都可转入到面粉之中。上等面粉只有 85% 左右的胚乳转入面粉，其余的 15% 与种皮、胚等混合组成麸皮的成分，这样的麸皮占子粒重的 28% 左右，故每 100 克小麦可生产面粉 72 克，麸皮 28 克，这种麸皮的营养价值较高。如果面粉质量要求不高，不仅胚乳在面粉中保留较多，甚至糊粉的一部分也进入面粉，则生产的面粉较多，可达 84%，而麸皮产量较少（仅 16%），这样，面粉与麸皮两方面的营养价值都降低。

麸皮的种皮和糊粉层粗纤维含量较高（8.5%～12%），营养价值较低，因而，麸皮的能值较低，消化能为 10.5～12.6 兆焦/千克；麸皮的粗蛋白质含量较高，可达 12.5%～17%，其质量也高于麦粒，含赖氨酸 0.67%，但蛋氨酸很低，只有 0.11%；B 族维生素含量丰富；含钙多，含磷少，几乎呈 8:1 的比例，钙磷比例不平衡。麸皮容积较大，可调节日粮营养浓度和沉积性质；麸皮的植酸盐含量较多，具有轻泻作用，适于喂母猪，可调节消化道机能，防止便秘，在配制日粮时应与玉米、高粱、大麦等谷物饲料搭配，其给量一般为25%～35%。麸皮吸水性强，大量干喂也可引起便秘。断奶仔猪喂量为5%～10%，肥育猪喂量不超过10%～20%。

（2）米糠　米糠是糙米加工成白米时分离出的种皮、糊粉层与胚等物质的混合物，与麦麸情况一样，其营养价值视白米加工度不同而异。加工的白米越白，则胚乳中的物质进入米糠越多，米糠的能量价值越高。但糙米出糠量少，一般为6%～8%。米糠的蛋白质含量12%左右，且品质好，赖氨酸含量较高。米糠含脂肪约10%，粗脂肪中不饱和脂肪酸高，易氧化而酸败，不易储藏。缺乏维生素A，但富含B族维生素。含钙少，含磷多。在生长猪日粮中所占比例不宜过多，超过30%，会导致消化率降低，并产生"软脂肉"，同时引起猪皮炎，幼猪喂量过多易引起腹泻。

米糠榨油后的产品称为脱脂米糠，也叫糠饼，脂肪含量下降，能值降低；稻壳粉（砻糠）和少量米糠混合称统糠。常见的有"二八糠"和"三七糠"，即米糠与稻壳粉的比例分别为2：8和3：7。统糠属于粗饲料，不适于喂猪。

3. 根茎瓜类

用作饲料的根茎瓜类饲料主要有马铃薯、甘薯、南瓜、胡萝卜、甜菜等（表5-7）。含有较多的碳水化合物和水分，粗纤维和蛋白质含量低，适口性好，具有通便和调养作用，是猪的优良饲料。可以提高肉猪增重，对哺乳母猪有催乳作用。

表5-7　根茎瓜类饲料特点

名称	特点
甘薯（红薯或地瓜）	产量高，以块根中干物质计算，比玉米水稻产量高得多。茎叶是良好的青饲料。薯块含水分高且淀粉多，粗纤维少，是很好的能量饲料。但粗蛋白含量低，钙少，富含钾盐。肉用野猪喜食，生喂熟喂都行，对育肥猪和母猪有促进消化和增加乳量的效果。注意氨基酸平衡，可以达到超过玉米的饲养效果，幼野猪可替代30%玉米，中野猪可以替代30%～50%玉米，大野猪可以替代70%～100%。染有黑斑的不宜饲喂

续表

名称	特点
木薯	是热带多年生灌木,薯块富含淀粉,叶片可以养蚕,制成干粉含有较多的蛋白质,可以用作野猪饲料。木薯粉可以替代生长育肥肉用野猪饲料中等量玉米,育肥野猪后期饲料中比例不能超过60%。宜与动物性蛋白质饲料搭配使用。木薯含有氰化物,食多可中毒。削皮或切成片浸在水中1~2天或切片晒干放在无盖锅内煮沸3~4小时。猪饲料中木薯用量不能超过25%
马铃薯(土豆)	块茎主要成分是淀粉,粗蛋白含量高于甘薯,其中非蛋白氮很多。含有有毒物质龙葵精(茄素)。喂猪时应去掉芽,并煮熟喂较好。煮熟可提高适口性和消化率,生喂不仅消化率低,还会影响生长
南瓜	多作蔬菜,也是喂猪的优质高产饲料。南瓜中无氮浸出物含量高,其中多为淀粉和糖类,还有丰富的胡萝卜素,各类猪都可喂,特别适用于繁殖和泌乳母猪。喂育肥猪肉质好、具香味,但肉色发黄。南瓜应充分成熟后收获,过早收获,含水量大,干物质少,适口性差,不耐储藏
饲用甜菜	饲料甜菜中无氮浸出物主要是糖分,也含有少量淀粉与果胶物质。适用于饲喂育肥猪。切碎或打浆饲喂。经过短暂储藏后再喂,使其中的大部分硝酸盐转化为天冬酰胺。甜菜青贮,一年四季都可喂猪

4. 油脂饲料

这类饲料油脂含量高,其发热量为碳水化合物或蛋白质的 2.25 倍。油脂饲料包括各种油脂（如动物油脂、豆油、玉米油、菜籽油、棕榈油等）以及脂肪含量高的原料（如膨化大豆、大豆磷脂等）。在饲料中加入少量的脂肪饲料,除了作为脂溶性维生素的载体外,还能提高日粮中的能量浓度。妊娠后期和哺乳前期饲粮中添加油脂,仔猪成活率提高 2.6 个百分点;断奶仔猪数每窝增加 0.3 头;母猪断奶后 6 天发情率由 28% 提高到 92%,30 天内发情率由 60% 提高 96%。仔猪开食料中加入糖和油脂,可提高适口性,对于开食及提前断奶有利。生长育肥猪饲粮加入 3%~5% 油脂,可提高增重 5% 和降低耗料 10%。一般各类猪添加油脂水平,妊娠和哺乳母猪为 10%~15%,仔猪开食料为 5%~10%,生长育肥猪为 3%~5%。肉猪体重达到 60 千克以后不宜使用。

(二) 蛋白质饲料

蛋白质饲料是指饲料干物质中粗蛋白质含量高于 20%、粗纤维含量低于 18％的一类饲料，包括油饼（粕）类、豆科籽实、糟渣类、动物性蛋白类和单细胞蛋白类。此类饲料的共同特点是粗蛋白质含量丰富，氨基酸含量相对较高，能弥补其他饲料中蛋白质的不足，提高饲料的利用率。

1. 油饼（粕）类

溶剂浸提后的副产品为"粕"，压榨后的副产品为"饼"，粕的蛋白质高于饼，饼的脂肪含量高于粕，并且由于压榨法的高温高压导致蛋白质变性，特别是赖氨酸、精氨酸破坏严重，但高温高压也使有毒有害物质遭到破坏。

（1）豆饼（粕）　蛋白质含量高，豆饼 42％以上，豆粕 45％以上，品质优良，尤以赖氨酸、色氨酸含量较多，蛋氨酸含量较少；粗纤维 5％左右，能值较高；富含核黄素与烟酸，胡萝卜素与维生素 D 含量少。在植物性蛋白质饲料中，豆饼（粕）的质量是最好的。

但是，大豆中的有毒有害物质，因加工条件不同而不同程度地存在于豆饼（粕）中，从而降低蛋白质及其他营养物质的消化吸收率，易引起猪尤其是幼猪腹泻，增重降低，饲料利用率下降。加热虽然可以破坏这些有毒有害物质，但加热过度也会导致蛋白质中某些氨基酸的破坏。

（2）花生饼（粕）　花生饼的粗蛋白质含量略高于豆饼，为42％～48％，精氨酸和组氨酸含量高，赖氨酸含量低。粗纤维含量低，适口性好于豆饼，是肉用野猪喜欢吃的一种蛋白质饲料，与豆饼、菜籽粕、鱼粉、血粉配合使用效果较好。但因其脂肪含量高，喂量不宜过多。生长育肥猪饲粮用量不超过 15％，否则胴体软化；仔猪、繁殖母猪的饲粮用量以低于 10％为宜。花生饼脂肪含量高，不耐储藏，易染上黄曲霉而产生黄曲霉毒素，这种毒素对猪危害严重。因此，生长黄曲霉的花生饼不能喂猪。

（3）菜籽饼（粕）　含粗蛋白 35％～40％，赖氨酸含量比豆饼低，蛋氨酸含量较高，蛋白质消化率 75％～80％，低于豆饼蛋白，粗纤维 10％左右。

菜籽饼（粕）中含有硫葡萄糖苷、芥子碱、芥酸、单宁等有毒有害成分，其中主要是硫葡萄糖苷，菜籽中含量为 3％～8％，但它本身并没有毒性，而是在发芽、受潮、压碎等情况下，菜籽中伴随的硫葡萄糖苷酶可将其分解为异硫氰酸酯、噁唑烷硫酮等有毒物质。硫葡萄糖苷还可在酸碱的作用下水解，并且比酶解更快。异硫氰酸酯有辛辣味，严重影响菜籽饼的适口性；高浓度时对黏膜有强烈刺激作用，可引起胃肠炎、肾炎、支气管炎及肺水肿，也可引起甲状腺肿。水洗不能将其除去，加热、日晒可使其失去活性。硫氰酸酯和噁唑烷硫酮都可导致甲状腺肿。

对于未脱毒的菜籽饼（粕）应控制喂量，一般肉用野种猪与仔猪不超过日粮的 5％，生长育肥肉用野猪不超过 10％～15％，空怀母猪 10％～12％，哺乳母野猪 8％～10％，妊娠母野猪不超过 7％。为了有效利用菜籽饼，可对其进行去毒处理，其方法：一是水浸法，将菜籽饼（粕）浸泡数小时，再换水 1～2 次；二是坑埋法，将菜籽饼（粕）用水拌和后封埋于土坑中 30～60 天，可去除大部分毒物。另外还有硫酸亚铁处理法、碳酸钠处理法、加热法、微生物发酵法等。

（4）棉籽饼（粕）　含粗蛋白 30％～40％，赖氨酸含量低，只有豆饼的 60％，消化率也比豆饼低。据测定，所有必需氨基酸的消化率，豆饼为 84.2％，棉籽饼为 72.7％。粗纤维 14％左右。

棉籽中含有毒有害物质，其中主要是棉酚，在棉籽中的含量为 1.0％～1.7％，经过榨油加工，存在于棉籽中的棉酚大部分转入油中，部分受热与棉籽中的蛋白质结合形成对猪无毒的结合棉酚，但仍有部分棉酚呈游离状态残留在饼（粕）中，其残留量决定于棉籽中棉酚的含量与工艺过程，据中国农业科学院北京畜牧兽医研究所营养室测定，棉籽饼（粕）中的棉酚含量，螺旋压榨为 0.075％，预压浸出为 0.07％，土榨为 0.196％。

棉酚的有毒有害作用主要是与棉籽饼粕中的蛋白质和氨基酸结合，降低蛋白质、氨基酸特别是赖氨酸的有效性；进入肠道的棉酚可刺激胃肠黏膜，引起胃肠炎；进入机体后损害心、肝、肾、神经等组织器官；棉酚在体内还与功能蛋白结合，使其失去活性，与铁结合引起缺铁性贫血；对公猪生精细胞有持久毒害作用，可造成不育，对母猪卵巢发育有明显抑制作用。猪对棉酚较其他动物敏感，日粮中棉酚含量不超过 0.01％时生长正常，0.01％～0.02％时出现食欲减退，生长减慢或停滞，超过 0.02％可引起中毒，0.03％时可引起严重中毒，甚至死亡。不过在生产中，猪在短时间内大量采食棉籽饼粕而引起急性中毒的极为少见，一般多是长期不间断地喂给棉籽饼（粕），致使棉酚在体内积累而产生慢性中毒，其表现为食欲减退，渴欲增进，粪便呈黑褐色，先便秘后拉稀，粪便呈恶臭并混有血液和黏液。

生产上为了充分利用棉籽饼，对含毒较高的棉籽饼（粕）应进行去毒处理。棉籽饼（粕）加水煮沸1小时可去毒75％，0.4％硫酸亚铁、0.5％石灰水浸泡2～4小时，效果较好。按铁与棉酚1∶1的比例往日粮中加入硫酸亚铁，也可起到解毒作用；在育肥肉用野猪饲料中，各添加10％的棉籽粕和菜籽粕，可以代替饲粮中的20％豆粕，且不降低育肥性能。使用棉籽粕时，添加0.13％～0.28％赖氨酸，或与血粉、鱼粉配合饲喂，能提高饲料的营养价值。

（5）芝麻饼　芝麻饼是芝麻榨油后的副产物，含粗蛋白质40％左右，蛋氨酸含量高，与豆饼适当搭配喂猪，能提高蛋白质的利用率，一般在配合饲料中用量可占5％～10％。由于芝麻饼含脂肪多而不宜久储，最好现粉碎现喂。

（6）葵花饼　葵花饼有带壳和脱壳的两种。优质的脱壳葵花饼含粗蛋白质40％以上、粗脂肪5％以下、粗纤维10％以下，B族维生素含量比豆饼高，可代替部分豆饼喂猪，不宜作为饲粮中蛋白质的唯一来源，与豆粕等配合可以提高饲养效果。一般在配合饲料中用量可占10％。带壳的不宜超过5％。

（7）亚麻籽饼（胡麻籽饼）　亚麻籽饼蛋白质含量在29.1％～38.2％，高的可达40％以上，但赖氨酸仅为豆饼的1/3。含有丰富的维生素，尤以胆碱含量为多，而维生素D和维生素E很少。其营养价值高于芝麻饼和花生饼。母猪和生长育肥猪的平衡饲粮中用量为5％～8％，在浓缩料中可用到20％，与大麦、小麦配合优于与玉米配合使用。适口性不佳，具有清泻作用，用量过多，会降低猪脂硬度。

2. 豆科籽实

豆科籽实包括黄豆、黑豆、蚕豆、豌豆等，其特点是蛋白质含量高（20％～40％），品质优良，但含有多种有毒有害成分。大豆含有蛋白酶抑制剂、植物性红细胞凝集素、皂苷、胃肠胀气因子、植酸、抗维生素、致甲状腺肿物质、类雌激素因子等，其中最主要的是蛋白酶抑制剂，它存在于豌豆、蚕豆、油菜籽等92种植物中，特别是豆科植物，但以大豆中的活性最高。它的有害作用主要是抑制某些酶对蛋白质的消化，降低蛋白质的消化利用率，引起胰腺重量增加，抑制猪的生长。

蛋白酶抑制剂是一些糖蛋白，加热可使其变性，失去生物活性，其他抗营养因子也同时遭到破坏（除胃肠胀气因子、皂苷等少数几个较耐热因子外）。蛋白酶抑制剂受热而破坏的程度，因温度、压力、水分含量、加热时间、饲料颗粒大小而不同，一般高温、高湿、高压及小的粒度，可使其更快地破坏。如果加热过度，也会导致一些氨基酸的破坏，尤其是赖氨酸、精氨酸和胱氨酸，同时降低异亮氨酸和赖氨酸的消化率，并降低猪的采食量与生产性能。一般认为，大豆用水泡至含水量60％时，蒸煮5分钟，或常压蒸汽加热15～20分钟，去毒效果较好。

3. 糟渣类

糟渣多为食品加工的副产品，其品种繁多，猪常用的糟渣有酒糟、粉渣、豆腐渣、酱油渣、醋精等。由于原料和产品种类不同，各种糟渣的营养价值差异很大。主要特点是含水量高，不易储存。按干物质计算，许多糟渣可归入蛋白质饲料，但有些糟渣的粗蛋白含量达不到蛋白质饲料水平。

（1）酒糟　酒糟是酿酒工业的副产品，由于大量淀粉变成酒被提取出去，所以无氮浸出物含量低，粗蛋白等其他成分相对增高。酒糟的营养价值因原料种类而异，原料主要有高粱、玉米、大米、甘薯、马铃薯等，啤酒以大麦作原料。好的粮食酒糟和大麦啤酒糟比薯类酒糟营养价值高2倍左右。但酿酒过程中常加入稻壳，使酒糟营养价值降低。

酒糟干物质含粗蛋白20％～30％，蛋白质品质较差。酒糟中含磷和B族维生素丰富，缺乏胡萝卜素、维生素D和钙质，并残留部分酒精。

酒糟不宜用来大量喂种猪，以免影响繁殖性能。肉猪大量饲喂易引起便秘，最好不要超过日粮的1/3，并注意与其他饲料搭配，保持营养平衡。

酒糟含水65％～75％，如放置过久，易产生游离酸和杂醇，猪吃后易引起中毒。因此，宜用鲜酒糟喂猪或妥善保藏。保藏方法，一种是晒干保藏，一种是加适量糠麸，使含水量在70%左右，进行窖储。方法同青贮。

(2) 粉渣 粉渣是制作粉条和淀粉的副产品，由于大量淀粉被提走，所以，残存物中粗纤维、粗蛋白质、粗脂肪等的含量均相应比原料大大提高。粉渣的质量好坏随原料而有所不同，以玉米、甘薯、马铃薯等为原料产生的粉渣，蛋白质含量仍较低，品质也差；以绿豆、豌豆、蚕豆等为原料产生的粉渣，粗蛋白质含量高，品质好。

无论用哪种原料制得的粉渣，都缺乏钙和维生素，如长期用来喂猪，应注意搭配能量、蛋白质、矿物质和维生素等饲料，保证猪的营养平衡。哺乳野母猪饲粮中不宜使用粉渣，小野猪用量不超过30%，大野猪不超过50%。

粉渣含水85%以上，如放置过久，特别是夏天气温高，容易发酵变酸，猪吃后易引起中毒。因此，用粉渣喂猪，越鲜越好。放置过久酸度高的粉渣，喂前最好先用适量的石灰水或小苏打中和处理，然后再喂。

粉渣可晒干储存，也可窖储，或与糠麸、酒糟混储，储存时含水量65%～75%为宜。

(3) 豆腐渣、酱油渣 豆腐渣和酱油渣主要是以大豆或豆饼为原料加工豆腐和酱油的副产品。由于提走部分蛋白质，豆腐渣和酱油渣蛋白水平较原料低，其他成分提高。一般干渣含粗蛋白20%～30%，品质较好。

豆腐渣含蛋白酶抑制物质，喂多了易拉稀，也缺少维生素，喂前煮熟为好。酱油渣含较多的食盐，为7%～8%，不能大量喂猪，以免引起食盐中毒。

鲜豆腐渣含水80%以上，鲜酱油渣含水70%以上，易腐败变质，为此，可晒干储藏，或与酒糟窖储，也可单独窖储。

4. 动物性蛋白质饲料

动物性蛋白质饲料是鱼类、肉类和乳品加工的副产品以及其他动物产品的总称。猪常用的动物性蛋白质饲料有鱼粉、血粉、羽毛粉、肉粉、肉骨粉、蚕蛹、全乳和脱乳以及乳清粉等。其特点是蛋白质含量高，大都在55%以上，各种必需氨基酸含量高，品质好，几乎不含粗纤维，维生素含量丰富，钙、磷含量高，是一种优质蛋白质补充料。

（1）鱼粉　鱼粉是优质的动物性蛋白质补充饲料，蛋白质含量高达 $45\%\sim70\%$，国产鱼粉蛋白质含量在 $35\%\sim60\%$。品质优良的鱼粉呈金黄色，脂肪含量不超过 8%，干燥而不结块，水分不高于 15%，食盐含量低于 4%，蛋白质消化率高达 88%。鱼粉的脂肪含量高，容易氧化变质，呈黑色或咖啡色。优质鱼粉蛋白质含量在 60% 以上，富含谷物类饲料缺乏的胱氨酸、蛋氨酸、赖氨酸和色氨酸。维生素 A、维生素 D 和 B 族维生素多，特别是植物性饲料容易缺乏的维生素 B_{12} 含量高。矿物质含量多并且质量好，富含钙、磷、锰、铁、碘等。鱼粉适于饲喂仔野猪和种野猪。一般日粮中用量可占 $5\%\sim10\%$。屠宰前 1 个月停用。

（2）肉骨粉　肉骨粉是指经卫生检验不适合人食用的肉品或肉品加工副产品，经高温高压或煮沸处理，并经脱脂处理，脱水干燥制成的粉状物。蛋白质含量在 $30\%\sim55\%$，消化率在 $60\%\sim80\%$。赖氨酸含量高，蛋氨酸含量不如鱼粉，色氨酸含量不如饼类。肉骨粉不仅钙磷含量丰富，而且比例适合，B 族维生素丰富，尤其是烟酸和维生素 B_{12} 含量多。用量为猪日粮的 10% 左右。正常肉骨粉呈黄色，有香味；发黑而有臭味的肉骨粉不能饲用。肉粉和肉骨粉的饲用价值仅次于鱼粉喂量，可占日粮的 $5\%\sim10\%$。

（3）血粉　血粉是屠宰场屠宰家畜时得到的血液经干燥制成的。制备方法有常规干燥、快速干燥、喷雾干燥，其中以喷雾干燥获得的血粉消化利用率最高，常规干燥的血粉消化利用率最低。血粉含蛋白质 80% 以上，但蛋氨酸、异亮氨酸和甘氨酸含量低。在野猪日粮中添加一般不超过 5%，在仔野猪日粮中加 $1\%\sim3\%$ 具有良好效果。如果干燥前将血浆与血细胞分离，制成喷雾干燥血浆粉，蛋白质含量为 68% 左右，赖氨酸 6.1，在仔野猪日粮中添加 $6\%\sim8\%$，代替脱脂奶粉，能取得良好效果。将血粉微生物发酵，育肥野猪添加 $3\%\sim5\%$，可提高日增重 $9\%\sim21\%$，而不增加饲料消耗。血粉与花生饼、菜籽饼搭配使用效果好。

（4）羽毛粉　羽毛粉由家禽的羽毛制成，含蛋白质 85% 以上，含亮氨酸和胱氨酸较多，赖氨酸、色氨酸和蛋氨酸不足。含维生素 B_{12} 和未知生长因子。经水解处理的羽毛粉，蛋白质消化率可达

80%～90%，未经处理的羽毛粉消化率很低，仅30%左右。

（5）蚕蛹粉 蚕蛹粉含粗蛋白质约68%，且蛋白质品质好，限制性氨基酸含量高，可代替鱼粉补充饲粮蛋白质，并能提供良好的B族维生素。但脂肪含量高（10%以上），具有特殊气味，影响适口性，不耐储藏。产量少，价格高。在配合饲料中用量，体重20～35千克生长肥育猪5%～10%，体重36～60千克猪2%～8%，体重60～90千克猪1%～5%。

5. 单细胞蛋白质饲料

单细胞蛋白质饲料是指用饼（粕）或玉米面筋等作为原料，通过微生物发酵而获得的含大量菌体蛋白的饲料，包括酵母、真菌、藻类等。

目前酵母应用较广泛，一般含蛋白质40%～80%。除蛋氨酸和胱氨酸较低外，其他各种必需氨基酸的含量均较丰富，仅低于动物蛋白质饲料。酵母富含B族维生素，磷高，钙较少，一般喂量为日粮的2%～3%。

（三）青绿多汁饲料

如人工栽培牧草、野草、野菜、蔬菜类、作物茎叶、水生植物以及块根、块茎类植物等都叫作青绿多汁饲料。青绿多汁饲料富含维生素，适口性好，适宜野猪食用。详见本节"二、肉用野猪的饲料开发利用"部分。

（四）青贮饲料

青贮饲料是将青饲料在厌氧条件下，经乳酸菌发酵调制而成的饲料。详见本节"二、肉用野猪的饲料开发利用"部分。

（五）粗饲料

粗饲料是指干物质中粗纤维含量在18%以上的饲料，包括秸秆、秕壳、干草和树叶等。这类饲料的特点是体积大，含粗纤维多，质地粗硬，适口性差，不易消化，可利用的营养较少，营养价值低，饲喂效果较差。粗饲料的质量差别较大，效果各异。其中应用最多、质量最好的是青干草粉。

衡量粗饲料质量的主要指标，首先是粗纤维含量的多少，木质化的程度，其次是所含其他营养物质的数量和质量。一般来说，豆科粗饲料优于禾本科粗饲料，嫩的优于老的，绿色的优于枯黄的，叶片多的优于叶片少的。如苜蓿等豆科干草、野生青干草、花生秧、大豆叶、甘薯藤等，粗纤维含量较低，一般在 $18\%\sim30\%$，木质化程度低，并富含蛋白质、矿物质和维生素，营养全面，适口性好，较易消化，在肉猪及种猪饲料中适当搭配，具有良好效果。野仔猪日粮中可添加 $2\%\sim3\%$，母野猪可添加 $25\%\sim30\%$，生长育肥猪添加 $15\%\sim20\%$；而蒿秆、秕壳饲料如小麦秸秆、稻草、花生壳、稻壳、高粱壳等，粗纤维含量极高，一般为 $30\%\sim65\%$，而且木质化程度高，质地粗硬，猪难以消化，如用这类饲料喂猪，不仅对猪没有好处，而且还会起副作用。所以用粗饲料喂猪，应注意质量，同时要合理加工调制，掌握适当喂量。注意适宜的收割时间和储藏方法，防止粗老枯黄。

（六）矿物质饲料

肉用野猪的生长发育、机体的新陈代谢需要钙、磷、钠、钾、硫等多种矿物元素，其采食的饲料主要是植物性饲料，但植物性饲料所含矿物质不能满足其营养需要，因而必须补充矿物质。目前，需要补充的主要包括食盐、钙、磷，其他微量元素则多用矿物质营养添加剂补充。

1. 食盐

大多数植物性饲料含钠、氯很少，故常用食盐补充。食盐不仅可以补充氯和钠，而且可以提高饲料适口性，一般占日粮的 $0.2\%\sim0.5\%$，过多会发生食盐中毒。

2. 钙磷饲料

含钙的矿物质饲料主要有石粉、贝壳粉、轻质碳酸钙、白垩质等，含钙量为 $32\%\sim40\%$。新鲜蛋壳与贝壳含有机质，应防止变质。含磷的矿物质饲料多属于磷酸盐类，有磷酸钙、磷酸氢钙、骨粉等。本类矿物质饲料既含磷，也含有钙。磷酸盐同时含氟，但含氟量一般不超过含磷量的 1%，否则进行脱氟处理。

骨粉或磷酸氢钙在日粮中用量为 $1.5\%\sim2.5\%$，可以满足磷的需要，在生长育肥期的日粮中还要添加 $0.5\%\sim1\%$ 的石粉，可满足钙的需要。常用矿物质盐类的元素组成和含量见表5-8。

表 5-8　常用矿物质盐类的元素组成和含量

矿物质名称	分子式	元素含量/%			
碳酸钙	CaCO₃	Ca	40	—	
石灰石		Ca	35	—	
贝壳粉		Ca	38	—	
磷酸钙	Ca₃(PO₄)₂	Ca	38.8	P	20.0
磷酸氢钙	CaHPO₄	Ca	29.5	P	22.8
磷酸氢钙	CaHPO₄·2H₂O	Ca	23.3	P	24.6
过磷酸钙	Ca(H₂PO₄)₂·H₂O	Ca	15.9	P	24.6
骨粉		Ca	30.0	P	15.0
食盐	NaCl	Na	38.4	C	160.7

3. 微量元素添加剂

在完全的平衡日粮中，还要补加铁、铜、锌、锰、钴、硒、碘等微量元素。所添加微量元素都是相应的盐类和氧化物按一定比例配制而成的添加剂。常用的微量元素化合物有硫酸亚铁、硫酸铜、硫酸锌、硫酸锰、硫酸钾、氯化钴、亚硒酸钠等。植物饲料中含有矿物质元素，但满足不了猪的需要，给猪配制日粮时还要另外补充矿物质饲料。目前需要补充的主要是食盐、钙和磷，其他微量元素使用添加剂补充。

4. 其他几种矿物质饲料

除上述矿物质饲料外，还有沸石、麦饭石、膨润土、海泡石、滑石、方解石等，广泛应用于畜牧业。这些矿物除供给猪生长发育所必需的部分微量元素、超微量元素外，还具有独特的物理微观结构和由此而具有的某些物理、化学性质。例如，独特的选择吸附能力和大的吸附容积，可以吸收肠道中过量的氨以及甲烷、乙烷、丙烯、甲醇、大肠杆菌和沙门杆菌的毒素等有毒物质，抑制某些病原菌的繁殖；可逆的离子交换性能，满足猪对微量元素的需要；并有促进钙吸收的功能，从而增进猪的健康，提高生产性能。

（1）沸石　沸石是一种含水的碱金属或碱土金属的铝硅酸盐矿物，是 50 多种沸石族矿物质的总称。应用于猪饲料的天然沸石主要是斜发沸石和丝光沸石等，其中含有多种矿物质和微量元素。据试验，在猪日粮中添加5%～15%，可提高日增重，节约饲料，增进健康，除臭，改善环境。

（2）麦饭石　麦饭石是一种含有多种矿物质和微量元素的岩石，因其外观颇似手握的麦饭团而得名。在猪日粮中添加2%以上，可提高猪的健康与生产性能。

（3）膨润土　膨润土是一种黏土型矿物，属蒙脱石族，主要成分是铝硅酸盐。猪日粮中添加1%～2%，可提高猪的生产性能。

（七）饲料添加剂

饲料添加剂是指在那些常用饲料之外，为补充满足动物生长、繁殖、生产各方面营养需要或为某种特殊目的而加入配合饲料中的少量或微量的物质。其目的是强化日粮的营养价值或满足猪的特殊需要，如保健、促生长、增食欲、防霉、改善饲料品质和畜产品质量。常用饲料添加剂见表5-9。

表5-9　常用饲料添加剂

营养性添加剂（指用于补充饲料营养成分的少量或微量物质）	维生素添加剂	在粗放条件下，猪能大量地采食青饲料，一般能够满足猪对维生素的需要。在集约化饲养下，猪采食高能高蛋白的配合饲料，猪的生产性能高，对维生素的需要量大大增加，因此，必须在饲料中添加多种维生素。添加时按产品说明书要求的用量，饲料中原有的含量只作为安全裕量，不予考虑。猪处于逆境时对这类添加剂需要量加大
	微量元素添加剂	主要是含有需要元素的化合物，这些化合物一般有无机盐类、有机盐类和微量元素-氨基酸螯合物。添加微量元素不考虑饲料中含量，把饲料中的含量作为"安全裕量"
	氨基酸添加剂	目前人工合成而作为饲料添加剂进行大批量生产的是赖氨酸、蛋氨酸、苏氨酸和色氨酸，前两者最为普及。以大豆饼为主要蛋白质来源的日粮，添加蛋氨酸可以节省动物性饲料用量，豆饼不足的日粮添加蛋氨酸和赖氨酸，可以大大强化饲料的蛋白质营养价值，在杂粮含量较高的日粮中添加赖氨酸和蛋氨酸可以提高日粮的消化利用率。赖氨酸是猪饲料的第一限制性氨基酸，故必须添加，仔猪全价饲料中添加量为0.1%～0.15%；育肥猪添加0.05%～0.02%。育肥猪饲料中添加赖氨酸，还能改善肉的品种，增加瘦肉率

非营养性饲料添加剂	抗生素添加剂	预防猪的某些细菌性疾病，或猪处于逆境，或环境卫生条件差时，加入一定量的抗生素添加剂有良好效果。常用的抗生素有青霉素、链霉素、金霉素、土霉素等
	中草药饲料添加剂	中草药饲料添加剂副作用小，不易在产品中残留，且具有多种营养成分和生物活性物质，兼具有营养和防病的双重作用。其天然、多能、营养的特点，可起到增强免疫作用、激素样作用、维生素样作用、抗应激作用、抗微生物作用等
	酶制剂（酶是动物、植物机体合成的、具有特殊功能的蛋白质。酶是促进蛋白质、脂肪、碳水化合物消化的催化剂，并参与体内各种代谢过程的生化反应）	在猪饲料中添加酶制剂，可以提高营养物质的消化率。目前，在生产中应用的酶制剂可分为两类。其一是单一酶制剂，如淀粉酶、脂肪酶、蛋白酶、纤维素酶和植酸酶等。豆粕、棉粕、菜粕和玉米、麸皮等作物籽实中的磷却有70%为植酸磷而不能被猪利用，白白地随粪便排出体外。这不仅造成资源的浪费，污染环境，并且植酸在动物消化道内以抗营养因子存在而影响钙、镁、钾、铁等阳离子和蛋白质、淀粉、脂肪、维生素的吸收。植酸酶则能将植酸（六磷酸肌醇）水解，释放出可被吸收的有效磷，这不但消除了抗营养因子，增加了有效磷，而且还提高了被拮抗的其他营养素的吸收利用率。其二是复合酶制剂。复合酶制剂由一种或几种单一酶制剂为主体，加上其他单一酶制剂混合而成，或者由一种或几种微生物发酵获得。复合酶制剂可以同时降解饲料中多种需要降解的底物（多种抗营养因子和多种养分），可最大限度地提高饲料的营养价值。国内外饲料酶制剂产品主要是复合酶制剂，如以蛋白酶、淀粉酶为主的饲用复合酶，此类酶制剂主要用于补充动物内源酶的不足；以葡聚糖酶为主的饲用复合酶，此类酶制剂主要用于以大麦、燕麦为主原料的饲料；以纤维素酶、果胶酶为主的饲用复合酶，主要作用是破坏植物细胞壁，使细胞中的营养物质释放出来，易于被消化酶作用，促进消化吸收，并能消除饲料中的抗营养因子，降低胃肠道内容物的黏稠度，促进动物的消化吸收；以纤维素酶、蛋白酶、淀粉酶、糖化酶、葡聚糖酶、果胶酶为主的饲用复合酶，此类酶具有更强的助消化作用
	微生态制剂（有益菌制剂或益生素）	是将动物体内的有益微生物经过人工筛选培育，再经过现代生物工程工厂化生产，专门用于动物营养保健的活菌制剂。其内含有十几种甚至几十种畜禽胃肠道有益菌，如加藤菌、EM（有益微生物群）、益生素等，也有单一菌制剂，如乳酸菌制剂。不过，在养殖业中除一些特殊的需要外，都用多种菌的复合制剂。它除了以饲料添加剂和饮水剂饲用外，还可以用来发酵秸秆、畜禽粪便制成生物发酵饲料，既提高粗饲料的消化吸收率，又变废为宝，减少污染。微生态制剂进入消化道后，首先建立并恢复其内的优势菌群和微生态平衡，并产生一些消化菌、类抗生素物质和生物活性物质，从而提高饲料的消化吸收率，降低饲料成本；抑制大肠杆菌等有害菌感染，增强机体的抗病力和免疫力，可少用或不用抗菌类药物；明显改善饲养环境，使猪舍内的氨、硫化氢等臭味减少70%以上

	酸制（化）剂（用以增加胃酸，激活消化酶，促进营养物质吸收，降低肠道pH，抑制有害菌感染）	在以往的生产实践中，人们往往偏好有机酸，这主要源于有机酸具有良好的风味，并可直接进入体内三羧酸循环。有机酸化剂主要有柠檬酸、延胡索酸、乳酸、丙酸、苹果酸、戊酮酸、山梨酸、甲酸（蚁酸）、乙酸（醋酸）。不同的有机酸各有其特点，但使用最广泛而且效果较好的是柠檬酸、延胡索酸
非营养性饲料添加剂		无机酸包括强酸（如盐酸、硫酸），也包括弱酸（如磷酸）。其中磷酸具有双重作用，既可作日粮酸化剂又可作为磷源。无机酸和有机酸相比，具有较强的酸性及较低成本
		复合酸化剂是利用几种特定的有机酸和无机酸复合而成，能迅速降低pH，保持良好的生物性能及最佳添加成本
	低聚糖（寡聚糖）	是由2～10个单糖通过糖苷键连接成直链或支链的小聚合物的总称。种类很多，如异麦芽糖低聚糖、异麦芽酮糖、大豆低聚糖、麦芽低聚糖、果糖低聚糖等。它们不仅具有低热、稳定、安全、无毒等良好的理化特性，而且由于其分子结构的特殊性，饲喂后不能被单胃动物消化道的酶消化利用，也不会被病原菌利用，而直接进入肠道被乳酸菌、双歧杆菌等有益菌分解成单糖，再按糖酵解的途径被利用，促进有益菌增殖和消化道的微生态平衡，对大肠杆菌、沙门菌等病原菌产生抑制作用。因此，亦被称为化学微生态制剂。但它与微生态制剂不同点在于，它主要是促进并维持动物体内已建立的正常微生态平衡；而微生态制剂则是外源性的有益菌群，在消化道可重建、恢复有益菌群并维持其微生态平衡
	糖萜素	是从油茶饼（粕）和菜籽饼（粕）中提取的，由30%的糖类、30%的萜皂素和有机酸组成的天然生物活性物质。它可促进畜禽生长，提高日增重和饲料转化率，增强猪体的抗病力和免疫力，并有抗氧化、抗应激作用，降低畜产品中锡、铅、汞、砷等有害元素的含量，改善并提高畜产品色泽和品质
	大蒜素	是餐桌上常备之物，有悠久的调味、刺激食欲和抗菌历史。有诱食、杀菌、促生长、提高饲料利用率和畜产品品质的作用。用于饲料添加剂的有大蒜粉和大蒜素
	驱虫保健剂	主要是一些抗球虫、绦虫和蛔虫等药物
	防霉剂（饲料保存时间较长时，需要添加防霉剂）	防霉（腐）剂种类很多，如甲酸、乙酸、丙酸、丁酸、乳酸、苯甲酸、柠檬酸、山梨酸及相应酸的有关盐。饲料防霉剂主要有有机酸类（如丙酸、山梨酸、苯甲酸、乙酸、脱氢乙酸和富马酸等）、有机酸盐（如丙酸钙、山梨酸钠、苯甲酸钠、富马酸二甲酯等）和复合防霉剂。生产中常用的防霉剂有丙酸钙、丙酸钠、霉敌等

非营养性饲料添加剂	抗氧化剂	饲料存放过程中易氧化变质,不仅影响饲料的适口性,而且降低饲用价值,甚至还会产生毒素,造成猪的死亡。所以,长期储存饲料,必须加入抗氧化剂。抗氧化剂种类很多,目前常用的抗氧化剂多由人工化学合成,如丁基化羟基甲苯(BHT)、乙氧基喹啉(山道喹)、丁基化羟甲基苯(BHA)等,抗氧化剂在配合饲料中的添加量为 0.01%~0.05%
	其他添加剂	除以上介绍的添加剂外,还有调味剂(如乳酸乙酯、葱油、茴香油、花椒油等)、激素类等

选用饲料添加剂要符合实际情况,并且要有明确目的。如冬季青饲料少,可增加维生素添加剂,以补充青饲料不足。同时要注意掌握剂量和使用时间,以保证使用效果,防止副作用。长期使用同一种抗生素添加剂时,一方面容易破坏动物体内的正常菌群分布,另一方面容易引起抗药性。另外,在应用饲料添加剂时,一定要注意与饲料混合均匀。

二、肉用野猪的饲料开发利用

(一)青饲料的开发利用

青饲料(绿色植物)水分含量高。如陆生青饲料水分含量在75%~90%,水生植物性饲料含水分量为95%以上;蛋白质含量高,品质较好。由于青饲料都是植物体的营养器官,所以养分较全,一般含赖氨酸较多,蛋白质品质优于谷实类饲料蛋白质。以鲜样计,禾本科牧草与蔬菜类的蛋白质含量为 1.5%~3.0%,豆科牧草则为3.2%~4.4%;以干样计,禾本科牧草和蔬菜类粗蛋白质含量可达13%~15%,豆科牧草可高达 18%~24%;含有精饲料所缺乏的钙、铁,还是猪维生素营养的来源,特别是胡萝卜素和B族维生素。但青饲料的能值低,鲜重含消化能 1.26~2.51 兆焦/千克,粗纤维含量变化大(10%~30%)。

青饲料的化学性质为碱性,有助于日粮的消化、肠道蠕动以及通便等,在肉用野猪的保健上具有重要作用,可促进猪的发育,提高产仔率,改善肉质,预防胃溃疡等,所以,适量喂给青饲料是必要的。建议饲粮中用量(干物质)为,生长育肥猪 3%~5%,妊娠母猪25%~50%;泌乳母猪 15%~35%。在青饲料不充足的情况下,应优先保证种野猪。主要的青饲料及营养特点见表5-10。

表 5-10　青饲料的营养特点

种类	营养特点
天然牧草	天然牧草的利用因时因地而异。猪可利用的天然牧草主要有禾本科、豆科、菊科和莎草科四大类。禾本科和豆科牧草适口性好,饲用价值高;菊科和莎草科牧草粗蛋白质含量介于豆科和禾本科之间,但因菊科有特殊气味,莎草科牧草质硬且味淡,饲用价值较低
豆科牧草	豆科牧草有苜蓿、紫云英、蚕豆苗、三叶草、苕子等。该类牧草除具有青饲料的一般营养特点外,钙含量高,适口性好。豆科牧草生长过程中,茎木质化较早、较快,现蕾期前后粗纤维含量急剧增加,蛋白质消化率急剧下降,从而降低营养价值。因此,用豆科牧草喂猪要特别注意适时刈割
禾本科牧草	禾本科牧草主要有青饲玉米、青饲高粱、燕麦、大麦、黑麦草等。该类牧草富含糖类,蛋白质含量较低,粗纤维含量因生长阶段不同而异,幼嫩期适口性好,这是肉用野猪喜食的青绿饲料,也是调制优质青贮饲料和青干草粉的好材料
种植牧草	紫草科的聚合草、菊科的串叶松香草在我国各地广泛种植,也是猪常用的优质青绿饲料。这两种牧草的蛋白质含量很高,干物质接近于30%。该类牧草可鲜生喂,切碎或打浆后拌适量粉料饲喂适口性好,一般成年每头猪喂10千克每天每头左右,对繁殖性能有益。此外,还可制成品质优良的青贮饲料,或快速晒干制成干草粉饲喂肉用野猪
青饲作物	包括叶菜类(白菜、甘蓝、牛皮菜等)、根茎叶类(甘薯藤、甜菜叶茎、瓜类茎叶等)、农作物叶类(油菜叶等)。该类饲料干物质营养价值高,粗蛋白质含量占干物质的 16%~30%,粗纤维含量变化较大,为 12%~30%。粗纤维含量较低的叶菜类可生喂,粗纤维含量较高的茎叶类可青贮或制成干草粉饲喂
水生饲料	主要有水浮莲、水葫芦、水花生和水浮萍。含水量特别高,能量价值很低,只在饲料很紧缺时适当补饲,长期饲喂猪易发生寄生虫病

常见青饲料的营养成分及营养价值见表5-11。

表 5-11　常用青饲料的营养成分

饲料种类	粗蛋白/%	粗脂肪/%	粗纤维/%	无氮浸出物/%	灰分/%	钙/%	磷/%
苜蓿	15.80	1.50	25.00	26.50	7.30	2.08	0.25
聚合草	2.90	0.60	1.80	4.90	2.20	0.16	0.12
苦菜	3.41	1.47	1.08	3.42	1.79	0.21	0.05

饲料种类	粗蛋白/%	粗脂肪/%	粗纤维/%	无氮浸出物/%	灰分/%	钙/%	磷/%
根达菜	14.10	4.80	12.70	30.00	15.50	0.14	0.18
浮萍	1.60	0.90	0.70	2.70	—	0.19	0.04
水浮莲	1.07	0.26	0.58	1.63	1.30	0.10	0.02
水葫芦	1.00	0.17	1.37	3.08	1.58	0.35	0.03
胡萝卜	1.74	0.09	1.08	3.35	0.62	0.01	0.04
胡萝卜叶	4.29	0.80	2.92	13.11	3.10	—	—
萝卜缨	2.40	0.40	0.20	—	—	0.41	0.08
莴苣叶	1.93	0.16	1.77	3.24	1.33	—	0.04
菠菜	2.40	0.50	0.70	3.10	1.50	0.07	0.05
饲用甜菜	1.00	0.10	0.50	1.00	—	—	—
小白菜	1.10	0.10	0.40	1.60	0.80	0.09	0.03
白菜叶	0.11	0.17	0.93	4.36	2.04	—	—
甘薯秧	1.40	0.40	3.30	5.00	1.40	—	—
甘薯	1.60	0.50	0.50	72.30	0.60	—	—
饲用南瓜	0.36	0.20	0.66	3.01	0.47	—	—
南瓜	1.55	0.21	1.41	3.79	0.67	—	—
柳叶	5.20	2.00	4.30	18.50	3.20	0.39	0.07
榆叶	6.80	1.90	4.10	13.00	4.80	0.97	0.10
白杨叶	4.70	2.30	4.70	14.50	2.80	0.51	0.15
桑叶	4.00	3.70	6.50	9.30	4.80	0.65	0.85
槐叶	3.10	0.70	2.00	15.00	1.20	—	—
蒲公英	2.82	0.97	2.39	8.55	1.30	0.19	0.12

（二）青贮饲料的开发利用

青贮饲料是将青饲料在厌氧条件下，经乳酸菌发酵调制保存的青绿多汁饲料。青贮可以防止饲料养分继续氧化分解而损失，保质保鲜。青贮饲料水分含量高（为 $80\%\sim90\%$），干物质能量价值高，消化能在以 12.14 兆焦/千克以上。粗纤维含量较高（$12\%\sim30\%$）。粗蛋白含量因原料种类不同而有差异，变化范围为16％～30％，大部分为非蛋白氮。具芳香味，柔软多汁，适口性好。通过青贮可以让猪常年吃上青绿饲料。生产中常用的青贮设施主要有青贮窖、青贮塔和青贮袋。对青贮设施的要求是不漏水、不透气、密封好，内部表面光滑平坦。

1. 青贮方法

饲料青贮方法见表5-12。

表5-12 饲料的青贮方法

常规青贮	适时收割原料。青贮料的营养价值除与原料种类、品种有关外，收割时期也直接影响品质，适时收割能获得较高的收获量和最好的营养价值；然后切碎装填。切碎的目的是便于装填时压实，增加饲料密度，创造厌氧环境，促进乳酸菌生长发育，同时也提高了青贮设施的利用率，且便于取用和家畜采食。装填原料时必须用人力或借助机械层层压实，尤其是周边部位压得越紧越好。装填过程中不要带入任何杂质；装填完毕，立即密封、覆盖，隔绝空气，严禁雨水浸入。密封后尚需经常检查，发现漏气、漏水，立即修补
半干青贮	原料收割后适当晾晒，使原料含水量迅速降到45％～55％，切碎，迅速装填，压紧密封，控制发酵温度在40℃以下。日常管理同常规青贮。半干青贮能减少饲料营养损失。半干青贮兼有干草和常规青贮的优点，干物质含量比常规青贮饲料高1倍
混合青贮	混合青贮指将营养含量不同的青饲料合理搭配后进行青贮。常用的混合青贮法有干物质含量高低搭配青贮和含可发酵糖太少的原料与富含糖的原料混合青贮两种
加添加剂青贮	除在装填原料时加入适当添加剂外，其他操作方法与常规青贮方法相同。使用添加剂的目的在于保证乳酸菌繁殖的条件，促进青贮发酵，改善青贮饲料的营养价值，有利于青贮饲料的长期保存。常用青贮添加剂有发酵促进剂、发酵抑制剂、好气性变质抑制剂和营养性添加剂四大类

2. 青贮饲料的品质鉴定

青贮饲料在饲用前或饲用过程中要进行品质鉴定，确保饲用优良的青贮饲料。优质的青贮饲料 pH3.8～4.2，游离酸含量2％左右，其中乳酸占1/3～1/2，无腐败。颜色绿色或黄绿色，有芳香味，柔软湿润，保持茎、叶、花原状，松散。如严重变色或变黑，有刺鼻臭味，茎、叶结构保持级差，黏滑或干燥，粗硬，腐烂，pH4.6～5.2者为低劣青贮饲料，不能饲喂。常用青贮饲料的成分及其营养价值见表5-13。

表5-13 常用青贮饲料的成分及其营养价值

项目	青贮玉米	青贮甘薯藤	青贮胡萝卜秧	青贮马铃薯秧	青贮白菜
干物质/%	23.0	14.7	19.7	23.0	10.9
消化能/(兆焦/千克)	1.00	0.96	0.88	1.05	0.79
代谢能/(兆焦/千克)	1.60	1.50	3.10	2.10	2.00
粗蛋白/%	6.90	3.80	5.70	6.10	2.30
粗纤维/%	0.10	0.29	0.35	0.27	0.29
钙/%	0.06	0.03	0.03	0.03	0.07
磷/%	0.06	0.03	0.03		0.07
有效磷/%	0.17	0.06	—	0.13	0.02
赖氨酸/%	0.09	0.04	—	0.12	0.03
蛋氨酸+胱氨酸/%	0.07	0.05	—	0.11	0.02
异亮氨酸/%	0.23	0.05	—	0.20	0.02
精氨酸/%	0.69	0.06			0.03

3. 青贮饲料的饲用

青贮饲料是一种良好的饲料，但必须按营养需要与其他饲料搭配使用。青贮原料来源极广，常用的有甘薯藤叶、白菜帮、萝卜缨、甘蓝帮、青刈玉米、青草等。豆科植物如苜蓿、紫云英等含蛋白质多，含碳水化合物少，单独青贮效果不佳，应与可溶性碳水化合物多的植物，如甘薯藤叶、青刈玉米等混储。单独用甘薯藤叶青贮时，因它含可溶性碳水化合物多，储后酸度过大，应适当加粗糠混储或分层加粗糠混储。青贮1个月后即可开封启用，饲用量应逐渐增加。仔野猪和幼野猪宜喂块根、块茎类青贮饲料。

青贮饲料不宜过多饲喂，否则可能因酸度过高而影响胃内酸度或体内酸碱平衡，降低采食量。质量差的青贮饲料按一般用量饲喂，也可能产生不适或引起代谢病。

4. 青贮饲料的管理

青贮饲料一旦开封启用，就必须连续取用，用多少取多少。由表及里一层一层地取，使青贮料始终保持一个平面，切忌打洞取用。取料后立即封盖，以防二次发酵或雨水浸入，使料腐烂。发现霉烂变质的青贮饲料，应及时取出抛弃，防止猪食用后中毒。

（三）青干草的开发利用

青草在未结籽实前割下来干制，由于干制后仍保持一定绿色，故称青干草。干制青草是为了保存青饲料的营养价值。晒制的干草含有维生素，但多数营养物质有损失，损失程度较青贮饲料大。

青干草的营养价值取决于制造它们的原料种类、生物阶段与调制技术。就原料而言，豆科植物，如苜蓿、三叶草、草木犀等含有较丰富的蛋白质、矿物质和维生素。如豆科植物在干草中占的比例大，青干草的质量就好，否则质量就差。

青草的生长阶段对其营养成分影响很大。因此，晒制干燥的植物，应在产量很高和营养物质最丰富的时期收割。禾本科植物一般在抽穗期，豆科植物一般在孕蕾期或初花期，此时收割晒制的干草营养价值高，含粗蛋白、胡萝卜素多，含粗纤维少。

调制青干草的方法是否得当，对保存营养、减少损失关系极大。特别是蛋白质和胡萝卜素营养的损失最为明显。方法不当时，前者损失可达20%～50%，后者可达80%。加工方法对黑麦草营养成分及营养价值的影响见表5-14。

表5-14　不同干制方法对黑麦草营养成分及营养价值的影响

项目	营养成分			干物质消化率		
	鲜草	地面晒制干草	架上晒制干草	鲜草	地面晒制干草	架上晒制干草
有机物/%	93.2	92.5	92.8	76.3	59.1	67.6
粗蛋白质/%	12.8	9.9	12.1	63.0	47.3	59.3
粗脂肪/%	2.2	1.4	1.6	32.0	10.9	27.9
粗纤维/%	26.9	36.2	32.4	76.8	69.4	75.9
无氮浸出物/%	51.3	45.0	44.7	79.9	54.9	65.2

可见，架上干制法较地面晒干法营养损失少。实践证明，人工快速干燥（机械干燥）营养损失更少，一般可保存90%～95%的养分。

我国目前以地面晒制为主，但应注意晒制方法，以减少损失。一般先采用薄层平铺曝晒4～5小时，水分由65%～85%减少到38%左右，即可堆成高 1 米、直径 1.5 米的小堆，继续晾晒 4～5 天，等水分下降到 17％，最好 15％以下时即可上垛。

优质干草的颜色为青绿色且有光泽，叶片保存较多，具有芳香气味。色泽枯黄，蛋白质及胡萝卜素含量较低，暗褐色发霉的干草不能用来喂猪。

青干草经加工制成草粉可作为猪的饲料，常用豆科青干草作成草粉，粗蛋白含量较高，粗纤维含量较低，因而营养价值较高。其干物质为 85％～90％，优质草粉具有草香味，适口性好，可以代替部分能量饲料和蛋白质饲料饲喂肉用野猪。猪日粮中适当搭配青干草粉可以节约精料，降低饲养成本，提高经济效益，幼猪及肉猪喂量为 1％～5％，种猪为 5％～10％。但由于其粗纤维含量较其他能量蛋白饲料高，故应控制喂量，土猪日粮中最多比例可以占 20％～30％。青干草是冬季日粮重要的蛋白质，维生素和钙的良好来源。

（四）树叶的利用

我国有丰富的林业资源，树叶数量除少数外，大多数都可以作为饲料。树叶营养丰富，放养时可直接采食或经加工调制后作为饲料。

1. 树叶的饲用价值

树叶的饲用价值决定于如下因素。

（1）树种 树叶的营养成分因树种而异，有的树种，如豆科树种、榆树等叶子及松针中粗蛋白含量较高，按干物质量计，均在 20％以上，而且还含有组成蛋白质的 18 种氨基酸。而槐树、柳树、梨树、桃树、枣树等树叶的有机物质含量、消化率、能值较高；对鸡的代谢能值达 6.27 兆焦/千克干物质；树叶中维生素含量很高，据分析，柳、桦、榛、赤杨等青叶中，胡萝卜素含量为 110～132 毫克/千克，紫穗槐青干叶胡萝卜素含量高达 270 毫克/千克，针叶中的胡萝卜素含量高达 197～344 毫克/千克，此外还含有大量的维生素 C、维生素 E、维生素 K、维生素 D 和维生素 B_1 等；松针粉含有畜禽所需的矿物质元素。有的树叶含有激素，刺激畜禽的生长，或含有抑制病源菌的杀菌素等。

（2）生长期 生长着的鲜嫩叶营养价质高，青落叶次之，可饲喂单胃家畜；而枯黄叶营养价值最差（表 5-15）。

表 5-15　各季节树叶干物质成分变化

树种	季节	蛋白质/%	粗脂肪/%	粗纤维/%	无氮浸出物/%	灰分/%	单宁/%
洋槐	春	27.2	3.6	12.8	48.1	7.8	0.5
	夏	24.7	3.6	14.8	49.1	7.9	—
	秋	19.3	5.0	21.4	48.9	5.5	1.1
柳	春	18.9	3.0	18.7	49.9	9.5	0.8
	夏	17.4	4.5	20.1	47.5	10.5	—
	秋	12.0	4.0	22.6	50.6	10.3	1.5
白杨	春	16.3	4.0	19.2	50.1	9.1	0.7
	夏	15.2	6.3	26.1	40.8	11.6	—
	秋	12.1	10.3	26.9	40.3	10.4	1.5

（3）树叶中所含的特殊成分　有些树叶营养成分含量较高，但因含有一些特殊成分，饲用价值降低。如有的树叶含单宁，有苦涩味，如核桃、三桃、橡、李、柿、毛白杨等树叶，必须经加工调制后再饲喂。有的树种到秋季丹宁含量增加，如栗树、柏树等树叶秋季单宁含量达 3%，有的高达 8%，应提前采摘饲喂或少量饲喂。少量饲喂能够收敛健胃。有的树叶有剧毒，如夹竹桃等。

2. 树叶的采收方法

采收的方式及采收时间对树叶的营养成分影响较大。采集树叶应在不影响树木正常生长的前提下进行，如果为了采集树叶而折枝毁树，不仅影响树木生长，而且破坏生态环境。树叶的采收方法如下。

（1）青刈法　适宜分枝多、生长快、再生力强的灌木，如紫穗槐等。

（2）分期采收法　对生长繁茂的树木，如洋愧、榆、柳、桑等，可分期采收下部的嫩枝、树叶。

（3）落叶采集法　适宜落叶乔木，特别是高大不便采摘的或不宜提前采摘的数叶，如杨树叶等。

（4）剪枝法　对需适时剪枝的树种或耐剪枝的树种，特别是道路两旁的树和各种果树，可采用剪枝法。

3. 采收时间

树叶的采收时间依树种而异，下面介绍几种代表性树种采集树叶时间。

（1）松针　在春秋季节松针含松脂率较低的时期采集。

（2）紫穗槐、洋槐叶　北方地区一般7月底至8月初采集，最迟不要超过9月上旬。

（3）杨树叶　在秋末刚刚落叶即开始收集，而不能等落叶变枯黄再收集；还可以收集修枝时的叶子。

（4）橘树叶　在秋末冬初，结合修剪整枝，采集枯叶和嫩枝。

4. 树叶的加工方法

（1）针叶的加工利用

① 饲用价值。主要含维生素和一定量的蛋白质，尤其是胡萝卜素含量高。可以直接配入饲料中周期性饲喂，连续使用15～20天，然后间隔7～10天，以免影响猪肉品质。由于含有松脂气味和挥发性物质，添加量不宜过多，猪饲粮中一般用5%～8%。

② 针叶粉的生产。针叶采集后要保持其新鲜状态，含水量为40%～50%。原料储存时要求通风良好，不能日晒雨淋，采收到的原料应及时运到加工场地，一般从采集到加工不能超过3天，以保证产品质量。对树枝上的针叶，应进行脱叶处理。脱叶分手工脱叶和机械脱叶。手工脱下的针叶含水量一般为65%左右，杂质含量（主要指枝条）不超过35%；机械脱下的针叶含水量为55%左右，杂质的含量不超过45%。用切碎机将针叶切成3～4厘米，以破坏针叶表面的蜡质层，加快干燥速度。可采用自然阴干或烘干。烘干温度为90℃，时间为20分钟。干燥后应使针叶的含水量从40%～50%降到20%，以便粉碎加工和成品的储存运输。用粉碎机将针叶加工成2毫米左右的针叶粉，针叶粉的含水量应低于12.5%。加工好的针叶粉的外观为浅绿包，有针叶香味。

③ 针叶粉的储存。针叶粉要用棕色的塑料袋或麻袋包装，防止阳光中紫外线对叶绿素和维生素的破坏。另外，储存场所应保持清洁、干燥、通风，以防吸湿结块。在良好的储存条件下，针叶粉可保存2～6个月。

④ 针叶浸出液生产。饲喂针叶浸出液，不仅能促进家禽的生长，而且还能降低畜禽支气管炎和肺炎的发病率，增加食欲和抗病能力。因此，又称针叶浸出液为保健剂。将针叶粉碎，放入桶内，加入70～

80℃的温水（针叶与水的比例为 1∶10）。搅拌后盖严，在室温下放置 3～4 小时，便得到有苦涩味的浸出液。

⑤ 饲喂。针叶粉作为添加饲料适用于各类畜禽，可直接饲喂或添加到混合饲料中。针叶粉应周期性地饲用，连续饲喂 15～20 天，然后间断 7～10 天，以免影响禽产品质量。松针粉含有松脂气味和挥发性物质，在畜禽饲料中的添加量不宜过高。一般在猪饲料中的添加量为 3％；针叶浸出液可供家畜饮用，也可与精料、干草或秸秆混合后饲喂。

（2）阔叶的加工利用

① 糖化发酵。将树叶粉碎，掺入一定量的谷物粉，用 40～50℃温水搅拌均匀后，压实，堆积发酵 3～7 天。发酵可提高阔叶的营养价值，减少树叶中单宁的含量。糖化发酵的阔叶饲料主要用于喂猪。

② 叶粉。叶粉可作为配合饲料的原料，在猪饲料中掺入的比例为 8％～15％。

③ 蒸煮。把阔叶放入金属筒内，用蒸汽加热（180℃左右）15 分钟后，树叶的组织受到破坏，利用筒内设置的旋转刀片将原料切成类似"棉花"状物。

除上述方法外，还可进行膨化、压制成颗粒和青贮。

（五）动物性蛋白质饲料的开发利用

动物性蛋白质饲料对于提高舍饲肉用野猪的生长速度和生产性能具有良好效果，特别是在冬季补饲中作用更大。解决动物性蛋白质不足问题，饲养者可以利用人工方法生产一些昆虫类、蚯蚓、黄粉虫等动物性蛋白质喂猪，既保证充足的动物性蛋白质供应，促进生长和生产，降低饲料成本，又能够提高产品质量。

1. 养殖蚯蚓

（1）蚯蚓的特性　蚯蚓又名地龙，为夜行性环节动物。蚯蚓由于长期生活在土壤的洞穴里，其身体的形态结构对穴居生活环境具有相当的适应性。在自然界，蚯蚓以生活在土壤上层 15～20 厘米深度以内者居多，越往下层越少，蚯蚓喜欢温暖、潮湿和安静的环境。一般蚯蚓的活动温度为 5～30℃，生长繁殖最适温度为 15～25℃，在 0～5℃ 则停止生长发育，进入休眠状态，0℃ 以下或 40℃ 以上常导致死亡。蚯蚓喜居安静的环境,怕噪声或震动。蚯蚓对光线非常敏感,喜阴暗,怕强光,常逃避强烈的阳光、紫外线的照射,但不怕红光,趋向弱光。蚯蚓的活动表现为昼伏夜出,即黄昏时爬出地面觅食、交尾,清晨则返回土壤中。

蚯蚓的食性很广,各种畜粪、污泥、腐烂的水果、果皮、蔬菜、作物秸秆、杂草、垃圾以及工业下脚料(如造纸厂、制糖厂、食品厂和酒厂的下脚料)等,经过充分发酵腐烂后,均可作为蚯蚓的饲料。

蚯蚓为雌雄同体,异体交配。由于品种、地区、饲料和生活环境不同,生活周期也不一样。据试验,赤子爱胜蚓在室温 22～30℃ 环境下,以发酵的马粪为饲料,相对湿度 60%～70%,从产卵到孵化为 21 天。幼蚓从孵出到性成熟为 56 天,性成熟到开始产卵一般为 1～12 天;整个生活周期最短 47 天,最长 128 天,平均 2.5～5 个月。

(2)蚯蚓的营养特点　蚯蚓的主产品是蚓体,副产品为蚓粪。蚯蚓可药用。蚯蚓具有解热镇痛、通络平喘、解毒利尿的功能,能治疗多种疾病。蚯蚓含有丰富的蛋白质(干蚯蚓含蛋白 66.5%),适口性好、诱食性强,是畜、禽、鱼类等的优质蛋白饲料。蚯蚓粪不仅是优质的肥料,也可作为动物的饲料。蚯蚓粪中有 22.5% 的粗蛋白、丰富的粗灰分、钙、磷、钾、维生素和 17 种氨基酸。

(3)蚯蚓的品种　目前已知地球上有蚯蚓 2500 余种,在我国分布的有 160 余种。适合人工养殖的品种有威廉环毛蚓、湖北环毛蚓、参环毛蚓、白颈环毛蚓或赤子爱胜蚓。

(4)养殖技术

① 保证适宜的环境条件。温度 20℃(15～30℃),饵料湿度 70%～75%,孵化湿度 50%～60%,pH 为 6～8,通气良好,无光或暗光、红光,严禁紫外光照射,适宜的密度和丰富的营养。夏天注意防高温和日光直射,冬天防冻。

② 饵料搭配及处理。饵料既是蚯蚓的食物,又是其生活环境。因此,饵料搭配和处理至关重要。饵料配方如下。

配方 1:牛粪 20%,猪粪 20%,鸡粪 20%,稻草屑 40%,混配后充分发酵。

配方 2:废纸浆污泥 80%,干牛粪 20%。

配方 3:沼气池残渣 60%,垃圾 20%,秸秆或食用菌渣 20%。

配方4：牛粪20%，羊粪10%，活性泥40%，垃圾30%。

无论选择什么饵料都要进行科学的加工处理。如作物秸秆或粗大的有机废物应先切碎，垃圾则应分选过筛，除去金属玻璃、塑料、砖石和炉渣，再经粉碎后发酵；家畜粪便和木屑，则可不进行加工，直接进行发酵处理。饵料要混合均匀，尔后加水拌匀，含水量控制在40%～50%，即堆积后堆底边有水流出为止。堆成梯形或圆锥形，最后堆外面用塘泥封好或用塑料薄膜覆盖，以保温保湿。经4～5天，堆内的温度可达50～60℃，待温度由高峰开始下降时，要翻堆进行第2次发酵，将上层的料翻到下层，四周翻到中间，使之充分发酵腐熟，达到无臭味、无酸味，质地松软不粘手，颜色为棕褐，然后摊开放置。使用前，先检查饵料的酸碱度是否合适，一般pH在6.5～8.0都可使用。过酸可添加适量石灰，过碱用水淋洗，这样有利于过多盐分和有害物质的排出。饲用前，先用少量蚯蚓试验饲养，如无不良反应，即可应用。实践中发现，在饵料中添加香蕉皮、烂苹果、烂梨等，效果很好。

③ 养殖方式。生产中养殖方式多种，主要介绍如下三种。

简易养殖：这种方法包括箱养、坑养、池养、棚养、温床养殖等，其具体做法就是在容器、坑或池中分层加入饲料和肥土，料、土加入量相同，然后投放对蚯蚓。这种方法可利用鸡舍前后等空地以及旧容器、砖池、育苗温床等，来生产动物性蛋白质废饲料、加工有机肥料、处理生活垃圾。其优点是就地取材、投资少、设备简单、管理方法简便，并可利用业余或辅助劳力，充分利用有机废物，但饲养量小。

田间养殖法：选用地势比较平坦，能灌能排的桑园、菜园、果园或饲料田，沿植物行间开挖宽40～50厘米、深20～25厘米的沟槽，施入腐熟的有机肥料，上面用土覆盖10～15厘米左右，放入蚯蚓进行养殖（每667平方米放养蚓种15000～25000条），经常注意灌溉或排水，保持土壤含水量在30%左右。冬天可在地面覆盖塑料薄膜保温，以便促进蚯蚓活动和繁殖能力。由于蚯蚓的大量活动，土壤疏松多孔，通透性能好，可以实行免耕。此种养殖方式季节性强，可在放养的牧地养殖，适于投放耐旱和抗逆性强的蚓种。平时注意保持湿度，雨天注意排水，并及时采收。

工厂化养殖：此法适于养殖生产性能较高的蚓种，如赤子爱胜蚓、红色爱胜蚓等。可利用普通房间、塑料大棚或半地下温室，进行周年生产。养殖床宽1.5米、深0.4米左右；亦可用竹、木、塑料制的箱子作为养殖床，大小以2个人能搬动为宜，一般为长60厘米×宽30厘米或40厘米×20厘米，立体叠放，可放4～5层。

④ 种蚓的选育。蚯蚓雌雄同体、异体交配，繁殖力很强，但也容易造成近亲退化。必须重视种蚓的选育工作。规模较大的养殖场可将蚓群分成3个部分：种子群、繁殖群和生产群。种子群是关键，应选择个体粗大、性状一致、活动力强、生产性能高和具有本品种特征的成蚓。其繁殖的后代作为繁殖群。种子群要不断进行选择和淘汰，并注意同一品种不同群体间进行血缘更新。繁殖群是种子群产生的优秀后代，应繁殖力强，为生产群提供大量的卵块。其卵块孵出后即为生产群，长成后便为商品蚓。

⑤ 采收及分离。当养殖床内的蚯蚓大多数达到400毫克，而且密度较大时（1.5万～2万条/平方米），应及时采收部分成蚓。室内床养、箱养或池养，可采用光照下驱法。根据蚯蚓的避光性，从上至下一层一层刮粪，使成蚓钻到最下部，最后聚集成团。将其放在5毫米的大筛子上，筛子下面放容器，光照使之钻到下面的容器内；田间养殖可利用其夜间爬到地表采食和活动的习性，在凌晨3点至4点携带红光或弱光电筒采收；也可用水灌法，驱使蚓大量爬出捕捉。工厂化养殖，要使茧粪分离，可先将成蚓收集，剩余的粪及茧重新孵化。经过30～40天，卵茧全部孵化，并长到一定程度，在尚未产卵时采集即可。

⑥ 天敌与疾病。蚯蚓的天敌很多，如鼠类、鸟类、蛇、蛙、蟾蜍、蚂蚁、螳螂、蜘蛛、蜈蚣等，应有针对性地预防。蚯蚓的病害不多，主要是饲料酸化造成的蛋白质中毒症，应予以注意。

2. 养殖蝇蛆

蝇蛆是猪的优良动物蛋白饲料。大量饲养试验证实，用蝇蛆代替部分或全部鱼粉作蛋白质饲料喂养畜禽、鱼类等都取得了较好的养殖效果。

（1）家蝇的特点 在室温20～30℃、相对湿度60%～80%条件下，蛹经过5天发育变成成蝇。成蝇羽化1小时以后，展开翅膀开始

148

吃食和饮水。家蝇在自然条件下，一般 1 年可繁殖 7～8 代。在人工饲养条件下，1 年可繁殖 25 代以上。卵期 1～2 天，幼虫期 4～6 天，蛹期约 5 天，成蝇寿命可达 1～2 个月，越冬蝇寿命可长达 4～5 个月。苍蝇的 1 个世代，约为 28 天。人工饲养条件下，完成 1 个世代约需 15 天，生产蝇蛆只需要 4～5 天。

成蝇白天活泼好动，夜间栖息，3 天后性成熟，雌雄开始交尾产卵，1～8 日龄为产卵高峰期，到 25 日龄基本失去产卵能力。蝇卵 4～8 小时孵化成蛆，蛆在猪、鸡粪中培育，一般第 5 天变蛹。温度及饵料养分对蛆的生长发育有很大影响，一般室温在 20～30℃，温度和营养含量越高，蛆生长发育越快，变成的蛹也越大。

（2）蝇蛆的营养价值　蝇蛆是营养成分全面的优质蛋白资源。分析测试结果表明，蝇蛆含粗蛋白 59%～65%、脂肪 2.6%～12%，无论是原物质或是干粉，蝇蛆的粗蛋白含量都与鲜鱼、鱼粉及肉骨粉相近或略高。蝇蛆的营养成分更加全面，含有动物所需的 17 种氨基酸，并且每种氨基酸的含量均高于鱼粉，必需氨基酸和蛋氨酸含量分别是鱼粉的 2.3 倍和 2.7 倍，赖氨酸含量是鱼粉的 2.6 倍。同时，蝇蛆还含有多种生命活动所需要的微量元素，如铁、锌、锰、磷、钴、铬、镍、硼、钾、钙、镁、铜、硒、锗等。

蝇蛆中赖氨酸、蛋氨酸、苯丙氨酸、色氨酸等限制性氨基酸含量都很丰富，油脂中不饱和脂肪酸占 68.2%，必需脂肪酸占 36%（主要为亚油酸）。虽然一般植物油中含有较多的亚油酸和亚麻酸，其营养价值比动物油脂高，但在蝇蛆这种动物中，所含必需脂肪酸均比花生油、菜籽油高。蝇蛆是一类品质极高的壳聚糖资源。同时，蝇蛆体内还含有维生素 A、维生素 D 和 B 族维生素等。此外，据研究，蝇蛆中还含有多种生物活性成分如抗菌活性蛋白、凝集素、溶菌酶等。

（3）养殖技术

① 建造蛆棚。选择光线明亮、通风条件好的地方建造蛆棚，根据养殖规模，蛆棚的面积一般为 30～100 平方米。棚内挖置数个 5～10 平方米的蛆池，池四周砌放 20 厘米高的砖，用水泥抹光。门和窗安装玻璃和纱窗，以利于调温。壁上安装风扇，以调节空气。房内宜有加温设备，使冬天温度保持 20～23℃，房内相对湿度保持 60%～70%。

② 驯化种蝇。把新鲜鸡粪放入蛆池，堆放数个长 400 厘米、宽 40 厘米的小堆。蛆棚的门在白天打开，让苍蝇飞入产卵，傍晚时关闭棚门让苍蝇在棚内歇息。野生蝇在产卵后要将其用药剂杀死，蝇蛆化蛹后，把蛹放在 5％的 EM 菌液中浸泡 10～20 分钟，当蛹变成苍蝇时，再堆制新鲜鸡粪，诱使新蝇产卵，产卵后将苍蝇杀死。如此重复 3～5 次，即可将野生蝇驯化成产卵量高、孵出蝇蛆杂菌少、个头大的人工种蝇。

③ 收取蝇蛆。进入正常生产后，每天要取走养蛆后的残堆，更换新鲜鸡粪。经人工驯化的苍蝇产卵后 10 个小时即可孵化出蝇蛆，3～4 天成熟的蝇蛆就会爬出粪堆，当它们沿着池壁爬行寻找化蛹的地方时，会全部掉入光滑的塑料收蛆桶内。每天可分 2 次取走蝇蛆，并注意留足 1/5 蝇蛆，让其在棚内自然化蛹，以保证充足的种蝇产卵。分离出的蝇蛆洗涤后可以直接用来饲喂，也可在 200～250℃烘干 15～20 分钟，储存备用。实践证明，用此方法养殖蝇蛆，每 1000 千克新鲜鸡粪可产活蛆 400 千克以上，成本极其低廉。

第三节　肉用野猪的饲料配合

一、配合饲料的种类

配合饲料是根据猪的营养需要和饲料原料的营养特点，按照科学的饲料配方经规定的加工工艺配制成的均匀混合物。配合饲料按营养成分和用途分类如下。

（一）添加剂预混料

添加剂预混料是由营养物质添加剂（维生素、氨基酸和微量元素）和非营养物质添加剂（抗生素、抗氧化剂、驱虫剂等）按规定量进行预混合，并以石粉或小麦粉为载体的一种产品，可供养殖场平衡混合料之用。另外还有单一的预混料，如微量元素预混料、维生素预混料、复合预混料等。预混料是全价配合饲料的重要组成部分，虽然只占全价配合饲料的 0.25％～3％，却是提高饲料产品质量的核心部分。

（二）浓缩饲料

浓缩饲料又称平衡用配合饲料，是由添加剂预混料、蛋白质饲料、常量矿物质饲料等按比例配合而成的。蛋白质含量一般为30%～75%。浓缩饲料不能直接饲用，必须与一定比例的能量饲料混匀后才能使用。浓缩饲料常见的有一九料（1份浓缩饲料与9份能量饲料混合）、二八料（2份浓缩饲料与8份能量饲料混合）、三七料（3份浓缩饲料与7份能量饲料混合）和四六料（4份浓缩饲料与6份能量饲料混合）。

（三）全价配合饲料

全价配合饲料又称全日粮配合饲料，是根据猪的不同生理阶段和生产水平，把多种饲料原料和添加剂预混料按一定的加工工艺配制而成的均匀一致、营养价值完全的饲料。直接饲用，无需添加任何饲料或添加剂。猪用全价配合饲料按形状又分为颗粒状饲料和粉状饲料两种。

配合饲料的料型有粉状、颗粒状和液状，一般以粉状为主。粉料中各单种饲料的粉碎细度应一致，才能均匀配合而成营养全面的配合饲料，适用于自动喂食装置。颗粒料是将全价配合饲料经加热压缩而成一定的颗粒，有圆筒形，也有扁形、圆形或角状的。颗粒料容易采食，多用于哺乳仔猪和断奶仔猪。液状料多用于乳猪的代乳料饲用。

总之，预混料和浓缩饲料是半成品，不能直接饲用，而全价配合饲料是最终产品，三者的关系见图5-1。

二、猪日粮配合的原则

（一）营养原则

配合日粮时，应该以肉用野猪的饲养标准为依据。但猪的营养需要是个极其复杂的问题，饲料的品种、产地、保存好坏会影响饲料的营养含量，猪的品种、类型、饲养管理条件等也能影响营养的实际需要量，温度、湿度、有害气体、应激因素、饲料加工调制方法等也会影响营养需要和消化吸收。因此，在生产中原则上按饲养标准配合日粮，也要根据实际情况作适当的调整。目前我国没有制定肉用野猪的饲养标准，本章第一节提供的也是一个参考标准。另外可以参考肉脂型猪的饲养标准，依据肉用野猪的野猪血统含量来调整。如肉用野猪含野猪血统超过62.5%，可参照肉脂型同等体重的饲养标准降低4

个百分点；如果野猪血统低于 62.5％，可参照肉脂型同等体重的饲养标准降低 2 个百分点。

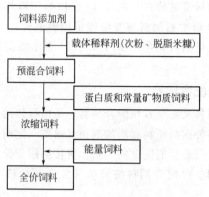

图 5-1　配合饲料种类及其关系

（二）生理原则

饲料的种类繁多，而不同阶段、不同类型的猪其生理特点又有较大差异，所以，选择饲料时必须考虑肉用野猪的生理特点（表 5-16），最大限度地满足其需要。要注意配料时饲料品种多样化，既能提高适口性，又能使各种饲料的营养物质互相补充，并根据不同阶段、不同特点的肉用野猪合理使用粗饲料和青饲料，以提高其营养价值和饲喂效果。

表 5-16　不同种类猪对饲料选择和配制的要求

种类	要　求
乳野猪	对饲料的选择很严格。应尽量按近似乳蛋白质和乳碳水化合物的质量选用饲料原料。首选奶产品，如脱脂奶粉、乳清粉等，糖类如葡萄糖、蔗糖等，其次选其他动物性饲料如鱼粉、肉粉、蚕蛹、喷雾血粉、水解蛋白等，再次选用常规植物性饲料，如玉米、豆粕、小麦、燕麦等。非常规饲料如菜粕、棉籽粕、统糠等一般不选用。选用非首选的原料，以经过适当的加工处理后再用为好。植物性蛋白质饲料经过热、压处理，如膨化挤压大豆，自然淀粉经过膨化处理或糊化处理如膨化玉米，或一些经过酶解、发酵处理的产品如水解蛋白等均可以视为是对小猪具有较高质量的饲料。也可以考虑使用外源性酶制剂如蛋白酶、糖化酶、纤维素酶等。维生素、微量元素、生长促进剂、保健剂必须选用。在首选饲料有限的情况下，适当选用具有乳香味的物质如乳猪香等，有利于促进小猪多采食。合理选用酸化剂如柠檬酸、醋酸、富马酸等，有利于提高小猪对饲料的消化利用率。不饲喂牧草

续表

种类	要　求
仔野猪	对常规饲料选用不受限制，动、植物性饲料均可选用。对非常规饲料，特别是粗纤维含量高或含有抗营养因子的饲料如棉籽粕、葵花籽粕、统糠等只能适当选用，消化率在80%以下（如肉粉、蚕蛹、亚麻籽饼、马铃薯粉渣、甘薯粉渣以及燕麦、菜枝饼、米糠、麦麸、棉籽饼、玉米胚芽粕、玉米蛋白饲料、苜蓿粉、三叶草粉、干甘薯茎叶粉、玉米青贮、啤酒糟、酒糟、统糠等）的饲料原料在配合饲料中的总量不宜超过10%。微量饲料成分选用参考乳猪饲料配方设计的选料原则。少量使用叶菜类或幼嫩的牧草。花生饼是很好的植物性蛋白质饲料，适口性较好，并且有香味，野仔猪喜食，可以与进口鱼粉合理搭配使用。注意蛋白质的可消化性和锌、铁、铜等微量元素的充足供应
生长野猪	选料的原则是，以植物性饲料为主，动物性饲料酌情选用。在有条件的情况下，适当选用少量动物饲料，有利于提高配方设计质量。低质饲料和非常规饲料，特别是消化率在70%以下（干甘薯茎叶粉、玉米青贮、啤酒糟、酒糟、统糠等）的饲料原料，选用的比例不宜超过所用饲料量的20%～30%。微量饲料成分中，调味剂可选也可不选。青饲料，每天3～4千克/头。此阶段要注意蛋白质、钙和磷的充足供应
育肥野猪	可以全部选用植物性饲料。在不明显影响饲料能量浓度的情况下，非常规饲料如饼粕类和糠类等的使用比例可达50%左右。消化率在50%以下的饲料也可占到配方10%以上。调味剂、微量元素添加剂可选可不选。抗生素在育肥后期最后2～3周停止选用。青饲料，每天4～6千克/头，出栏前1个月减少喂量。此阶段要注意碳水化合物的充足供应
泌乳母野猪	原料应充分考虑泌乳高峰期泌乳能力大于母猪采食的特点，参照生长猪配合饲料选用原料比较适宜，这样有利于减少饲料容积，促进母猪有效摄入营养物质。青饲料，每天5～10千克/头。此阶段要注意蛋白质、矿物质和维生素的充足供应
妊娠母野猪	可以采取常规饲料原料和非常规饲料原料并重的方法，充分合理选用粗饲料，有利于自动限饲，防止母猪过量摄入营养物质，影响繁殖性能。对繁殖性能有直接影响的如菜籽粕、棉籽粕等应尽量少用或不用。对繁殖性能有好处，含促生长因子丰富的饲料如苜蓿、发酵副产物等应尽可能多选用。青饲料，前期每天5～10千克/头，后期每天5～6千克/头

（三）经济原则

在肉用野猪生产中，饲料费用占很大比例，一般要占养猪成本的70%～80%。因此，配合日粮时，一方面要尽量选择多种饲料原料，使营养更加平衡（不同饲料原料在日粮中的参考比例见表5-17）；另一方面，充分利用饲料的替代性，就地取材，选用营养丰富、价格低廉的饲料原料来配合日粮，以降低生产成本，提高经济效益。同时，配合饲料必须注意混合均匀，才能保证配合饲料的质量。

表 5-17   常用饲料原料在猪配合饲料中的使用范围

饲料	参考用量/%	饲料	参考用量/%
玉米	0～65	豆粕	10～20
大麦	8～20	棉籽粕	5～10
高粱	8～10	血粉	3～5
燕麦	8～20	肉骨粉	3～8
小麦	8～15	鱼粉	3～8
稻谷	5～10	大豆	5～10
碎米	20～45	黑豆	5～10
小米	8～10	豌豆	5～10
米糠	15～20	花生饼	8～15
统糠	10～15	糠饼	10～15
麸皮	10～15	粉渣	5～15
脱水苜蓿粉	5～35	酒糟	5～10
动物油脂	0～5	豆腐渣	10～15
乳清粉	0～5	蚕蛹粉	3～8
糖蜜	0～5	骨粉	1～2
饲料酵母	5～10		

（四）安全性原则

饲料安全关系到猪群健康，更关系到食品安全和人民健康。所以，配制的饲料要符合国家饲料卫生质量标准，饲料中含有的物质、品种和数量必须控制在安全允许的范围内，有毒物质、药物添加剂、细菌总数、霉菌总数、重金属等不能超标。

三、日粮配制方法

饲粮配合方法很多，有试差法、对角线法、公式法和计算机法等。其中，最常用的主要是试差法。

试差法是畜牧生产中常用的一种日粮配合方法。此法是根据饲养标准及饲料供应情况，选用数种饲料，先初步规定用量进行试配，然后将其所含养分与饲养标准对照比较，差值可通过调整饲料用量使之符合饲养标准的规定。应用试差法一般经过反复的调整计算和对照比较。

　　【示例】含野猪血统62.5%，体重20～35千克的生长育肥猪，现用玉米、大麦、大豆饼、棉饼、小麦麸、苜蓿草粉、贝壳粉、骨粉、食盐和1%的预混剂等饲料设计一个饲料配方。

　　第一步：根据参考的饲养标准，查出20～35千克肉用野猪育肥猪的营养需要（表5-18）。

表5-18　20～35千克育肥猪每千克饲粮的营养含量

消化能 /(兆焦/千克)	粗蛋白 /%	钙 /%	磷 /%	赖氨酸 /%	蛋氨酸 /%	食盐 /%
12.5	14	0.6	0.5	0.8	0.2	0.30

　　第二步：根据饲料原料成分表查出所用各种饲料的养分含量（表5-19）。

表5-19　各种饲料的养分含量

饲料	消化能 /(兆焦/千克)	粗蛋白 /%	钙 /%	磷 /%	赖氨酸 /%	蛋氨酸 /%
玉米	14.27	8.7	0.02	0.27	0.24	0.38
大麦	12.64	11	0.09	0.33	0.42	0.36
豆粕	13.50	40.9	0.30	0.49	2.38	1.20
棉粕	9.92	40.05	0.21	0.83	1.56	2.07
小麦麸	9.37	15.7	0.11	0.92	0.59	0.39
苜蓿草粉	6.23	14.7	1.34	0.19	0.18	0.6
贝壳粉			32.6			
骨粉			30.12	13.46		

　　第三步：初拟配方。根据饲养经验，初步拟定一个配合比例，然后计算能量蛋白质营养物质含量。初拟的配方和计算结果见表5-20。

表 5-20　初拟配方及配方中能量蛋白质含量

饲料名称	饲料比例/%	代谢能/(兆焦/千克)	粗蛋白/%
玉米	53	7.563	4.611
大麦	10	1.264	1.10
豆粕	13	1.755	3.317
棉粕	6	0.595	2.43
小麦麸	10	0.937	1.57
苜蓿草粉	6	0.378	0.882
合计	98	12.492	13.91

第四步：调整配方，使能量和蛋白质符合营养标准。能量和蛋白质稍低于标准，基本符合要求，可以不再调整。

第五步：计算矿物质和氨基酸的含量，见表 5-21。

表 5-21　矿物质和氨基酸含量　　　　　单位：%

饲料名称	饲料比例	钙	磷	赖氨酸	蛋氨酸
玉米	53	0.011	0.143	0.127	0.201
大麦	10	0.009	0.033	0.042	0.036
豆粕	13	0.027	0.108	0.309	0.156
棉粕	6	0.013	0.05	0.094	0.124
小麦麸	10	0.011	0.092	0.059	0.039
苜蓿草粉	6	0.08	0.011	0.011	0.036
合计	98	0.151	0.437	0.515	0.592
标准		0.6	0.5	0.8	0.2

根据上述配方计算得知，饲粮中钙比标准低 0.449%，磷满足需要。只需要添加 1.38%（0.449÷32.6×100%）的贝壳粉，蛋氨酸完全可以满足需要，赖氨酸缺 0.285%，添加 0.29% 赖氨酸。补充 0.3% 的食盐和 1% 的预混剂。最后配方总量为 100.97%，可在玉米中减去 0.97%，不用再计算。一般能量饲料调整不大于 1% 的情况下，日粮中的能量、蛋白质指标引起的变化不大，可以忽略。

第六步：列出配方和主要营养指标。

饲料配方：玉米 52.03%、大麦 10%、豆粕 13%、棉粕 6%、小麦麸 10%、苜蓿草粉 10%、贝壳粉 1.38%、食盐 0.3%、预混剂 1%、赖氨酸 0.29%，合计 100%。

营养水平：消化能 12.49 兆焦/千克、粗蛋白 13.9%、钙 0.6%、磷 0.5%、蛋氨酸 0.59%、赖氨酸 0.8%。

四、肉用野猪的饲料配方举例

不同类型猪的参考饲料配方见表 5-22～表 5-30。

表 5-22　肉用野猪种公猪的饲料配方　　　单位：%

饲料	配方 1	配方 2	配方 3	配方 4	配方 5	配方 6	配方 7	配方 8	配方 9
玉米	55	65.75	42	30.91	62	43		30	30
稻谷粉							38		
大麦	15	13	8		18	28			
高粱				4.6					
麸皮	8	5	17	11.84		7	25	15	15
米糠								19.5	5
花生饼							7		
黄豆粉							5		
豆饼	8	5	10.75	6.58	8	8			15
葵花籽饼				9.86					
干草粉	6		14.5			6			
鱼粉	5.75	7	6			6	3	5	5
骨粉	1.5		1.0	0.66		1.5	0.5		
稻壳糠							20		
槐叶粉		3			6.75				
贝壳粉		0.5		0.66	0.5		1.5		
青贮玉米秸				16.14					
地瓜或南瓜								30	
多针饲料									30

饲料	配方1	配方2	配方3	配方4	配方5	配方6	配方7	配方8	配方9
酒糟				18.09	4				
维生素添加剂	0.25	0.25	0.25		0.25				
食盐	0.5	0.5	0.5	0.66	0.5	0.5		0.5	
合计	100	100	100	100	100	100	100	100	100

注：配方5适用于非配种期野种猪。每头肉用野种猪每天需要5~8千克青饲料。

表5-23　肉用野猪哺乳母猪的饲料配方　　单位：%

饲料	配方1	配方2	配方3	配方4	配方5	配方6	配方7	配方8	配方9	配方10
玉米	62	20	39.95	30	66.75	58.85	62.75	47.75	69.5	52
大麦			33			10				
高粱								9		
麸皮	15			4		11	6	20	20	13
米糠		30		27						
粗糠			15	10						
棉籽粕					4	5	3.5		7	
花生饼						2				
黄豆粉				2.6						
豆饼	15		10	10	5	3	6	13	3.5	9
菜籽粕						3		3		5
芝麻饼						3				
鱼粉	4	4.5	6		4	1	2	2	5	1
骨粉	2				1	1	0.6	2	1.5	
青贮玉米秸										7
槐叶粉			6					5		
贝壳粉	1.2		0.55							1
碳酸钙					1	1	1			
地瓜或南瓜		30		20						
酒糟						8				12.5

续表

饲料	配方1	配方2	配方3	配方4	配方5	配方6	配方7	配方8	配方9	配方10
复合微量元素					0.5	0.5	0.5	0.5		
复合维生素					0.25	0.25	0.25	0.25		
食盐	0.3	0.5	0.5	0.4	0.5	0.4	0.4	0.5	0.5	0.5
预混剂	0.5									
合计	100	100	100	100	100	100	100	100	100	100

注：每头肉用野种猪每天需要5～8千克青饲料。

表5-24　肉用野猪妊娠母猪的饲料配方　单位：%

饲料	配方1	配方2	配方3	配方4	配方5	配方6	配方7	配方8	配方9	配方10
玉米	65	42.8	40		42	48	48.5	60	70	58
稻谷粉				30			10			
大麦		35	10		10	12				
高粱					9					
麸皮	25	5	17	30	20	26	17	10	18	18
米糠				15		8				
花生饼				7				6	5	
黄豆粉				5						
豆饼	8	8	11		5	4	6	4	5	
葵花籽饼										10
干草粉			14.5		12		15	19		9
鱼粉			6				2			3
骨粉	1		1		0.6	0.6	1	0.7	1	1.5
稻壳糠				10						
槐叶粉		8								
贝壳粉		0.7		2					0.6	
复合微量元素					0.5	0.5				
复合维生素					0.5	0.5				
食盐	0.5	0.5	0.5	1	0.4	0.4	0.5	0.3	0.4	0.5
添加剂	0.5									
合计	100	100	100	100	100	100	100	100	100	100

注：配方5和配方6适用于初产野种猪。每头肉用野种猪每天需要5～8千克青饲料。

表 5-25　肉用野猪仔猪的饲料配方　　　单位：%

饲料	配方 1	配方 2	配方 3	配方 4	配方 5	配方 6	配方 7
玉米					67.7	58.7	62
熟玉米粉	46	30	26	15			
高粱					5	6	7
炒高粱粉			4				
次粉						6	
酵母	1						
葡萄糖	3	2					2
花生饼					10	13	18
豆粕					10	9	
炒大豆粉	5	8					
鲜牛奶或鲜羊奶	45	60	70	85			
鱼粉					4	3	6
磷酸氢钙					1.5	1	1.7
猪油						1.5	2
贝壳粉					0.5	0.5	
食盐					0.3	0.3	0.3
预混料					1	1	1
合计	100	100	100	100	100	100	100

注：配方 1 至配方 4 适用于 3～5 千克乳猪；配方 5 至配方 7 适用于 5～10 千克仔野猪。

表 5-26　肉用野猪断奶仔猪的饲料配方（一）　单位：%

饲料	配方 1	配方 2	配方 3	配方 4	配方 5	配方 6
玉米	68	71	76	51	61	33
稻谷粉				15		
小麦						26
高粱		5				8
麸皮				10	12	
米糠						4
花生饼	8	13		16		
棉籽饼					2	3
豆饼	11	8	18		16	16

续表

饲料	配方 1	配方 2	配方 3	配方 4	配方 5	配方 6
血粉					1	1
鱼粉	5	5	3	6	3	6
骨粉				1.6		
磷酸氢钙	1	1	1			
槐叶粉					2	
贝壳粉	0.6	0.6	0.6		2	1.5
酵母粉						1
食盐	0.4	0.4	0.4	0.4	1	0.5
添加剂	1	1	1			
合计	100	100	100	100	100	100

表 5-27 肉用野猪断奶仔猪的饲料配方（二） 单位：%

饲料	配方 1	配方 2	配方 3	配方 4	配方 5	配方 6	配方 7	配方 8	配方 9	配方 10	配方 11	配方 12	配方 13
玉米	68	71	76	51	61	33	40	46	53	57	58	49	59
稻谷粉				15	8								
麸皮				10	12	6	5	10	8	9	15	10	8
米糠						4							
小麦						20	6	4.5					
大麦						18							
高粱	5				8							6	4
葵花籽饼									9		8		
花生粕	8	13		16		18	3	5	6	2			11
棉籽饼						3	3	3	3	2	1	4	5
菜籽粕							2	3			1		
豆粕	11	8	18		16	16	6	4			9	3	
鱼粉	5	5	3	6		6							
肉骨粉							2				1		
血粉						1							
骨粉				1.5			1.5		0.5	0.5		1.5	0.5
石粉	0.6	0.6	0.6							0.5			

饲料	配方1	配方2	配方3	配方4	配方5	配方6	配方7	配方8	配方9	配方10	配方11	配方12	配方13
贝壳粉					2	1.5		1					1
磷酸氢钙	1	1	1								1		
酵母粉						1							
酒糟									6			5	
食盐	0.4	0.4	0.4	0.5	1	0.5	0.5	0.5	0.5	0.5	0.5	0.5	0.5
预混料	1	1	1					1	1	1	1	1	
青饲料								25	20	15	10	12	8
豆腐渣													3
合计	100	100	100	100	100	100	100	100	100	100	100	100	100

注：配方1至配方3适用于含野猪血统50%～62.5%的10～20千克的仔野猪使用；配方4至配方7适用于含野猪血统62.5%以上的10～20千克的肉用仔野猪或纯种野仔猪使用；配方8至配方10适用于含野猪血统62.5%以上的20～35千克的肉用仔野猪或纯种仔野猪使用；配方11至配方13适用于含野猪血统50%～62.5%的20～35千克的肉用仔野猪使用。

表5-28　肉用野猪生长育肥猪的饲料配方（一）　单位：%

饲料	配方1	配方2	配方3	配方4	配方5	配方6
玉米	22	10	40	53	10	22
小麦			8			
高粱				10	10	
麸皮	30	10	5	12		30
米糠	22	35			26	22
大麦			25.5		35	
豆饼			5	18.5		
豆渣	5	18			18	5
干草粉						
鱼粉			10	5		
骨粉	0.5	0.5			0.5	0.5
槐叶粉			5			

续表

饲料	配方 1	配方 2	配方 3	配方 4	配方 5	配方 6
贝壳粉			1	1		
青饲料	20	25.5				20
食盐	0.5	1	0.5	0.5	0.5	0.5
合计	100	100	100	100	100	100

表 5-29　肉用野猪生长育肥猪的饲料配方（二）　单位：%

饲料	配方 1	配方 2	配方 3	配方 4	配方 5	配方 6
玉米	41	51	35.5	30	40	46
麸皮	10	7	16	10		13.8
小麦	10		10	10		
高粱		7			6	
葵花籽饼			6		2	
花生粕		8	2	3	7	
棉籽饼		4		6	6	
菜籽粕			3			6
豆粕	6					4
骨粉	1	1.5	1	1		0.6
石粉					0.5	
贝壳粉	0.5					
磷酸氢钙					1	
酒糟				8.5		
食盐	0.5	0.5	0.5	0.5	0.5	0.6
预混料	1	1	1	1	1	1
青饲料	30	20	25	30	30	20
豆腐渣					6	8
合计	100	100	100	100	100	100

表 5-30　肉用野猪的饲料配方　　　　单位：%

饲料	后备母猪	妊娠母猪	公猪	育肥仔猪	断奶仔猪	仔猪	育肥猪
玉米	15.4	34	32.6	25.4	35.8	44.8	45.9
稻谷粉	40			20			20
小麦次粉			20	25	26	15	9
米糠	20	24.1					
麸皮	10	15	12	7	10	10	5
碎米糠		8	10		5	10	
鱼粉	3	5	4.5	5	5	5	
豆饼	5	12	12	5	5	5	13
花生饼	5		3		5	5	
葵花饼			5	5			
菜籽饼				5			5
干草粉					5	3	
骨粉	0.5	0.8	0.5	1	0.8	0.8	1
石粉	0.5	0.5		1			0.5
酵母粉					2		
菌体蛋白						1	
食盐	0.5	0.5	0.3	0.5	0.3	0.3	0.5
微量元素添加剂	0.1	0.1	0.1	0.1	0.1	0.1	0.1
总计	100	100	100	100	100	100	100
青饲料(另加)	30	50	30	20	10	10	30
合计	100	100	100	100	100	100	100

第六章
肉用野猪的饲养管理

一、后备野猪的饲养管理

仔野猪育成阶段结束到初次配种前是后备野猪培育阶段，培育后备野猪的任务是获得体格健壮、发育良好、具有品种特征的高度种用价值的种猪。为了使肉用野猪生产持续地保持较高的生产水平，每年必须选留和培育出占肉用种野猪群25％～30％的后备公、母野猪来补充、替代年老体弱、繁殖性能降低的种公、母野猪。只有使肉用野猪种猪群保持以青壮年种野猪为主的结构比例，才能保持并逐年提高种野猪水平和经济效益。因此，选择和培育好后备公、母野猪既是肉用野猪生产的基本建设，又是提高生产性能的希望所在，必须高度重视。

（一）后备野猪的选留

在仔野猪断乳后，选出一部分好的个体留作种用，其4月龄前为育成阶段，4月龄后称后备阶段。对后备野猪的选留是十分重要的，它关系到以后的种用价值和整个野猪群的质量。

1. 选择要求

（1）身体健康、无遗传疾病　后备野猪要选择生长发育正常、精神活泼、健康无病的个体。遗传疾病的存在首先是影响野猪群生产性能的发挥，其次给生产管理带来许多不便，严重的可使猪只死亡。所以，后备野猪一定要来自无任何遗传疾病的家系。

（2）体形外貌的选择　后备野猪体形外貌应具有本品种特征，如头型、耳型、毛色、体形、外貌等符合纯种野猪的基本特征。要选择面容清秀，结构良好，进食快，外阴充盈，无副乳头、瞎乳头、乳头6～7对以上且排列整齐均匀的小母野猪作后备母野猪。

（3）繁殖性能的选择　繁殖性状是种野猪非常重要的性状。后备野猪应选自那些产仔数多、哺育能力强、断乳窝重大等繁殖力高的家系。后备野猪应具有良好的外生殖器官，如后备公野猪应睾丸发育良好，左右对称且松紧适度，阴茎包皮正常，性欲高，精液品质良好。那些单睾、隐睾、疝气和包皮肥大的公野猪不能留作种用。后备母野猪要有正常的发情周期，发情征状明显。还应注意外阴部的选择，应挑选阴户发育较大且下垂的个体，阴户发育过小而向上翘的母野猪往往是生殖器官发育不良的个体。

（4）生长和育肥性状选择　后备野猪生长发育性状或者全同胞的育肥性状均是选择后备野猪的依据，包括生长速度和饲料利用率两个方面。后备野猪应选择那些本身和全同胞野猪生长速度快、饲料利用率高的个体。

（5）胴体性状的选择　对于后备野猪本身可在6月龄时用仪器测定背膘厚度和眼肌面积，以此来表示后备野猪本身背脂和瘦肉的生长情况。胴体品质是通过屠宰后备野猪全同胞来获得的，多用屠宰率、背膘厚、眼肌面积、瘦肉率、脂肪率和肉的品质等多项指标来表示。后备野猪应选择那些胴体品质好的家系。

2. 后备野猪的选择时期

后备野猪有2月龄、4月龄、6月龄和初配前等时期的多次选择（表6-1）。

表6-1　后备野猪的选择

月龄	要　　求
2月龄	2月龄选种是窝选，就是选留大窝中的好个体。窝选是在父母亲都是优良个体的相同条件下，从产仔数多、哺育率高、断乳和育成窝重大的窝中选留发育良好的公、母仔野猪。窝选实际上是选择公、母猪的繁殖性状。初次选留后备野猪的头数要多，以后再逐渐淘汰不良个体
4月龄	主要是淘汰生长发育不良和有缺陷的个体
6月龄	后备野猪6月龄时各组织器官已经有了相当发育，优缺点更加突出明显。可根据体形外貌、生长发育、性成熟表现、外阴器官的好坏、背膘厚薄等性状进行严格的选择

月龄	要　求
配种前	后备野猪在初配前进行最后一次选择，淘汰个别性器官发育不良、性欲低下、精液品质差的后备公野猪和发情周期不规律、发情征状不明显的后备母野猪

（二）后备野猪的饲养

1. 饲喂全价日粮

为保证后备野猪正常的生长发育，特别是骨骼、肌肉的充分发育，应按相应的饲养标准配制营养全面的饲粮。要注意能量和蛋白质的比例，特别是矿物质、维生素和必需氨基酸的补充。

采取前高后低的营养水平。配合饲料的原料要多样化，至少要求有 5 种以上原料，种类尽可能稳定不变，倘若非变更不可，也要逐渐变换。同时对于后备母野猪一定要饲喂相当于饲料总重量 10% 左右的苜蓿干草粉或其他优质青料，以保证提供对繁殖有利的未知因子。

2. 限量饲喂

在后备野猪的生长后期，一般需适当限食，避免因长得过肥失去种用价值。后备野猪育成阶段饲料的日喂量占其体重的 2.5%～3.0%，生长后期饲料的日喂量占体重的 2.0%～2.5%。后备野母猪在配种前 2 周应结束限量饲喂，以提高排卵数。后备公野猪应控制饲粮体积，以防止形成垂腹而影响配种能力。

（三）后备野猪的管理

1. 分群管理

为使后备野猪生长发育均匀，整齐划一，可按性别（公、母野猪分开）、体重大小分成小群饲养。后备母野猪一般为群养，每圈可养 4～6 头。小群饲养有两种方式：一是小群合槽饲喂，这种方法优点是操作方便，缺点是易造成强夺弱食，特别是后期限饲阶段；二是小群单槽饲养，优点是吃食均匀，生长发育整齐，但圈栏、饲槽、设备等投资增大。后备公野猪在性成熟前可合群饲养，但应保证个体间采食均匀，达到性成熟后应单圈饲养，以防互相爬跨，损伤阴茎。

2. 适度运动

运动既可强健后备野猪的体质，增强四肢灵活性和坚实性，又可促进后备野猪骨骼和肌肉的正常发育，防止过肥，保持匀称结实的体形。运动有运动场内自由运动、驱赶运动和放牧运动等形式。如后备公野猪需要合群运动，必须从小开始，并应保持野猪群稳定，防止合群造成的咬斗。

3. 及时调教

后备野猪从小就要加强调教管理。一是严禁粗暴对待野猪，建立人与特种野猪的和睦关系，从幼猪阶段开始，进行口令和触摸等亲和训练，以利于将来采精、配种、接产、哺乳等操作管理。二要训练特种野猪养成良好的生活规律，如定时饲喂、定点排泄等。三要在后备公野猪达到配种年龄和体重后，及时进行配种和采精的调教。

4. 定期称重

后备野猪最好每月称重1次，6月龄加测体尺，并统计其饲料消耗量。根据定期称量的个体重，掌握后备野猪生长发育状况，适时调整饲粮营养水平和饲喂量，并将其作为选种依据。

此外，后备猪还需要加强防寒保温、防暑降温、清洁卫生等环境条件的管理。

二、种公野猪的饲养管理

种公野猪质量的好坏，是生产仔野猪的关键。俗话说："母猪好，好一窝；公猪好，好一坡。"这充分体现了养好种公野猪的重要性。

种公野猪的饲养管理中，要根据野公猪的生理特点进行科学的饲养管理，重要的是最大限度地协调公野猪的营养、运动和配种三者之间的关系，尽量保持三者之间的平衡。否则，就会对种公野猪产生不良影响。

(一) 种公野猪的生理特点

1. 淫而好斗

单圈养的公野猪，偶尔相遇就斗架，轻则遍体鳞伤，重则致死。公野猪嗅到母野猪气味，便焦躁不安，一旦与母野猪交配，得不到满足绝不罢休，强行分开，公野猪会发怒，甚至咬人。

2. 射精量大

种公野猪交配1次的射精量高达几百毫升甚至1000毫升，而牛、羊交配 1 次射精量只有几毫升至十几毫升。

3. 交配时间长

野公猪每次交配时间约 10 分钟，个别的可达几十分钟，要比家猪长得多。

4. 青年公野猪易瘦，老年公野猪易肥

青年公野猪性活动剧烈，交配次数过多，便引起食欲减退而消瘦；老年公野猪性活动慢，配种次数逐渐减少，活动也少，饲料营养又好，极易肥胖。消瘦和肥胖都会使公野猪性欲降低，致使配种和精液品质下降。为防止这些现象的发生，对青年公猪要控制配种次数，并要供给足量的蛋白质和维生素饲料；对老年公野猪要控制饲料饲喂量，并加强运动，保持适当的配种次数。

（二）种公野猪的选择

1. 野猪血统含量

如果肉用野母猪的野猪血统含量低于 37.5%，就应该选择纯种野猪作种猪。否则，其后代的野猪血统过低，肉品质达不到含量特种野猪肉的标准。

如果肉用野母猪野猪血统含量高于 50%，一般选择野猪和杜洛克猪的杂交后代作种公野猪，但杂种公野猪的野猪血统含量不应低于 62.5%。要根据生产的需要选择含野猪血统 75%～87.5% 的公野猪作种猪。

杂种野猪因为导入了一定数量的杜洛克猪的血统，体形变得粗壮高大，后代产肉率高，饲料转化率也比其他杂交猪后代高。其后代外形、毛色与纯种野猪一样，生长速度也比较快，很受市场欢迎。

2. 外貌特征

种公野猪应具有本品种特征，如头形、耳形、毛色、体形、外貌等符合纯种野猪的基本特征。要求身体结构匀称，头颈、前躯、中躯和后躯结合自然、良好，眼观有非常结实的感觉；眼睛有神；胸部宽平而大；尾根粗，摇摆自如而不下垂；四肢强壮，姿势端正，蹄趾粗壮、对称，无跛蹄。

3. 性特征

种公野猪要求睾丸发育良好、对称，轮廓清晰，无单睾、隐睾、疝气，包皮积尿不明显。性机能旺盛，性行为正常，精液品质良好。

腹底线分布明确，乳排列整齐，发育良好，无翻转乳头和副乳头，且具有6～7对以上。

4. 生产性能

种公野猪的某些生产性能，如生长速度、饲料转化率和背膘厚度等，都具有中等到高等的遗传力。因此，应该在这些方面确定它们的性能，选择具有最高性能指数的公野猪作为种公野猪。

5. 系谱资料

利用系谱资料进行选择，主要是根据亲代、同胞、后裔的生产成绩来衡量被选择公野猪的性能，具有优良性能的个体，其后代能够表现出良好的遗传素质。系谱选择必须具备完整的记录档案，根据记录分析各性状逐代传递的趋向，选择综合评价指数最优的个体留作种公野猪。

（三）种公野猪的饲养

优秀的种公野猪可以增加与配母野猪的产仔头数，增强仔野猪生活力，同时对野猪群增重速度、饲料报酬、抗病力、瘦肉率和屠宰率等生产性能有重要影响。因此，加强对种公野猪的饲养，使其提供高品质的精液，是搞好肉用野猪生产的物质基础。

1. 营养需要

种公野猪与其他家畜的公畜比较，有射精量大、总精子数目多、交配时间长等特点。野猪精液的干物质中70%以上是蛋白质，其余是矿物质、脂肪和各种有机浸出物。形成精液的必需氨基酸有赖氨酸、色氨酸、胱氨酸、蛋氨酸等，尤其是赖氨酸更为重要。因此，野猪饲喂中必须供给种公野猪丰富的蛋白质、足够的能量和维生素、矿物质等营养物质，才能保证公野猪每次射精的质和量。

（1）非配种期　纯种野猪消化能保持在9.5～10兆焦/千克，粗蛋白质为9%～10%，钙、磷的比例应保持在1.5∶1，添加适量的微量元素，食盐应保持在0.5%。

肉用野猪消化能保持在10.5～11兆焦/千克，粗蛋白质为10%～11%，基础日粮1.5兆焦/千克。添加适量的微量元素，食盐0.5%

（2）配种期　如果配种任务轻，每周使用2～3次，纯种野猪消化能10兆焦/千克，粗蛋白为10.5%。如果每周配种超过3次，应提高饲料质量，消化能提高到11兆焦/千克，粗蛋白11.5%，日喂料量 1.8～2 千克。

肉用野猪配种任务轻，每周使用 2～3 次，消化能 11.3 兆焦/千克，粗蛋白为 11%。如果每周配种超过 3 次，也需相应提高饲料质量和数量，消化能达到 11.8 兆焦/千克，粗蛋白达到 12.5%，基础日粮增加到 2 千克。

季节性配种的公猪，从配种前 30 天开始要逐步提高营养水平，在原有日粮标准上增加 20%～25%，常年配种的野猪应均衡供应种猪所需要的营养物质。

在北方冬季严寒期，标准也要增加 15%～20%；在南方，夏季高温期应适当降低能量水平，增加蛋白质水平，消化能降低 1%，蛋白质增加 1.5%～2%。无论在配种期，还是非配种期，每天都应有充足的青绿饲料供应，非配种期每日不低于 3 千克，配种期应不低于 5 千克。日粮中应有相应的粗饲料配比，粗纤维一般不要低于 7%，这对种野猪的消化是非常有利的。对过肥或过瘦的公野猪应酌情减料或加料，以保持种公野猪良好的种用体质和旺盛的配种能力

2. 饲喂

公野猪的饲粮体积不宜大，应以精料为主，以免造成垂腹。饲喂公野猪要定时定量，日喂 3 次，每次喂 8～9 成饱即可。另外，饲粮要有良好的适口性，严禁发霉变质和有毒的饲料混入。

科学合理地饲养种公野猪，保证种公野猪合理的体况，避免过肥和过瘦，因为过肥和过瘦的种公野猪都不能较好地完成配种任务。过肥说明饲料营养物质配比过高或者是日喂量过多，缺少运动也是一个重要方面。要适当降低饲料配比的营养水平和饲料的喂量，增加青绿饲料和粗饲料的供应。过瘦是由于日粮中营养不足或饲料质量太差，配种任务重，每周使用次数过多也是一个重要方面。应适当提高饲料能量和蛋白质及维生素的比例，加强营养，多配给消化率高的饲料，增加动物性饲料的供给。适当调整使用次数或适当休息一段时间再使用，从根本上改变种野猪的体况。

（四）种公野猪的管理

1. 单圈饲养

公野猪单圈饲养可避免互相爬跨，减少干扰、刺激，有利于野猪

健康。若圈舍少，也可合群饲养，但必须从小合群，一般为 2 头，并且同圈公野猪应来源相同，体重相近，强弱相似。不同圈栏公野猪应避免相遇，以免咬伤。

2. 加强运动

针对纯种野猪和肉用野猪的生理特点制订出科学合理的运动计划，合理安排配种期和非配种期的运动量以及配种淡季和配种旺季的运动量。种公野猪合理的运动能增强公猪的新陈代谢，增进食欲，增强体质，避免肥胖，提高配种性能和精液品质。运动不足会使公野猪体质变差，过早丧失配种能力和降低配种质量。

公野猪的运动有两种形式，即自由运动和强制运动。自由运动是指赶到运动场让其自由运动。每天坚持运动 1~2 次，冬季宜在中午暖和时候进行，夏季在早晚凉快时运动。每次运动应保持在 2 个小时左右，配种期运动量要少一些，非配种期要多一些。强制运动要在非配种期或配种淡季进行，每日 1 次，要把公野猪赶到运动场。如果野猪和肉用野猪对人没有攻击行为，饲养人员可用长竹竿驱赶其运动，每次 1~2 小时。运动距离不少于 2 千米。驱赶时不能太慢，应有一定的速度和强度，这样能使公野猪保持一定的野性和体质。

如果肉用野猪尤其是纯种野猪对人有攻击行为，可在运动场放入几头 60 千克左右的生长育肥野猪，使野猪之间相互追赶运动，也能收到相应的效果。运动时，要有饲养人员看管，万一咬架追赶过于危险，应及时赶开公野猪，放出生长育肥野猪，重新换一批进行。

3. 刷拭修蹄

定时刷拭猪体，同时驱除体外寄生虫。热天可冲洗猪体，保持皮肤清洁卫生，促进血液循环，并以此调教公野猪，使公野猪与人亲和、温顺，听从管教。注意保护肢蹄，对不良的蹄形进行修蹄，保持正常蹄形，便于正常活动和配种。每天清扫圈舍 2 次，保持圈舍和猪体的清洁卫生。

4. 定期检查精液品质和称量体重

在配种季节到来前半个月和配种期中，要定期检查精液的品质。一般进行人工授精的种公野猪，每次采精都要检查精液品质，本交配种的种公野猪每月也要检查 1~2 次精液品质，并要定期称量体重，然后根据种公野猪的精液品质和体重变化来调整日粮的营养水平和利用强度。

5. 建立良好的生活制度

建立良好的生活制度使肉用野猪或纯种野猪养成良好酌生活习惯，更容易对饲养人员产生亲近感，同时便于对它的配种操作。如种公野猪的饲喂、配种、运动和安排的管理人员要固定，因为经常更换饲养人员容易引起种猪性情焦躁，采食减少；每天喂食，清除圈舍也应在大体固定的时间内进行等。

6. 防止咬架

公野猪好斗，偶尔相遇就会咬架。公野猪咬架时应迅速放出发情母野猪，将公野猪引走，或用木板将公野猪隔开，或用水猛冲公野猪眼部，将其赶走。不能用棍棒抽打，那样会造成严重的伤亡事故。

7. 保持适宜环境

种公野猪要保持圈舍清洁干燥、空气清新、冬暖夏凉。种公野猪最适宜的温度是 18～22℃。实际生产中，圈舍临界的温度是 8～31℃。冬季圈舍低于8℃时，应在圈舍内多放些麦秸、稻草或提供热源保暖；夏季圈舍超过 30℃，要加强通风，安装吊扇，水池勤换凉水。

夏季正是青饲料供应充足的时期，要多喂青绿饲料，弥补因高温引起种野猪采食量不足的缺陷，要抓住各种有利时机，采取各种措施，增加种公野猪的锻炼，以增强种公野猪的体质。

（五）种公野猪的合理利用

种公野猪的合理利用是提高精液品质和延长公野猪使用寿命的关键。一头优良的公野猪，如果使用合理，可利用 7～8 年，可产生上万头优良的仔野猪，可见合理利用公野猪的重要性。

1. 合理分群

肉用野猪后备种公野猪饲养到 6.5～7 个月后逐渐出现相互爬跨现象，这说明后备种公野猪开始性成熟。此时，应马上实行单圈饲养，单圈饲养有利于后备公野猪的健康发育，防止自淫恶癖的形成。

2. 初次配种年龄及体重

小公野猪生长到 6～7 个月就有性行为，此时能够配种和产生后代，但精子数量还很少，还不能用于正常生产。此时，公野猪的身体各部分尚未发育成熟。肉用野猪的生长规律是性成熟早，体成熟晚。如果使用过早，会影响公野猪的正常生长，往往使种公野猪体形变小，降低利用价值，必须让公野猪身体得到充分发育，达到配种体重方可使用。

纯种野猪初次配种为 12～14 月龄，体重达到 75～90 千克；肉用野猪为 11～12 月龄，体重达到 90～110 千克。

3. 使用年限

一般情况下纯种野猪的使用年限为 7～8 年。肉用野猪的野猪血统含量低于 82.5% 的使用年限为 4～5 年，肉用野猪的野猪血统含量高于 82.5% 的使用年限为 5～6 年。如果合理使用，肉用野猪使用年限可延长至 7～8 年，延长期适当降低使用频率，并注意增加营养供给。

4. 合理使用

青年公野猪配种调教非常重要。如调教不得法，往往容易淘汰许多种猪。头 2 次配种必须使用经产母猪。因为经产母猪经过几次配种，有丰富的经验，配种时配合得力，容易成功。挑选经产母野猪时，要选择体形大小和配种公野猪相仿或体形略小的母野猪，这样便于操作，更容易成功。野猪和肉用野猪的配种潜力很大，由于目前的研究尚不充分，只能根据家猪种公猪的使用方法，合理利用。

1～2 岁的青年公野猪，每周一般配种 2～3 次，配种次数因猪而异，可适当调整，不可死般硬套；2～5 岁的成年公野猪每天可配种 1～2 次，每周可配种 5～6 次。如需要 1 天配种 2 次，应间隔 6 个小时以上的时间。连续配种 6～7 次，可休息 1 天。如配种任务过重，每次配种后可加喂 2～3 个生鸡蛋，有利于公野猪体力的恢复。

5. 做好配种档案

每次配种都要有详细的记录，如配种次数、母野猪产仔总数、产活仔猪数。通过长期的记录，对种野猪的种用价值进行合理的评估，也是淘汰公野猪主要的科学依据。

6. 做好种公野猪的防疫和驱虫

种公野猪每年春季要注射 1 次猪瘟疫苗，春秋各注射 1 次三联苗，9 月要注射 1 次 5 号病疫苗。春天和秋天各进行 1 次驱虫，清除体内外的寄生虫。

7. 防止公野猪的早衰

种公野猪必须有健康的体质、良好的精液和强烈的性机能，保证公野猪配种能力，延长使用年限。但饲养管理不当，或配种掌握得不好等原因，常常会使种公野猪早期衰退。防止种公野猪早衰措施：一是适龄配种。配种过早易引起公野猪未老先衰，应避免早配。二是饲料优质、全面、多样，供给充足的青饲料，并严格控制配种次数。如果饲料单一，青饲料过少，种公野猪营养不良或配种过度，造成公野猪提前早衰。三是适量运动。长期圈养运动不足，或能量饲料过高，使公野猪过肥，性欲减弱，精液品质下降，丧失配种能力。要保证公猪每天做4～8千米的充分运动，以降低膘情，保持旺盛的配种能力。四是公、母野猪分圈饲养。公、母野猪同圈饲养，由于经常爬跨接触，不仅影响食欲和体重增长，更容易降低性欲和配种能力，减少使用年限。所以，种公野猪必须单圈饲养，保持环境安静，免受外界刺激，不使公野猪受惊。最好使公野猪看不见母野猪，听不见母野猪的声音，闻不到母野猪的气味。

8. 公野猪配种管理中须注意事项

公野猪配种管理中须注意：一是不能在公野猪圈配种，以免留下配种气味及母猪的气味，使公野猪骚动不安，影响公野猪的休息和健康；二是公野猪配种后不能马上饲喂，以免引起消化不良；三是公野猪配种后不能让它立刻卧于湿地，以免引起感冒，降低体质；四是公野猪配种后应让其充分休息，不能马上刷拭、修蹄，更不能淋浴；五是公野猪配种后，不能马上运动，也不能在运动后马上配种。

三、种母野猪的饲养管理

整个养猪生产中70％的工作量集中在母野猪的饲养管理上，从母野猪的配种、妊娠、分娩到哺育，每项工作都要认真细致。尤其是肉用野母猪，因为具有野猪血统，性情急躁，胆小易惊，饲养管理的要求更高。母野猪包括空怀母野猪、妊娠母野猪和泌乳母野猪。母野猪饲养管理的目的在于保证母野猪不胖不瘦，七八成膘情，正常发情配种，多胎高产。

(一) 种母野猪的选择

1. 野猪血统含量

特种野猪种母猪最好选择野猪血统含量 50％ 以下的母猪。因为血统含量超过 50％ 的种母野猪野性强，性格暴躁，母野猪哺育期不易管理，仔野猪哺育率低，并且发情不明显。不仅要在野猪血统含量多少上进行选择，而且杂交品种也要进行选择，最好选择地方品种或培育品种猪的杂交后代。因为这种杂交猪的后代母性强，产仔率高，所产后代肉品质好。

2. 外貌特征

种母野猪应具有本品种特征，要求体格健全、匀称，生长发育良好，腰度适中，背线平直，肢蹄健壮、整齐，行走轻松自如，乳头排列整齐、均匀。站立艰难的小母猪充当种猪的寿命一般较短。

3. 性特征

种母野猪至少有 4～6 对充分发育、分布匀称的乳头，乳头不开孔或内翻的小母猪不应选取。性成熟早，首次发情期应在 180 日龄前出现，外生殖器官发育良好，无明显缺陷，如阴门狭小或上翘。发情征显，如闹圈、爬栏或爬跨同栏猪及阴户红肿等发情行为明显，性机能健全，性行为正常。

4. 生产性能

种母野猪的某些生产性能，如生长速度、饲料转化率和背膘厚度等，都具有中等到高等的遗传力。母野猪产仔数多、母性强、耐粗饲、适应性强。性情过分暴躁的小母野猪不宜作种用。

5. 系谱资料

有条件者可借助系谱资料，依据亲本和同胞的生产性能（如繁殖成绩等），对其主要生产性能进行遗传评估。系谱选择必须具备完整的记录档案，根据记录分析各性状逐代传递的趋向，选择综合评价指数高的个体留作种母野猪。

(二) 空怀母猪的饲养管理

空怀母野猪是指尚未配种妊娠的母野猪，包括后备母野猪和断乳尚未配种受孕的母野猪。这一阶段饲养管理的要点是促进母野猪早发情，多排卵，保证及时配种，多受胎。由于后备母野猪还处于身体生长发育阶段，因此，后备母野猪和经产母野猪的饲养标准和管理方式不尽相同。

1. 后备母野猪的饲养管理

（1）后备母野猪的饲养　后备母野猪的饲养不同于经产母野猪，其营养需要与经产母野猪相区别。后备母野猪的饲养管理状况是影响其繁殖性能的重要因素，必须使后备母野猪在尽可能好的膘情下开始它的第1次妊娠。通常，如果后备母猪在第1次受孕或第1次哺乳期间没有足够的脂肪储存，它将耗尽所储存的脂肪以支持胎儿或仔猪的良好发育。结果，母猪在恶劣的膘情下进入第2个繁殖周期，这样会导致第二窝产仔数少，仔猪发育不良。体脂储存少的后备母猪在繁殖周期中会很快消耗掉其储存体脂，使其繁殖性能降低而遭淘汰，甚至到第3或第4次分娩后繁殖性能已完全丧失。而后备母野猪能量摄入过多时，过多的脂肪渗入乳腺泡，限制乳腺系统的血液循环，导致乳房发育不良，影响泌乳量；如果过分限饲，又会推迟野猪初情期的出现。因此，后备母野猪饲料中营养水平和营养物质的含量应据后备母野猪生长发育阶段、饲养环境、野猪血统含量等因素而定，要注意能量和蛋白质的比例，特别要满足矿物质、维生素和必需氨基酸的供给，切忌用大量的能量饲料，防止后备母野猪过肥或过瘦影响种用价值。后备母野猪体重在70千克以前，可以饲喂育肥野猪料，采用自由采食方式。体重70千克至配种的后备母野猪，要喂后备母野猪专用饲料或哺乳母野猪饲料，不能饲喂育肥野猪或妊娠母野猪饲料。对于自繁留种的野猪场，当母野猪体重达到70～80千克时，经鉴定留为后备母野猪后，便由生长育肥圈调入母野猪采用限制性饲养，可日喂2次，注意控制给料量，看膘投料，不使母猪过肥过瘦，以八成膘为宜。

（2）后备母猪的留种或外购　无论是野猪场母野猪扩群还是更新，每年都需要补充一定数量的后备母野猪。为使野猪场全年均衡生产，每年母野猪更新比例一般为1/3。后备母野猪可以自群选留也可从外选购。自群选留可在配种前1个多月进行。如果外购，可在配种前的2个月进行，以保证配种前有足够的时间，使饲养人员观察健康状况和进行配种前免疫，并使母野猪适应环境。外购时，要认真考察后备母野猪的血统、健康和免疫状况。后备母野猪的引种体重在40～

70千克较为合适。如果体重小于40千克，体形尚未固定，体形的缺陷可能在以后的生长发育过程中表现出来；而体重大于70千克，引种的运输途中应激过大，容易出现瘫痪、肢蹄病、跛腿和脱肛等，而且不利于配种前的隔离适应。

（3）后备母野猪的管理　选留的后备母野猪，从生长育肥圈转到母野猪圈后，通过前期控料和后期催情补饲的饲养方法后，可有效促进后备母猪的发情排卵。运动对后备母野猪非常重要，既可锻炼身体，促进骨骼肌肉发育，保证匀称结实的体形，防止过肥或肢蹄不良；又可增强体质和性活动能力，防止发情失常和寡产。因此，后备母野猪圈舍面积不能过小，最好带有室外运动场。有条件的场家可设专门的种野猪舍外运动场，让配种前的后备母野猪和断乳母野猪拥有更大的运动空间。后备母野猪应保持与公野猪接触，若圈舍为栏杆式，可在相邻舍饲养公野猪，让后备母野猪接受公野猪刺激（隔离栏的公野猪可以每周调换1次）。若圈舍为实体墙式，则可每日将公野猪赶到母野猪圈内，接触几分钟。要注意做好后备母野猪的防疫和驱虫工作。在配种前2个月，做2次细小病毒的防疫。方法是，配种前2个月注射1次细小病毒疫苗，间隔1个月再做1次细小病毒疫苗注射；同时对母野猪体内外进行1次驱虫，方法是用阿维菌素和伊维菌素做1次驱虫后，间隔1周重复再做1次，这样就能彻底清除猪体内外的寄生虫。这是防止初产母野猪死胎的重要措施。

2. 断乳母野猪的饲养管理

（1）断乳母野猪的饲养　如果哺乳期母野猪饲养管理得当，无疾病，膘情也适中，大多数在断乳后1周内就可正常发情配种。但在生产实践中，经产母野猪经过产仔和泌乳，一般体重会下降30％～40％，断乳时膘情差、体质较弱、内分泌失调、卵泡不能正常发育，因此母野猪不能正常发情排卵。这就需要适当提高饲养水平，使其尽快增膘复壮，及早发情。但是，刚断乳的母野猪高水平饲养又可能引起乳腺炎。要解决这个矛盾，第一，要搞好母野猪哺乳期的饲养管理，不限量饲喂，即母野猪能吃多少喂多少，每天饲喂3～4次，供给充足洁净饮水，这样，既能提高母野猪泌乳量，促进仔野猪生长，又能使母野猪减少失重，到仔野猪断奶时保持较好的膘情；第二，要认真搞好仔野猪的早期补饲，使仔野猪早吃食，减少母野猪哺乳后期的营养消耗；第三，提倡早期断乳，在母野猪体况严重消瘦之前给仔野猪断乳，在断乳前后各2天内，适当限制饮水，避免发生乳腺炎。另一种情况是母野猪长期大量饲喂碳水化合物饲料，饲料单一，缺乏蛋白质、矿物质和维生素，母野猪过肥，内分泌失调，卵巢脂肪浸润，不发情或发情排卵少，且质量差，不能正常繁殖。这就要改变饲喂方式，喂以全价日粮，加强运动减肥，使母野猪体况恢复正常后方可配种。对配种母野猪体况的要求是不过肥过瘦，保持八成膘。

（2）断乳母野猪的管理　一些野猪场由于圈舍紧张或出于管理方便，把断乳母野猪按膘情分群后，4～6头或6～8头归并一个圈舍合群管理。开始合群时会出现母野猪咬斗、争抢槽位、爬跨等互相干扰的现象，这种不良的管理方法，由于增加了母野猪的体力消耗以及惊恐感而影响发情，因而有条件的场家可单圈管理。发情控制是有效干预野猪繁殖过程、提高繁殖力的有效手段。在规模较大的野猪场要求繁殖野猪群实行整批管理，使整批母野猪同期发情排卵、同期配种、同期产仔，可采用公野猪诱导、合群并圈、按摩乳房、加强运动、并窝、激素催情等手段。

3. 促进母野猪正常发情排卵

（1）加强配种期母野猪的饲养　母野猪适宜的繁殖体况是7～8成膘，配种期母野猪的饲养应根据不同的膘情采用相应的饲养措施。对体况过瘦、膘情差的成年母野猪采用"短期优饲"，可增加排卵数2枚左右，从而增加产仔数。具体做法是在配种前半个月，按平时喂料量增加50%～100%，并补喂优质青料。配种后立即降到原来的水平或确认妊娠后按妊娠母野猪要求进行饲养。对过肥的母猪则要及时拉膘，即实行限制饲养，减少或不喂精料，多喂青饲料，增加运动，使其掉膘，恢复种用体况。

（2）诱导刺激发情　对体况正常而又不发情的母野猪可采用试情公猪追逐爬跨，或通过公野猪分泌的外激素气味和接触刺激，引起母野猪脑下垂体分泌促卵泡激素，促使其发情排卵。可与正常发情的母猪合圈饲养，通过发情母猪爬跨等刺激诱使发情；也可按摩乳房促进发情排卵等。

（3）加强运动　对不发情的母野猪进行驱赶运动，可促进新陈代谢，改善膘情，接受日光的照射，呼吸新鲜空气，促进母野猪发情排卵。至于那些生殖器官有病又不易医治好的母野猪和繁殖力低下的老龄母野猪，应及时淘汰，补充优秀的后备母野猪。

（三）妊娠母野猪的饲养管理

妊娠母野猪管理的中心任务是保证胎儿能在母体内得到充分生长发育，使母野猪每窝生产出数量多、初生体重大、体质健壮和整齐的肉用仔野猪。

1. 妊娠母野猪的饲养

妊娠母野猪在 100 多天的妊娠期里，生理上发生显著变化，所需要的营养除供给自身所需要外，还要满足新生命诞生的需要。因此，必须科学合理配制全价饲粮，才能使妊娠母野猪产出较多的仔野猪。研究表明，对体况正常的母野猪妊娠期增加精料喂量，可以增加仔野猪的成活率和初生重。如果能量水平正常，蛋白质水平对产仔数影响较小，但可以影响仔野猪的初生重和母野猪产后泌乳量。因此，在整个妊娠期，合理的蛋白质水平是非常重要的。妊娠母野猪日粮含粗蛋白质 11％～12％，即每日每头饲喂 165～288 克蛋白质，就能满足妊娠母野猪对粗蛋白质的需要。

妊娠母野猪营养代谢的吸收高于空怀母猪，采食量增加，喜睡卧，体重迅速增加。母野猪在妊娠期，青年母野猪体重增重 45～60 千克，成年母野猪增重 35～50 千克。在增重中，母野猪自身增重和子宫及内容物增重大致各半。体重增加前期高于后期，子宫内容物增重后期高于前期。因此，应按妊娠期胎儿生长发育和体重变化规律，给予相应的营养水平。在妊娠前期，胎儿绝对体重小，养分需要也相对较少。到妊娠后期，胎儿体重增长很快，且由能量转化为胎儿增重的效率较高，后期养分需要明显高于前期。营养不足会造成母野猪消瘦，胎儿发育慢，初生体重小或弱胎和死胎增加；相反，过高会使母野猪肥胖，不仅浪费饲养增加费用，且会因体内脂肪沉积而影响胎儿生长发育。肥胖的母野猪，泌乳期食欲不旺，影响泌乳力发挥，失重多，对断乳后发情配种不利。从保证胚胎顺利发育和充分利用饲料的角度考虑，母野猪妊娠期营养水平应采取"前低、后高"的饲养方式，分别给予不同营养水平的全价日料。在实际饲养中，若有青绿饲料、青贮料及糟渣类饲料可利用时，饲养妊娠前期野猪尽量利用这样饲料，好处是能使母野猪感到饱腹，节约精料，降低饲养成本。在这里还要强调说明的是，在母野猪妊娠最后 1 个月一定要提高饲养水平，一般野猪场和专业户养野猪，在充分利用青、粗、糟渣类饲料的同时，要增加配合精料给量；在工厂化养猪场，不但要增加全价配合饲料喂量，还应尽量给饲料内添加适量的油脂。其好处一是能提高仔猪的初生重和体内能量储备，仔野猪健壮，成活率高；二是能促进母野猪乳腺的充分发育，为产后泌乳奠定基础。这两条对提高仔猪育成率起着十分重要的作用。

一定要保证妊娠母野猪饲料卫生，严禁饲喂发霉、腐败、变质的有毒有害的饲料，妊娠前期供给充足的优质青粗料，精料应定量限喂，精与青粗比例约为 1：3；妊娠后期注意日粮体积，减少青粗料用量（精与青粗比例约为 1：1.5），增加精料的比例，增加饲喂次数，减少每顿喂量。青料宜生喂，采用湿拌饲喂（可与青料浆拌成稠粥状饲喂），并供给充足的饮水。

注意：一般情况下，母猪妊娠期营养障碍并非是由于能量和蛋白质不足所致，最主要的原因（除遗传和疾病因素外）是妊娠期日粮中矿物质和维生素缺乏或不足。因此，在母猪妊娠期日粮配制中，不可缺少石粉（或贝壳粉）、骨粉等补充钙、磷和其他微量元素的矿物质，同时，饲料更需注意多用一些富含维生素的青绿饲料、青贮料、优质草粉和叶粉等，保证母野猪长年不断青饲料；规模化肉用野猪场要注意在妊娠母猪饲料中补充矿物质、微量元素和复合维生素添加剂等。

2. 妊娠母野猪的管理

妊娠母野猪管理的要求是增强母猪体质，防止流产，确保正常发育。要抓好以下几点。

（1）适当运动增强体质 在有条件的地方，妊娠母野猪每日能放牧运动 1～2 小时，没有放牧条件的可在大运动场自由活动，工厂化野猪场可让母野猪每天到圈外活动。这能增强母野猪体质，减少难产、死产发生，以利顺利分娩。

（2）避免机械损伤 妊娠母野猪后期宜单圈饲养，防止母野猪拥挤、争食、咬斗等造成死胎或流产。不可鞭打、追赶和惊吓妊娠母猪猪，以免造成机械性损伤，引起死胎和流产。

（3）夏天防暑降温，冬天防寒保温 母野猪遭受热应激刺激容易造成胚胎死亡或流产，当平均气温达到 36℃时，要给母野猪降温洒水、洗浴、搭阴棚、通风等。暑天突降暴雨，易造成母野猪感冒高热而流产。要及时检查野猪群，发现不正常现象及时对症治疗，防止或减少流产。冬季要搞好防寒保温工作，保持圈舍干燥温暖，避免母野猪受贼风侵袭发生感冒或瘫痪造成胚胎死亡和流产。

（4）保持妊娠野猪舍环境安静卫生　首先要保证圈舍清洁卫生，防止污染母野猪阴道造成炎症而流产；不能在圈舍内高声喧哗，不能鞭打、追赶妊娠母野猪，更不能在清理圈舍卫生时踢打母野猪，防止其受惊引起流产。

（5）预防疾病性流产和死产　对猪流行乙型脑炎、细小病毒病、流行性感冒等应按合理的免疫程序进行免疫注射，预防该类疾病发生。在母野猪分娩前 30～40 天注射"仔猪红痢菌苗"和"仔猪杆菌多价苗"，临产前半个月再加强一次对仔猪红痢病、黄痢病预防有较好的效果。同时要注意保持圈舍和猪体卫生，防止猪虱和皮肤病的发生。

（四）哺乳母野猪的饲养管理

泌乳母野猪哺育期间管理水平的高低，直接关系到仔野猪的成活率、窝重和仔野猪的生长速度。合理而精心的管理，可以提高哺育母野猪的泌乳量，保证仔野猪能够吃到充足的乳汁，保持母野猪断奶时有适宜的膘情，断奶后能及时配种、受胎，进入下一个繁殖周期。

1. 母野猪产后护理

母野猪分娩后的健康状况，与仔野猪的成活率和断奶体重有密切关系。母野猪分娩的当天，由于体力消耗大，气血双虚，疲劳口渴，且肠胃消化力弱，原则上母野猪产后 8～10 小时不喂料，但要保证喂给豆饼、麸皮汤或调得很稀的汤料。产后 2～3 天内不能喂得过饱，精料过多、喂得过饱，可致母猪消化不良，引起食滞或乳汁过稠，使仔野猪拉稀。因此，要喂营养丰富、易消化的饲料。在产后 5～7 天内逐渐达到标准喂量。7 天后母野猪可不限量采食。但这都要根据野猪的体况、消化能力、哺乳仔野猪的多少，灵活掌握饲料喂量。如果天气温暖，母野猪产后 2～3 天即应到舍外自由活动，这对恢复体力、促进消化和泌乳有利。对粪便有干燥趋向的母野猪，宜投喂鲜嫩青料，设法增加饮水量，必要时适当喂给人工盐。产房内要保持安静、温暖、干燥、清洁卫生、空气新鲜，每天 2 次清扫圈栏的粪尿，产床上的粪便及时清除，哺乳期尽量减少用水冲洗圈栏及产床，因为仔野猪怕潮湿。每隔 2～3 天用对野猪无副作用的消毒剂喷雾消毒圈栏、产床和走道墙壁。严禁粗暴殴打母野猪，减少应激。不准大声喧哗，减少噪声。安静的环境有利于母野猪泌乳和仔野猪正常生长发育。

2. 哺乳母野猪的饲养

饲养哺乳母野猪关键在于提高母猪的泌乳量，为仔野猪提供足够的母乳，保证仔野猪正常生长发育，控制母野猪失重范围，又要顾及青年母野猪本身的生长发育，以达到断乳后正常发情配种。母野猪哺乳期间，每天泌乳量为 6～7 千克，因此哺乳母野猪的营养需要水平要比妊娠母野猪高。母乳是仔野猪出生后 2 周龄前唯一的营养来源，是 30 日龄前主要的营养来源。因此，母野猪分泌大量优质乳汁是仔野猪成活和生长的关键因素。然而，哺乳母野猪常因采食营养不足，动用体内的储备，靠大量分解体脂来补充泌乳的能量需要，结果导致哺乳期母野猪的失重现象。一般情况下，哺乳母野猪饲粗蛋白质含量应在 14%。野猪乳汁中含有大量的矿物质与维生素，钙、磷的补足十分重要，应保证每日每头供给哺乳母野猪钙 40 克、磷 28 克、食盐 3 克。母野猪乳汁中维生素含量丰富，每千克日粮中必须含有 300 国际单位的维生素 A、220 国际单位的维生素 D。

哺乳母猪的饲养，一方面要制定较高的营养水平，另一方面要增加野猪的采食量。哺乳母野猪饲粮除要求营养全价、均衡外，还应适口性好、易消化、配制饲料时应适量添加动物性饲料，如鱼粉，以保证氨基酸平衡；同时，适当增喂青绿饲料。

哺乳期母野猪饲料结构要保持相对稳定，不要轻易变动，或改变饲料品种，绝对不能饲喂发霉变质有毒饲料，以免造成母猪乳质改变而引起仔猪腹泻或中毒死亡。一般产后第 1 个月母野猪泌乳量高，是母野猪失重最多的阶段，故生产中在产后 3 天开始就逐渐加料，20 天左右达最大值（不限量），维持 7～10 天，逐渐减少投料。大约哺乳期 65% 的精料集中在产后第 1 个月使用，形成前高后低的营养供给形式。这样既照顾了泌乳旺期的营养需要，又可避免哺乳母野猪失重过多。对于初产母野猪，由于还有自身生长发育的需要，在整个泌乳期中都应保持较高的营养水平，但哺乳前期可稍为高于后期。

3. 哺乳母野猪的管理

适当的管理可促进母野猪产后身体恢复和增强泌乳性能。

（1）保证充足的饮水　母野猪乳汁中含有较多的水分，如果饮水不足不但会影响泌乳，还会使乳汁变浓，使吃乳仔野猪拉稀，所以，供给母野猪充足的清洁饮水十分重要。有条件的要用自动饮水设备让野猪自由饮水；没条件设专门饮水槽，水要常换保持清洁，让野猪随时可以喝到清洁的饮水。夏季，高泌乳量以及采食生干料的母野猪需水量大，保证充足饮水更为重要。冬季最好供应温水。切忌饲喂霉变腐烂、腐败和变质饲料，以免造成母野猪繁殖障碍和仔猪下痢。

（2）保持良好的环境条件　哺乳母野猪每天应适当运动，多晒太阳，以利于母仔健康，促进泌乳。猪舍内应保持清洁、干燥、卫生、通风良好。尽量控制舍内温度在 21～24℃，相对湿度在 50%～60%。冬季应注意防寒保温，防止贼风侵袭。夏季应增设防暑降温设施，防止母野猪中暑。尽量保持圈舍内环境安静，不大声喊叫，以免惊扰母野猪，尤其是纯种野猪和高野猪血统含量特种野猪。圈舍周边安静的环境，对母野猪的排乳非常重要，这不仅利于增加母野猪的采食量，还能提高母野猪的产乳量。饲养人员进入圈舍动作要轻，哺育期不要改变服装颜色，不要穿红色衣服，以免惊扰母野猪。

（3）保持圈舍卫生　对圈舍做彻底消毒，不要用来苏水和带有强烈气味的消毒液，最好用百毒杀及火碱溶液消毒；纯种野猪产仔分娩后头 1 周，一般不让人靠近。1 周后，小野猪开始硬朗。这时，要及时打开猪圈门，让母野猪带领小野猪到运动场活动，要抓住这个时间清除产房卫生，重新更换垫草；垫草要柔软，不要有硬棍、树枝类的东西，防止刺破乳房造成感染。

（4）适当运动　定期把母野猪及小猪赶到运动场进行运动，常晒太阳，增强母野猪的体质，提高产奶量，促进小野猪发育。

（5）保护好哺乳母野猪的乳房和乳头　母野猪乳房乳腺的发育与仔野猪吸吮有很大关系。特别是头胎母野猪，产仔数较少，可实行并窝或部分仔野猪固定吸吮两个乳头，让母野猪每个乳头都能被均匀利用，以免未被利用的乳房发育不良而影响泌乳量。断乳前 3～5 天，对体况好、泌乳量高的母猪应减料，以防胀奶而引起乳腺炎。要保证圈栏光滑，地面平坦，防止划伤母野猪的乳房和乳头。圈栏地面要平整，防止乳头擦伤。母野猪断奶时，如果发现乳房过于膨胀，要及时人工挤奶，避免母野猪乳房积奶过多引发乳腺炎。

（6）勤观察　经常观察母野猪吃食、粪便、精神状态，以及仔野猪生长发育和健康状况，如有异常，及时采取治疗措施。

4. 提高泌乳力的措施

（1）母野猪的泌乳规律　母乳是仔野猪出生后20天内的主要营养物质来源。母野猪的泌乳力直接影响到哺育仔野猪的成活率和生长速度。因此，保证母野猪在产后有充足的乳汁，是养好仔野猪的关键。

①母野猪的乳腺结构。母野猪有6～8对乳头，每个乳头之间相互不通联。母野猪的乳房，没有乳池，不能随时排乳，只有当小猪反复拱奶时，母野猪才放奶。母野猪每天都有规律地放奶，有一定的次数。

②泌乳次数和时间间隔。母野猪的泌乳次数随产后天数增加而逐渐减少，每昼夜可排乳20～23次，每次间隔1小时左右，每次泌乳时间3～5分钟，实际上仔野猪真正吃奶的时间为12～20秒。

③母野猪的泌乳量。纯种野猪和特种野猪的泌乳量比家猪低，含75％野猪血统的肉用野母猪整个泌乳期产乳量210～280千克，含50％以下野猪血统的特种野母猪整个泌乳期产乳量30～300千克，纯种野猪的产乳量在200千克左右。每次排乳量，高血统的特种野母猪为0.15～0.3千克；低血统的特种野母猪为0.2～0.35千克；纯种野猪还要低一些，大约在0.15千克。

哺育母野猪在整个泌乳期内产乳量呈曲线变化，产后母乳量逐渐增加，3周后达到高峰，之后又逐渐下降。母野猪的不同乳房泌乳量也不相同，前面3排泌乳量最高。

④猪乳成分。母野猪乳汁分为初乳和常乳，分娩后3天内的猪乳称为初乳，以后的乳汁为常乳。初乳中的免疫球蛋白可以提高仔猪的抗病力。初乳是仔野猪出生后获得免疫的唯一途径。初乳中所含的镁盐有轻泻的作用，能促使仔野猪排出胎粪。

（2）影响泌乳量的因素

①胎次。头胎母野猪泌乳量低，以后逐渐上升，3～5胎达到高

峰，6～7胎逐渐下降。

② 品种。家猪当中瘦肉型品种母猪比脂肪型品种母猪泌乳量高。纯种野猪泌乳量低。特种野猪、含家猪血统越高的母野猪泌乳量越高；相反，含野猪血统越高的母野猪泌乳量越低。

③ 带仔数。母野猪哺乳仔猪的多少和泌乳量有直接关系。哺育仔野猪多，相应的泌乳量就高；哺育头数少，泌乳量就低。

④ 季节。春秋两季，气候温和，母野猪食欲旺盛，泌乳量就高；夏季炎热，影响母野猪采食量与泌乳量；冬季寒冷，母野猪体能消耗大，影响母野猪的泌乳量。

⑤ 饮水。对哺育母野猪而言，水的供应比饲料重要，因为猪的乳汁中81%是水。饮水不足会影响母野猪的泌乳量，而且还能使乳汁过浓，影响仔野猪的消化，导致仔野猪下痢。母野猪哺育期间应该多喂青绿多汁饲料，增加饲料维生素的含量，才能提高泌乳量和乳汁质量。

⑥ 饲料。哺育母野猪的营养水平，既要考虑母野猪自身需要，又要考虑带仔数多少。为了提高母野猪的泌乳力，在配制哺育母野猪日粮时，必须保证适宜的能量和蛋白质水平，最好添加少量的动物性饲料。同时，还要保证维生素和矿物质的含量，哺育期营养水平过低，不但影响母野猪的泌乳力和仔野猪的生长，还会造成母野猪泌乳期失重过多，影响断乳后的正常发情配种。

⑦ 环境管理。保证猪舍清洁干燥、安静舒适、空气清新，有利于提高母野猪的泌乳力。相反，猪舍潮湿、阴暗、嘈杂、饲养人员对母野猪态度粗暴，都会降低母野猪的泌乳力。

（3）提高母野猪泌乳力的措施

① 提高饲料质量。在配制哺育母野猪日粮时，不仅要保证适宜的能量、蛋白质、维生素和矿物质的营养水平，还要选用适口性好、易消化的优质饲料，如大豆饼（粕）、花生饼（粕）、进口秘鲁鱼粉等。多喂青绿多汁饲料，必要时要添加鸡蛋、豆汁和小杂鱼汤等高营养食物。

② 适当运动。母野猪产后2周，可适当增加母野猪的运动，多晒日光，增强母野猪的体质，增加采食量，提高母野猪对饲料的消化和吸收能力。

③ 增加饲喂次数。改日喂 3 次为 4 次，时间安排为早 6 时，上午 10 时，下午 2 时，晚 10 时。每次要定时定量，养成良好的饮食规律。

④ 保证饲料质量。饲料配比相对稳定，无特殊情况，不轻易改变饲料配方。保证饲料品质，不喂发霉变质和含有毒素的饲料。

⑤ 人工催乳。对于膘情好而产乳少的野母猪除喂小米粥、豆浆、胎衣汤、小鱼小虾汤、海带汤等催乳饲料外，还可用药物催乳（调节内分泌），如当归、漏芦、通草各 30 克，水煎配小麦麸喂服，每天 1 次，连喂 3 天；也可用催乳灵，10 片，一次内服等。为促进母野猪消化，改善乳质，预防仔野猪下痢，母野猪产后每天喂给小苏打（碳酸氢钠）25 克，分 2～3 次于水中投给。

第二节　肉用仔野猪的饲养管理

肉用仔野猪是指从出生至断乳前的野猪。加强对仔野猪的饲养管理，目的在于减少哺乳期仔野猪的死亡率，提高仔野猪断乳窝重，增加种野猪生产经济效益。仔野猪出生后其生活环境发生了根本变化，从母体内无忧无虑的环境中来到多变的自然环境中生活，各种因素都影响着仔野猪的生存和生长发育。这就要针对仔野猪的生理特点和对环境条件的要求，制定科学的管理办法，提供适合仔野猪正常生长发育的环境，保证仔猪生长发育和健康。

一、哺乳仔猪的饲养管理

（一）哺乳仔野猪的主要生理特点

哺乳仔野猪是指从出生到断奶前的仔猪。这一阶段的仔野猪死亡率最高，饲养管理的重点是提高成活率和增强仔野猪的体重，为下阶段的养育打好基础。

1. 生长特点

仔野猪出生体重一般不到成年野猪体重的 1%，但出生后生长很快，一般仔野猪出生时体重 1 千克左右，10 日龄时体重就能达到出生重的 2 倍，30 日龄可达 6 倍多，60 日龄时增长到 10～15 倍。仔野猪生长快，是因为物质代谢旺盛，特别是蛋白质代谢和钙、磷代谢要比成年野猪高很多。养分蓄积规律是 3 周龄前蛋白质积累超过脂肪，3 周龄后蛋白质和脂肪积累相同，这就决定了仔野猪需要高能高蛋白的营养特点。仔野猪蛋白质的需要，无论是在数量上还是在质量上都高，对营养不足反应特别敏感。因此，不仅需要母乳的供给，还需要补饲高品质的饲料。只有充足的营养供给，才能满足仔野猪的生长需要。

2. 消化特点

仔野猪的消化器官在胚胎期已形成，但结构与功能不完善，表现为胃肠容积小，进食量小。初生时胃只有 6～8 克，容积只有 30～40 毫升，60 日龄时，胃的重量就达到 150 克，接近出生时的 20 倍；酶系统发育不完善，初生期只具有消化母乳的酶类，如乳糖酶、凝乳酶等。仔野猪胃腺不发达，不能制造盐酸，20 日龄前胃内游离盐酸浓度很低，消化非乳饲料的酶多在 3～4 周龄以后才开始发育。因此，野猪消化力弱，不能有效地利用植物性蛋白质；由于胃内盐酸浓度低，杀菌力差，也很容易下痢。这些决定了仔野猪饲料用量只能逐渐增加，保证仔野猪饲粮一定的酸度是非常重要的。可提早补料来刺激胃底腺分泌盐酸，激活胃蛋白酶原，促进胃肠器官运动及发育，逐渐提高仔野猪利用植物和动物性饲料的能力。

3. 其他特点

（1）调节体温的机能尚不完善，防寒能力差　仔野猪出生后，大脑皮层发育不完善，调节体温机能不完整，反应能力也不强，加之初生仔野猪皮下脂肪薄，被毛稀疏，保温能力低，因而易受外界温度变化的影响，抗寒能力差。仔野猪正常的体温是 38.5～39℃。当环境温度为 14℃时，体重小的初生仔野猪会冻僵，5℃时初生仔野猪会冻死。尤其出生第 1 天的仔野猪，遇到寒冷，血糖很快降低，如不及时吃到初乳很难成活。仔野猪调节体温的机能随日龄增长而增强，一般仔野猪从 7 日龄开始有调节体温的机能，到 20 日龄才能发育完善。最好的方法就是让仔野猪尽快吃到初乳，使血糖上升，尽快恢复体温。同时要做好产房保温防寒工作。

（2）缺乏先天免疫力，抗病力差　免疫力是抗体的作用，抗体是一种大分子的球蛋白，由于母野猪血管与胎儿脐带间被 6～7 层组织隔开，母源抗体不能通过血液转移给胎儿，因而仔野猪出生时没有先天免疫力，自身也不能获得免疫力。母野猪分娩时初乳中乳蛋白含量高达 7%，占干物质的 34%，其中绝大部分是免疫球蛋白。仔野猪出生后 24 小时内，肠道上皮处于原始状态，具有很强的渗透性，仔野猪吸食初乳后，免疫球蛋白可不经转化直接进入血液，使仔野猪血液中的免疫球蛋白增加，免疫力迅速增加。随着仔野猪肠道的发育，对大分子的抗体—球蛋白的吸收能力下降，直至消失。仔野猪出生 10 日龄以后至 30 日龄才开始自身产生抗体，直到 30～35 日龄前数量还很少，5～6 月龄才达到成年野猪水平。因此，出生到 30 日龄这一阶段，仔野猪对疾病抵抗力弱，易患腹泻和其他疾病。在这一阶段的养育中，应让仔野猪尽快吃初乳，经常保持母野猪乳房乳头的卫生、圈舍环境的清洁干燥、饲料饮水的卫生，是减少病原微生物侵袭、保证仔野猪健康的主要措施。

（二）哺乳仔猪的饲养管理

初生仔野猪，对周围环境反应力弱，行动不稳当，对寒冷及疾病抵抗力不强，1 周内是容易发生死亡的主要时期，死亡率占 60%～75%。养好哺乳仔猪必须注重"出生""补料""断奶"三个关键时期，做好接产、保温防压、使仔猪吃足初乳、固定奶头、补铁、代养与并窝等管理工作，提高成活率和促进仔猪生长发育。

1. 做好接产

正常分娩的母野猪，每隔 5～25 分钟产出一头仔野猪，平均间隔为 15 分钟，分娩持续时间 1～4 小时。在仔野猪产出后 10～30 分钟胎盘排出。母野猪分娩需要安静的环境，故分娩多在夜间。接产工作具体操作参见野猪繁殖部分。

2. 让仔野猪尽快吃上初乳，获得免疫抗体

由于母野猪的生理特性决定了母野猪的免疫抗体不能直接通过胎盘传给仔野猪，唯一的传递方式是把母源免疫抗体储存在初乳中，通过仔野猪吮吸母乳达到传递效果。

初乳含大量的免疫球蛋白，初生仔野猪从肠壁几乎可全部吸收，出生 36 小时后不能再通过肠壁吸收。所以早喂初乳，是养好初生仔野猪的重要措施。初乳对仔野猪有特殊的生理作用。初乳中含有镁盐，具有轻泻作用，能促进仔猪排出胎粪，促进消化道蠕动，有利于

消化活动；初乳的酸度较好，可促进仔野猪的消化功能。初乳中干物质和粗蛋白质含量高，含有仔野猪必需的各种氨基酸，其中，蛋白质中60%～70%是免疫球蛋白、酶、维生素、溶菌素等物质，能增加仔猪的抗病能力，初乳是符合初生仔猪生理特点的最佳天然食物。初生仔野猪若吃不到初乳，则很难成活，应尽快让仔野猪吸吮母野猪初乳。

仔野猪出生后，应立即擦干口腔上的黏液，放在母野猪身边进行哺育，尽快让仔野猪吃上初乳，接受母体的免疫抗体，从而获得对外界的免疫能力；对个别体弱的仔野猪，要采用人工辅助的办法帮助固定乳头，只有吃上初乳，才能够成活。

3. 固定乳头，均匀生长

母野猪产后40天前大体每隔40～60分钟给仔野猪放1次乳，产后40～60天为60～80分钟哺乳1次。但野母猪真正放乳时间只有10～20秒（垂体后叶分泌的催产素缩放乳，但催产素在血液中很快失效）。仔野猪出生后就本能地寻找乳头吮乳。弱小仔野猪四肢无力，行动不便，往往不能及时找到乳头，或者被挤开。初生仔野猪有抢占母乳乳头并占为己有的习性，若在母野猪短暂的放乳时间内，仔野猪吃乳的乳头不固定，会互争抢乳头而错过放奶时间，体大者称霸，弱者吃不上乳。野猪正常放乳，有时因仔野猪争抢咬痛乳头，母野猪会站起停止放乳。为避免发生这种现象，仔野猪出生后2～3天内必须固定乳头。乳头固定后，一般整个哺乳期内就不再串位，仔野猪各就各位，不再乱抢乳头，安静地吃奶。这样，才有利于野猪泌乳，不伤乳头，仔野猪发育均匀，健壮快长。

仔野猪出生后，就有寻找乳头吃奶的本能。当母野猪分娩完后，把仔野猪全部放到母野猪身旁让其自己寻找乳头，待大部分寻找到乳头后，对个别仔野猪进行调整，有意识地把弱小的仔野猪放在前几排乳头上吃奶。

4. 防寒

仔野猪体温调节功能不完善，抗寒能力差，低温会引起仔野猪感冒、肺炎或被冻死，寒冷也是仔野猪压死、饿死和下痢的诱因，所以，保暖尤为重要。仔野猪适宜的温度是，出生后1～3日龄为30～32℃，4～7日龄为28～30℃，8～30日龄为22～25℃。

如需长年产仔，须在产房设仔猪保温箱，保温箱内采用地暖和红外线灯泡及电热板取暖，给仔野猪建造一个舒适的生活环境。让仔野猪和母野猪分开睡觉，尽量减少母野猪踩压仔野猪的机会。这样仔野猪就可以在需要吃奶时出来吃奶，吃完奶后回保温箱睡觉。只有这样才能保证仔野猪对温度的需要，同时又能减少母野猪对仔野猪的踩压。

5. 防压

出生后 1 周内压死的仔野猪占该期仔野猪死亡总数的 10％～30％，甚至高达 50％左右。压死仔野猪的原因：一是初生仔野体质较弱，行动不灵活，容易被母野猪压死；二是母野猪产后疲劳和蹄有病疼痛、肥胖等起卧不便，或初产无护仔经验、母性差，造成压死仔野猪；三是产房环境不良，饲养管理不善压死仔野猪。例如，抽打或急赶母野猪引起母野猪受惊；母野猪泌乳不足，仔野猪常叼咬乳头或围着母野猪乱转；产房温度低，仔猪无保温设备，仔野猪向母野肚子下面或腿内侧钻；或钻入草堆等，都可增加压死仔猪的机会。做好防压工作是提高仔猪成活率的一个关键措施。

（1）利用防压设备　普通圈可设防压架，即在猪床靠墙的三面，用直径 8～10 厘米的圆木或毛竹在距地和墙 20～30 厘米安装防压架。有条件的野猪场可在产房内分娩栏的中间设母猪限位架，供母野猪分娩和哺育仔猪，两侧是仔猪吃奶、自由活动、补料和取暖的地方。母野猪限位架后部安装在粪沟上铺设的漏缝地板上，以利于清除粪便和污物。由于限位架限制了母野猪的运动和躺卧方式，使母猪不能"放偏"倒下，只能以腹部着地伸出其四肢再躺下，这样使得仔猪有一个逃避机会，以免被母野猪压死。或采用高床母猪分娩栏。

（2）保持环境安静　产房内要防止突然的响动，防止闲杂人员等进入，去掉仔野猪的犬牙，固定好乳头，防止因仔野猪乱抢乳头造成母野猪烦躁不安、起卧不定，可减少压死仔野猪的机会。

（3）加强饲养管理　加强母野猪的饲养管理，保持良好的泌乳性能。仔野猪在出生后 1～3 日内与母猪分开，定时哺乳，吃乳后将仔野猪捉回仔野猪保温箱，待仔野猪行动灵活稳健后，再将仔野猪放回母猪圈，让其自由吮乳。同时，产房要昼夜值班，以利于及时救出被压仔野猪。

6. 寄养与并窝

有的母野猪产仔过多或过少，还有母野猪产后有病和无奶哺育。这些情况都要采用寄养、并窝的办法把太小和无法哺育的仔野猪寄送到产仔时间大致相同的母野猪代哺。

一头母野猪所能哺乳的仔野猪数受其有效乳头数和营养状况限制。一般情况下，泌乳母野猪可负担 10～12 头仔野猪的哺乳，太多则负担不了，否则不但影响仔野猪发育，还会导致母野猪过瘦，影响断乳后发情。负担太少，不仅浪费母野猪，还会导致母野猪患乳腺炎。在分娩仔野猪数超过母野猪的有效乳头数，或母野猪分娩后死亡、缺乳、无乳等情况下，就需要为仔野猪找"乳母"，即让别的母野猪去哺育。同时，有两头母猪产仔少，可把两窝仔猪并作一窝，送给一头泌乳好的母野猪去哺育，另一头母野猪可提早发情配种。野猪嗅觉特别发达，可凭嗅觉迅速判断出陌生仔野猪。母野猪凭嗅觉判断出陌生仔野猪后，不但拒绝哺乳，还会粗暴地踩踏陌生仔野猪。解决这一问题的办法是干扰母野猪嗅觉，可用母野猪产仔时的胎衣或垫草涂擦过哺的仔野猪身体，或事先把寄养的仔野猪与母野猪本窝的仔野猪混到一起，让它们互相接触一段时间，也可以用少量白酒或来苏儿喷到母野猪鼻端和仔野猪身上，如此都能干扰母野猪嗅觉辨异能力，它也就不会再咬寄养仔野猪了。寄养时，也可能发生寄养仔野猪不认"乳母"、拒绝吃乳的情况，这种情况常发生在先产的仔野猪往后产的仔猪窝里寄养时。其解决的办法是把寄养仔野猪暂隔乳 2～3 小时，等仔野猪感到饥饿难忍时，就容易吃"乳母"的乳了。如果个别仔野猪还不吃乳，可人工辅助把乳头放入其口中，强制它吮乳。重复数次，仔野猪吃到甜头，就不会拒哺了。

寄养时要注意以下几个方面：寄养和并窝的仔野猪出生日龄要接近，最好不要超过 3 天，以免大欺小、强欺弱，使过小过弱的仔野猪发育受到影响；寄养的仔野猪一定让它们吃到生母的初乳，否则很难成活；要选择性情温顺、泌乳量好的母野猪来寄养，最好是经产母野猪；寄养最好在夜间进行，成功率较高。

7. 补充矿物质

矿物质的补充主要是指补铁和补硒。所有初生的仔野猪都要补铁，缺硒地区的仔野猪要补硒。

（1）补铁　铁是造血的原料，初生仔野猪体内储备的铁只有30～50毫克，仔野猪正常生长每头每日需铁7～8毫克。母野猪奶中含铁量很低，每头仔猪每日从母乳中得到的铁小足1毫克，而给母野猪补喂普通的铁制剂不能提高乳汁中含铁量，如果不给仔猪补铁，其体内储存的铁将在1周内耗完，仔野猪就会患贫血症。所以，必须直接给仔野猪补铁。缺铁性贫血的主要症状是精神委靡，皮肤和可视黏膜苍白，被毛蓬乱无光泽，下痢，生长停滞，病野猪逐渐消瘦衰弱，严重者可致死。

仔野猪补铁的方法很多，目前在特种野猪生产中，常用肌内注射铁的方法。补铁针剂种类也很多，常用的有牲血素、血多素、右旋酶注射液等。一般在仔猪3～4日龄，注射150～200毫克。

（2）补硒　硒是仔野猪生长发育不可缺少的微量元素。缺硒地区可在仔野猪出生后3～4天肌内注射0.1%的亚硒酸钠溶液0.5毫克，60日龄再注射1毫克，给仔野猪注射硒E合剂效。硒是有毒物质，使用不当会引起中毒，所以要按标准剂量注射。

8. 补水和补料

野猪泌乳高峰为产后的20～30天，40天后显著减少，15日龄前母乳基本上能满足仔野猪营养的需要，20日龄母乳可满足仔猪营养需要的85%左右，以后，随着母野猪泌乳量逐渐减少和仔猪的越长越快，只靠吃母乳已不能满足仔野猪生长发育的营养需要，必须让仔猪采食饲料来获得足够营养。但3周龄以前，仔野猪不习惯采食饲料，需要人为提早训练仔猪开食。

（1）补水　水是仔野猪所需要的主要养分之一，由于哺育期的仔野猪生长速度快，代谢旺盛，加之母野猪的乳汁中蛋白质和能量较高，仔猪的需水量较多。如不及时补水，仔野猪就会饮用脏水和尿液，造成下痢。所以，在仔野猪出生后3～5日龄，就应开始训练仔猪饮水。最好是在圈内安装鸭嘴式专用饮水器。

（2）补料　哺育期的仔野猪生长速度很快，其营养物质的来源主要是母乳。但是母乳在20～25天达到高峰后会逐渐下降，而仔野猪随着日龄的增加越长越快，需要的营养物质也越来越多，单靠母乳已不能满足本身的营养需要。为此，要尽早训练仔野猪认食，这不仅可以满足生长发育的需要，还可以锻炼仔野猪的肠胃，提早分泌盐酸。

只有分泌盐酸后,仔野猪才能够消化吸收植物性饲料,促进胃肠蠕动,防止下痢。补料一般分为诱食期、适应期和旺食期三个阶段。

① 诱食期。仔野猪在出生后 7 天左右,开始换牙,牙床发痒,啃咬硬物消解牙痒。这时仔野猪已能独立活动嬉戏,对闻、拱、咬进行探究。仔野猪的探究行为有很强的模仿性,一只仔野猪拱咬一样东西,其他仔野猪也来追逐。生产实践中,诱食的开始时间不应晚于 7 日龄。诱食方法有以下几种。

一是饲喂甜食。仔野猪喜食甜食,对 7~10 日龄的仔野猪诱食时应选择香甜、清脆、适口性好的饲料,如将带甜味的南瓜、胡萝卜切成小块,或将炒熟的麦粒、谷物、豌豆、玉米、黄豆、高粱等喷上糖水或糖精水,并裹上一层配合饲料,拌上少许青料,于上午 9 时至下午 3 时,放在仔野猪经常活动的地方,任其自由采食。

二是强制诱食。母野猪泌乳量高时,仔野猪恋乳而不愿提早吃料,必须采取强制性措施,应将配合饲料加糖水调制成糊状,涂抹在仔野猪嘴唇上,让其舔食。仔野猪经过 2~3 天强制诱食后,便会自行吃料。

三是以大带小。仔野猪有模仿和争食的习性,可将没开食的仔野猪与已开食的仔野猪关到同一补料栏,经几次训练后,小的即会模仿大的仔野猪舔食饲料。

四是饥饿诱食。将仔野猪和母野猪分开,待仔野猪饥饿时先供给诱食饲料,待吃料后再让其吃奶,这样反复几次,仔野猪就开始认料了。每次间隔时间一般为 1~2 小时。

五是铁片上喂料。利用仔野猪喜欢舔食金属的习性,把仔野猪诱食的饲料撒在铁片上,或放在金属浅盘上诱导仔野猪采食。

六是少喂勤添。仔野猪具有"料少则抢,料多则厌"的特性,所以诱食的饲料要少喂勤添,促进仔野猪吃料而不浪费饲料。

七是自由采食法。将新鲜多汁的青菜叶切碎拌少许诱食料放入饲槽和仔野猪活动的地方,任其自由采食,每次要少放,保持新鲜。经过几天诱食,也可以达到使仔野猪认食的目的。

如果仔野猪诱食训练进行得好,则仔野猪 20 日龄就能较好地采食饲料,25 日龄能吃大量配合饲料。

② 适应期。从开始诱食,一般经过 10 天左右,绝大多数的仔野

猪都会认食。此时，仔野猪对饲料都有一定的消化能力，可以通过采食饲料来弥补母乳营养的不足，并使仔野猪的胃肠逐渐适应植物性饲料。

此阶段训练仔野猪的方法仍然是强迫性的，可把仔野猪关在补料间，控制吃奶次数，每2～3小时让仔野猪出来吃1次奶。补料间内饲槽供应充足的饲料，任其自由采食，并保证充分的清洁饮水。

③旺食期。仔野猪开食后，食量逐渐加大，30日龄左右进入旺食期。这一时期正是母乳下降快的时候，应抓住这个机会，促使仔野猪加大采食量，逐渐从依靠母乳生长转变成主要依靠饲料来维持生长。

由于肉用野猪对蛋白质和能量的需要比家猪低，在配制哺育仔野猪日粮时，要注意蛋白质的含量。低野猪血统的仔野猪，每千克饲料消化能不应高于12.6兆焦，粗蛋白质含量一般不应高于14％。高血统的肉用仔野猪，每千克饲料含消化能不应高于11.5兆焦，粗蛋白质含量不应高于13％。日粮配比时，应适量添加进口鱼粉。

目前，市场上没有专门的肉用种野猪的饲料，可利用家猪仔猪料来配制。方法是添加20％的玉米面和高粱面、稻谷及适量的优质槐叶粉、优质牧草粉，降低能量和蛋白质的含量。如果利用家猪饲料直接饲喂，则会消化不良引起拉稀。

旺食期尽可能不要更换饲料。如果更换饲料，容易引起仔野猪采食量下降，甚至不食。最好采用同一种饲料，一直喂到断奶。

此时，由于吃食增加，粪便也随之增多，要加强圈舍卫生的清理，每天定期清扫。同时适当投喂一部分多汁青绿饲料，增加仔野猪的采食量，锻炼仔野猪的消化能力。

9. 加强疾病防治

仔野猪在哺育期有2次下痢严重时期。一是出生后1～3天内，仔野猪常患黄痢病。患病仔野猪精神委顿，排泄黄色粪便，拉稀，很快脱水消瘦，死亡率很高，时常整窝死亡。对患病仔野猪的治疗没有太好的办法，最好的方法是预防。在母野猪妊娠14～17周，注射2次K88、K99、987P、F41四价灭活苗，应根据本猪场的实际情况选择其中的一种疫苗注射，每头2毫升，有很好的防护作用。二是在出生后15～25天，仔野猪易患白痢病。同窝中有一头仔野猪发病，如不及时采取措施，很快就会传染全窝，但此病死亡率很低。发病原因是气温突然变化、圈舍寒冷潮湿、饲料品质差。治疗可用氟苯尼考、庆大霉素、链霉素、新霉素、恩诺沙星、痢菌灵等。哺育期仔野猪在20～22日龄时要进行1次猪瘟单联苗的注射，剂量是1.5～2毫升。

二、断乳仔野猪的饲养管理

断乳后，仔野猪往往由于生活条件的突然变化，表现食欲不佳，增重缓慢甚至减重，尤其是补料较晚的仔野猪更为明显。为了过好断乳关，要做到饲料、饲养制度以及环境的"两维持"和"三过渡"，即维持在原圈培育并维持原来的饲料，做到饲料、饲养制度和环境条件的逐渐过渡。

1. 断乳时间和方法

（1）断乳时间　肉用野猪的出生重及生长速度都不及家猪，断乳时间也相对晚一点。温暖季节低野猪血统的仔野猪可在40～45天断乳；寒冷季节45～50天高野猪血统的仔野猪在45～50天断乳，寒冷季节50～55天。

（2）断乳方法　一般分为一次性断乳、分批断乳和逐渐断乳法三种。

① 一次性断乳。也称果断断乳法。当仔野猪达到预定的断乳日龄时，断然将母野猪与仔野猪分开，一次性断乳。由于突然改变生活环境和营养供给方式，常会引起仔野猪消化不良，精神不安，生长会受到一定的影响。大多数仔野猪有体重下降的现象，同时母野猪突然失去仔野猪吃奶，乳房胀疼，容易引起乳腺炎。这种断乳方法对母野猪或仔野猪都有较大的应激，但这种方法方便利索，操作简单，适应工厂化养殖。

为了减少对母野猪的不利影响，应在断乳前2～3天减少母野猪的饲喂量。为了减少断乳对仔野猪的应激，仔野猪断乳后也不要马上换圈，应该在原圈饲养3～5天后再转圈。

② 分批断乳。也称过渡断乳。过渡断乳是逐渐减少每天对仔野猪的哺乳次数。这种断乳法必须设置补料单圈，仔野猪和母野猪隔开饲养。

以45天断乳仔野猪为例，35日龄后隔离饲养，第1、第2天哺育6次，第3、第4天哺育5次，第5、第6天哺育4次，第7天哺育3次，第8天哺育2次，第9、第10天每天1次，第11天完全断乳。

这种断乳方法虽然增加了饲养人员的工作量，但长达10天的断乳期，使母野猪和仔野猪都能顺利度过断乳关，减少了母仔的应激，对防治仔野猪拉稀和母猪乳房炎都有很好的效果。

③ 逐渐断乳法。适用于泌乳量旺盛的母野猪。从断乳前4~6天起控制哺乳次数。第1天哺乳4~5次，以后逐渐减少哺乳次数，这样使母、仔有一个适应过程，最后到预定断乳日期再把母野猪隔离出去。

2. 断乳仔野猪的护理

断乳后的仔野猪一定要原圈饲养，断乳时将母野猪赶走，仔野猪留在原圈继续饲养2周，然后再进行转圈和分群。不换料，维持原来饲料饲养，断乳后的头2周仔野猪的饲料配方必须坚持与哺育料一样，以免因突然改变饲料而降低采食量。提高温度，由于断乳后仔野猪采食量减少，对外界抵抗力下降，必须在原有圈舍温度基础上提高2~3℃，这样才能使受应激的仔野猪在体质下降的情况下，使身体感到舒服，避免因体质下降而引起腹泻。稀料、干料搭配，仔野猪断乳前的营养供应形式是乳汁和干料，断乳后也要顺应这种供应方式，模拟断乳前的供应方式，稀料和干料搭配饲喂。

具体办法是，断乳头2天，6份稀料，4份干料；第3、第4天5份稀料，5份干料；第5、第6天，3份稀料，7份干料；第7天全部换成干料，采取自由采食的方法饲养。

3. 断乳仔野猪的饲养

断乳仔野猪饲料的营养水平、饲料配合、调制和饲喂方法，与断乳前相同，不要改变，直到转入育成舍继续饲喂1~2周，再逐渐改喂育成猪饲粮，使仔野猪有个适应过程。断乳后的仔野猪由母乳加饲料改为独立吃饲料生活，胃肠不适应，很容易消化不良，所以，对断乳仔野猪要精心饲养。断乳第1天仔野猪采食少，但第2天又会猛吃饲料，很容易发生消化不良。因此，断乳后头4~5天要适当控制仔野猪的采食量，防止消化不良而下痢。断乳仔野猪一昼夜宜喂6~8次，以后逐渐减少饲喂次数，3月龄时改为日喂4次。断乳仔野猪的料型也要与哺乳期保持一致，并设水槽或自动饮水器，保证饮水充足清洁。断乳 3 周后，要适当降低饲粮营养水平，低野猪血统的特种野猪饲粮粗蛋白质水平降到 12%，高野猪血统的特种野猪饲粮粗蛋白质水平降到 11%。把日粮中的豆粕、豆饼换成花生粕、花生饼，如无花生饼（粕），应用加热处理过的豆饼或膨化豆粕。这样才能减少仔野猪腹泻的发生。

4. 断乳仔野猪的管理

（1）转圈　断乳仔野猪对环境的适应性和对疾病的抵抗力都较差，保证良好的生活环境，是培育断乳仔野猪的重要措施之一。断乳采取赶母留仔法，将母野猪赶到预配舍，让仔野猪留在原圈，此时禁止并窝混群饲养，避免仔野猪改变居住环境而不适应和互相之间的争食、咬斗而引起仔野猪不安，使仔野猪生长发育受阻。断乳后的仔野猪宜在断乳后 3 周左右转圈和分群，原则上是原窝不动整体转圈，如果窝数较大，可将大的拆开混入其他窝里。

（2）分群　断乳后仔野猪约 3 周可以转圈分群饲养。分群前 2～5 天让仔野猪同槽进食或一起运动，使彼此熟悉，以减少分群并圈后的不安和咬斗，然后根据仔野猪的性别、个体大小等进行分群。同群内的仔野猪体重相差不要超过 2～3 千克。对弱小的断乳仔野猪宜另组一群，进行护理，以促进其发育。分群后密度过大会出现咬尾、咬耳等异常行为，每群头数，一般可分为 4～6 头或 10～12 头一圈。仔野猪合群后经过 1～2 天的咬斗，很快建立群居秩序。

（3）调教　转圈后要做好调教工作，分圈前将新猪圈的一角洒点水，其他地方保持干燥，猪进圈后粪便就会排在潮湿的地方（也可以放些仔野猪粪便）。如果有的猪把粪便排在别处，饲养人员要及时把粪便铲到指定的地方。头 2 天的粪便不要清理出圈而要放在猪圈的一角，经过两三天的训练，仔野猪就会习惯把粪便排到固定的地方。这样经过训练，仔野猪就会养成好的习惯，吃食、卧睡、排便三点位，使猪圈干净卫生。

（4）提供适宜环境　断乳后仔野猪采食量减少，对外界抵抗力下降，因此，要注重圈舍保温，最好在原圈舍温度基础上升高 2～3℃，这样才能使受应激的仔野猪在体质下降的情况下，感到身体舒服，避免因体质下降而引起腹泻。圈舍应减少水冲洗，降低湿度，保持干燥，保持干净卫生，并定期消毒。

（5）充分运动和日光浴　断乳仔野猪应有充分的运动和日光浴，夏季尽可能放牧饲养 4～6 小时，冬季晴天时室外运动 2 小时。

（6）防止僵猪　断乳不当，或对断乳仔野猪饲养管理不善容易使仔野猪致僵。僵猪生长受阻，外观被毛粗乱，头臀部尖削，腹部大，极度消瘦。仔野猪致僵原因很多：出生时弱小，以后又吃不到足够的乳汁；内、外寄生虫危害；开食后受强猪欺凌，抢不到足够饲料等因素均可致僵。消除致僵因素，加强对僵猪的饲养管理，其生长仍能得到补偿，但其生长期延长，不能留作种用。

（7）去势　将不留作种用的仔野猪不分公母全部去势，去势最好在 15～18 日龄进行，此时创口小、恢复快。在 25 日龄做疫苗注射时，刀口已经完全愈合，不影响疫苗的注射。

小公野猪的去势因为操作简单，饲养人员经过简单培训就可以做了，小母野猪则应由有经验的兽医去做。去势宜在早晨空腹时进行，免得挤伤胃肠，去势时要严格消毒，以免造成感染。圈舍也要保持干燥，不要有水，以防污染刀口。

（8）驱虫和免疫

① 驱虫。50～60 日龄要对仔野猪进行 1 次驱虫，驱除体内外寄生虫，可选用左旋咪唑、阿维菌素和伊维菌素。驱虫要进行 2 次，间隔时间 1 周。驱虫药宜在晚上投喂，喂前应减食一顿。早晨应及时把驱虫后的粪便清除出圈，并对圈舍进行清洗消毒，以免对猪造成二次污染。

② 免疫。去势 1 周后就要按照免疫程序给仔野猪进行免疫。

免疫期间不要注射抗生素，以免破坏疫苗的效果。免疫要根据本地、本猪场的实际情况进行，并不是越多越好。必须注射的疫苗如下。

种公野猪。猪瘟，猪瘟、猪肺疫、猪丹毒三联苗，每年 9 月注射口蹄疫，5 月乙型脑炎、蓝耳病疫苗（无疫病地区不用注射）。

种母野猪。猪瘟，猪瘟、猪丹毒、猪肺疫三联苗，初产母猪细小病毒（经产母猪不用注射）。5 月乙脑、伪狂犬，9 月口蹄疫、黄痢疫苗（K88-99，987P）、蓝耳病（无疫病地区不用注射）。

仔野猪。猪瘟，猪瘟、猪肺疫、猪丹毒三联苗，口蹄疫，仔猪副伤寒（无疫病地区不用注射）。

育肥野猪。猪瘟，猪瘟、猪肺疫、猪丹毒三联苗，9月口蹄疫。

5. 腹泻的原因和防制措施

断乳应激和胃肠道疾病引起仔野猪腹泻仍然是高死亡率的原因之一。

（1）原因

① 仔野猪胃肠道消化功能不健全。仔野猪哺育期碳水化合物的主要来源是乳糖，乳糖在胃中被乳酸菌分解成乳酸，维持了胃中的低pH，但却抑制了胃壁细胞分泌盐酸。断乳后，碳水化合物的供应由乳糖变成淀粉，使胃内总酸度不断降低，盐酸的分泌量到断乳后21～28天占胃内总酸度的50%，这直接影响了蛋白质的消化。许多蛋白质还未被消化便进入大肠，在细菌的作用下，蛋白质发生腐败，对结肠造成损伤，使肠道吸收机能受到影响，特别是对水的吸收机能下降，这种降低即使是轻度的，也会使粪中水的含量大增。同时，蛋白质的腐败产物对结肠黏膜的刺激作用会促进肠液分泌，使粪中水量增加，造成腹泻。

另外，仔野猪断乳7天内，各种胰酶（如胰脂肪酶、胰蛋白酶、胰淀粉酶和糜蛋白酶）的分泌量显著下降，造成仔野猪对植物蛋白和淀粉的消化率至断乳28天后才达到最高值。由于大量的营养物质在胃肠道中不能被很好地消化，导致仔野猪消化不良性腹泻。

② 仔野猪自身的免疫力差。野仔猪出生后通过初乳获得大量抗体，在哺乳阶段依赖这些抗体中和肠道病菌的感染，从而预防了疾病的发生，但也抑制了自身产生主动免疫抗体的能力。断乳后，母源抗体供应停止，仔野猪自身免疫系统尚未完善，对疾病的抵抗力弱，易造成腹泻。

③ 仔野猪肠道微生物菌群不稳定。一般来说，猪肠道微生物菌群的种类多，肠道菌群产生的有机酸对病原菌的增殖具有抑制作用。但是仔野猪从出生至成年，肠道菌群的变化十分显著，给肠道病菌的增殖造成了可乘之机。

仔野猪在哺乳阶段，由于乳中的主要成分是乳糖，因此在胃肠的上段主要是能将乳糖转化为乳酸的乳酸菌，大肠杆菌在大肠。断乳后，乳糖供应中断，乳酸菌不能利用淀粉，因而胃肠道乳酸含量减少，pH上升，大肠杆菌逐步由大肠向胃肠上段入侵，其发酵代谢产物增加，刺激肠道蠕动，造成下痢。

④ 仔猪对日粮抗原反应。仔野猪采食一种新的日粮抗原后，在获得免疫耐受力之前，要经历一段过敏期，这种发生于肠黏膜的局部过敏会导致小肠免疫性损伤。日粮中具有抗原活性的成分主要是蛋白质及少部分多糖，高蛋白质日粮容易诱发仔野猪腹泻。实践证明，仔野猪断奶前饲喂足够的日粮，断乳仔猪不腹泻；断乳前饲喂少量日粮，则断乳仔猪腹泻率高，暴发时间早，持续时间长；若断乳前不补饲，则反应居中。

⑤ 对外界环境条件适应能力差。这是由仔野猪的生理特点决定的，特别是四季气候变化的袭击、猪舍环境太差、管理上的应激、补饲日粮质量不好、补饲缺乏技巧等，给各种病菌和致病因素创造条件，也会出现仔野猪下痢。

哺乳母野猪患病后，往往引起体温升高，造成生理代谢紊乱，引起乳汁变性，致使仔野猪消化不良，大肠杆菌等病原微生物乘虚而入，大量繁殖，导致仔野猪肠道发生炎症，出现下痢。肠道内病原微生物繁殖产生内毒素被仔野猪吸收，出现仔野猪吮乳后呕吐，空肠分泌大量黏液，造成仔野猪脱水死亡。

⑥ 仔野猪饮水不足。仔野猪开食后，往往食欲旺盛，如果此时供水不足，可导致仔野猪误饮粪尿、污水，致使细菌感染，发生腹泻。

⑦ 饲料中油脂含量过多，饲料霉变，青绿饲料或麦麸比例过大。饲料中油脂含量一定要适中，饲料中油脂比例过高，仔野猪的消化机能不健全，采食后无法消化而造成腹泻。霉变饲料本身含有大量毒素，可导致仔野猪消化机能紊乱发生腹泻。喂青绿饲料过多，或青绿饲料中如麸皮等比例过大，致使仔野猪难以完全吸收利用，也会导致腹泻。

⑧ 疾病。多种病原可以单独或综合作用于仔猪引起发病而导致腹泻。病原可以单独致病，当大量的细菌或病毒感染时，一种病原也会与其他病原混合感染，如冠状病毒混合大肠杆菌和球虫；有时致病虽为一种病原，却会造成两种不同临床症状的疾病，如大肠杆菌引起的菌病性下痢及肠毒性下痢，冠状病毒引起的传染性胃肠炎或流行性腹泻；有时也有沙门杆菌引起的黄痢。

⑨ 环境条件差。猪舍条件太差、季节性温差变化大、阴暗潮湿、太热、冷风袭击、饲养环境的应激等，也会造成仔野猪腹泻或下痢。

（2）腹泻的控制措施

① 搞好免疫接种和抗菌。在母野猪临产前 30 天和 15 天，分别在怀孕母野猪耳根部皮下注射仔猪大肠 K88、K99、987P、F41 四价灭活疫苗，每次每头 2 毫升，以增加母野猪血清和初乳中抗大肠杆菌的抗体；在母野猪产前 30 天，后海穴注射流行性腹泻和传染性胃肠炎二联苗 4 毫升，可有效防止仔野猪流行性腹泻及传染性胃肠炎的发生。同时，应注意母野猪的饲养管理。供应母野猪和仔野猪全价饲料，尽可能地保证母野猪哺乳期内健康无病；应限定玉米等能量饲料的配比在 60% 以下，粗蛋白质含量不低于 18%。

② 调整日粮中蛋白质的含量。断乳仔野猪日粮中蛋白质的含量降至 16%～18% 为宜。日粮组成中要慎用大豆蛋白的豆粕，其他种类的饲料要充分加工，去掉其中可能存在的抗营养因子。由于日粮中蛋白质水平大幅度下降，在配制日粮时要考虑氨基酸的平衡，一般认为，饲料中粗蛋白质降低 2%，添加赖氨酸可提高仔野猪的生产性能。若在猪饲料中添加 0.1% 的赖氨酸，每吨饲料可节省 50 千克豆粕，又可防止仔野猪胃肠疾病的发生。

③ 添加乳糖。仔野猪断乳后，乳糖的供应停止，容易发生腹泻。因此，在仔野猪日粮中加入适量乳糖或乳清粉，可提高蛋白质的利用率，并能够使仔野猪逐渐适应植物性淀粉。但是仔野猪对乳糖的利用能力是暂时的，7～8 周龄后乳糖酶的活性迅速下降。另外，添加糖的同时应加适量的益生素，可大大减少仔野猪腹泻和下痢。

④ 使饲料酸化。在仔野猪饮水中添加 1%～3% 乳酸等酸化剂，能显著降低仔野猪回肠中大肠杆菌数，降低仔野猪的腹泻率，提高其生长速度和饲料转化率。添加酸化剂的有效时间为仔野猪体重达 30 千克以前。柠檬酸对仔野猪生长有明显的促进作用，试验证明，在仔野猪日粮中添加 1%～1.5% 的柠檬酸，可使仔野猪饲料利用率提高 9.6%，蛋白质消化率提高 6.1%～9.2%，60 日龄猪增重提高 7.6%～31.5%。同时由于酸化作用，抑制了胃肠道有害菌的繁殖，明显减少了仔野猪腹泻的发生。

在仔野猪日粮中，添加延胡素 0.5%，28 天均增重提高 11.1%；

甲酸钙按日粮的 1%～1.5% 添加；乳酸按日粮的 1% 添加。经过酸化的饲料能有效地降低大肠杆菌和厌氧菌的生长，可降低 pH，增加胃蛋白酶的活性，对细菌有一定的抑制作用，可增加十二指肠中的乳酸而减少大肠杆菌的数量，减少仔野猪胃肠病的发生。

⑤ 断乳仔野猪饲料中添加高剂量氧化锌。高质量氧化锌不仅能促进断乳仔野猪生长，提高饲料转化率，还能明显减少甚至消除仔野猪断乳后的腹泻。在对比试验中，对照组日粮为普通高铜断乳仔野猪日粮，试验组日粮则在对照组日粮中每千克添加 2000 毫克锌（饲料级氧化锌）。结果试验组日增重 336 克，高于对照组的 293 克，提高 14.7%；饲料转化率（料肉比）试验组为 1.66，较对照组的 1.9 提高 12.6%。单位增重饲料成本降低 11.9%，仔野猪腹泻率减少 31.2%，效果非常显著。高剂量氧化锌只适宜饲喂断乳后 2 周以内的仔野猪，最多使用 2 周高剂量氧化锌日粮。

⑥ 在母野猪临产后 3～5 天，每天给母野猪喂止痢粉 15～20 克（拌料喂给），可防止大肠杆菌在仔野猪肠道内繁殖产生毒性。

⑦ 中药预防。母野猪产仔后第 3～7 天，2 次给母野猪饲喂瞿麦，第 1 次 500 克，第 2 次 250 克，煎汁去渣，拌入饲料喂给，预防仔野猪白痢效果可达到 90.5%。胡椒 50～100 克，研成细末，在产前和产后喂给母野猪，每天 5 克，可有效预防仔野猪的白痢病。母野猪产后头 1 个月，用泡胀切碎的海带 150 克、猪油 10 克，煮汤喂母野猪，每周 1 次，连喂 5 次，不仅可给母野猪催乳，而且可预防仔野猪白痢，并能使仔野猪提前 10 天开食，增重快。双花 200 克，研末加在猪饲料中，母野猪产前或产后 2 天喂给，此方防治兼备。当归 750 克，水煎 30 分钟后碾碎再煎 30 分钟，使之成为药糊，混合 1.5 千克米粥喂给怀孕 3 个月的母野猪，只喂 1 次，可预防仔野猪白痢的发生。红辣蓼鲜草 1000～1500 克（干品 250～500 克），水煎，取药液拌食喂母野猪，连用 3 天，以后每隔 3～5 天重复 1 次；仔野猪开食前按每头用鲜蓼草 50～100 克，水煎，直接喂仔野猪，5～7 天重复 1 次直到断奶，可预防仔野猪黄痢、白痢病。在传染性胃肠炎流行季节，用神曲、马齿苋、凤尾草、樟叶、双花（干品）各 100～150 克，加水 1500 毫升，煎至 500 毫升，分次混入饲料，给健康猪喂服，连服 2～4 天，可预防此病的发生。用健康猪全血和血清，给新生仔野

猪口服，对猪胃肠炎有一定预防作用。添喂膨润土，膨润土含有多种常见元素和微量元素，其结构呈多孔状，形成的内表面积具有很强的吸附能力，对猪肠道中的氨、硫化氢等极性分子吸附能力很强，不仅对防治猪胃肠疾病有作用，而且还能提高饲料的消化率和转化率。在对比试验中，喂相同的基础口粮，试验组在日粮中添加 2% 的膨润土，对照组不添加，做 120 天试验，试验组日增重 603 克，比对照组的 562 克多增重 41 克，提高 7.3%，全期增重 4.94 千克，每头增加收入 25.67 元。传染性胃肠炎常发地区于母猪分娩前 10～15 天，每天喂服发病小猪的新鲜粪便 200～300 克，分 3 次喂服，连喂 3～5 天。对发生传染性胃肠炎的小猪，立即在后海穴注射藿香正气水 5～10 毫升＋"6542"（盐酸消旋山莨菪碱注射液）1～3 毫升，每天 2 次；或后海穴注射藿香正气水，肌内注射阿托品能迅速控制病情。

•••• 第三节　肉用野猪育肥期的饲养管理 ••••

　　肉用育肥野猪是肉用野猪养殖生产的最后一个环节。此段时期是肉用野猪生长发育最快的时期，饲料消耗量最大，约占养猪饲料总消耗 80%，饲养管理水平的高低，直接决定着特种野猪养殖生产效益的好坏。肉用野猪育肥期管理的目标不单单在于生长速度快和饲料转换率高，更重要的是猪肉的品质，这是与家猪生产的最大不同之处。肉用野猪生产者必须掌握肉用野猪生长发育规律，采用科学饲养管理方法，生产出优质、绿色的高档猪肉产品。

一、育肥方式

　　育肥野猪的育肥方式对增重速度、料肉比和胴体肥瘦度都有影响。肉用野猪育肥方式分为阶段育肥法（又称为吊架子育肥）和直线育肥法（又称为一条龙育肥）两种方式。

（一）阶段育肥法

　　阶段育肥法是我国人民根据猪的肉、脂、骨的生长规律，从我国广大农村以青饲料为主的养殖实践出发，把肉用野猪的整个育肥期分为几个阶段，在中间阶段主要利用青粗饲料，以节约精料。根据肉用野猪的生长发育规律，宜将育肥野猪生长期分为小猪阶段（10～30

千克)、中猪阶段（30～60 千克）、大猪阶段（60～90 千克）、肥猪阶段（90～120 千克）四个阶段。

1. 小猪阶段

体重 10～30 千克，饲养时间 2～3 个月，主要以全价配合饲料为主，搭配多汁青绿饲料，不喂粗饲料，消化能在 10.5～11 焦兆/千克，粗蛋白含量在 11％～12.5％，保证维生素的供给，消化能和粗蛋白的含量不宜太高，应低于家猪中地方品种猪的标准，保证小猪生长期营养全面的需要。

2. 中猪阶段

即架子猪阶段，饲养 2～3 个月。该阶段营养水平维持小猪阶段的水平，但要适当增加饲料的粗纤维含量。饲喂以配合饲料为主，适当搭配青绿饲料和少量的粗饲料，为下一阶段青饲料的喂养打下基础。此阶段精料和青绿饲料的比例以 7：3 为宜。在肉用野猪由小猪阶段进入中猪阶段时应注意饲料更换要逐渐过渡，以防止因突然增减精粗料喂量而引起野猪食欲下降、消化不良和降低增重等情况发生。

3. 大猪阶段

体重 60～90 千克，饲养时间为 3 个月左右。这段时间要大量减少精料的供给，主要以青绿饲料、农副产品及粗饲料为主。精料在 2 周内逐渐减少为 30％以下，控制在每头猪每天 0.6～0.75 千克。这一阶段配合饲料仅以玉米（大麦小麦）、豆饼（花生饼）、麸皮三种饲料即可，玉米每天 0.4～0.5 千克，麸皮 0.1 千克，豆饼 0.05 千克。由于饲料营养水平的下降，应适当增加喂养次数，一般每天 4～6 次，夜间最后一次喂量应加倍，以免野猪因饲料营养水平低，引起饥饿影响休息。这一阶段饲料的主要特点是充分利用各种廉价的青绿饲料和粗饲料及各种农副产品，降低饲养成本。

4. 肥猪阶段

体重 90～120 千克，饲养期 2 个月左右，这一阶段精料还要减少，精料总量为 0.5 千克，即 0.35 千克大麦或小麦、0.1 千克麸皮、0.05 千克豆饼和花生饼，其余为青粗饲料和农副产品。这一阶段是特种野猪脂肪沉积时期，主要饲料是青绿饲料，青绿饲料应占饲料供给量的 70％～80％。

育肥阶段饲料种类的供给关系到野猪肉的品质，不要喂带有异味

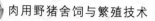

的饲料，也不要喂有毒性的饲料，如棉籽饼、菜籽饼以及鱼粉和肉骨粉，这些饲料影响猪肉的安全性和香味。

为了弥补饲料中营养供给的不足，要适当增加青粗饲料和副产品的种类和数量，增加每日饲料的供给数量，以种类和数量的增多来增加营养的供给。

从肉用野猪养殖的实际情况看，尽管后期降低了饲料的营养水平，使饲料能量、蛋白质有所下降，但由于大野猪和肥野猪阶段野猪的消化器官已经完全成熟，消化力非常强，仍然能从各种青粗饲料和农副产品中获取生长所需的营养，仍然能得到较好的饲养效果。同时，由于后期将近 5 个月的青粗饲料喂养，不仅降低生产成本，还增加了野猪胴体的瘦肉率，提高了猪肉的品质，使野猪肉的口感更好，香味更浓。

阶段育肥法，不仅节省大量的精饲料，而且能充分利用青粗饲料来弥补特种野猪生长速度慢、育肥期长的缺陷，降低生产成本，改善野猪肉的品质，是肉用野猪养殖获得高效益的关键。如果掌握不好，就可能造成特种野猪肉品质的下降和生产成本的增加，从而使肉用野猪养殖进入进退两难的境地。一方面是生产的肉用野猪肉和普通家猪肉没有区别；另一方面是特种野猪的生产成本远远高于普通家猪而被市场所淘汰。

(二) 直线育肥法 （一贯育肥法）

直线育肥法是从小猪到大猪一直供给高能量、高蛋白的全价配合饲料。它的特点是生长速度快，饲料利用率高，适应瘦肉型猪的育肥，不适应肉用野猪的育肥。采用配合饲料喂肉用野猪，尽管提高了生长速度，却降低了野猪肉的品质，增加了生产成本。

二、育肥前的准备

育肥阶段内，小猪阶段是关键，因为小猪阶段抵抗力低，易感染疾病或生长受阻，体重达到中猪阶段以后就相对容易饲养。因此，育肥之前必须做好圈舍消毒、仔猪选购、防疫和驱虫等准备工作。

1. 圈舍的清理与消毒

为避免育肥野猪感染疫病和寄生虫，进猪之前圈舍应彻底消毒，进猪前要先对肉用野猪舍进行维修，包括地面、围墙（护栏要修好，之后要对整个圈舍进行清理）。猪舍走廊、栏和用具用水冲洗干净，墙壁要清扫和用高压水冲洗。然后用2%～3%的火碱溶液喷雾消毒，包括走道、猪栏（如猪栏是金属钢管，可用季铵盐溶液消毒）和墙壁，隔1天后，再用水冲洗干净，然后用季铵盐类溶液或有机碘溶液进行喷雾消毒。料槽及饲喂用具亦应提前消毒，洗干净备用。

2. 育肥仔野猪的选择

为了提高育肥野猪的经济效益，一定要选择优良的肉用仔野猪。

（1）品种要求　肉用仔野猪来源于不同的杂交组合，其生长性能和经济价值也有很大差异。肉用野猪培育中母本的选择主要有三种，瘦肉型猪（杜洛克）、兼用型品种猪（苏太猪、鲁莱黑猪、新里岔黑猪等）、脂肪型品种猪（民猪、八眉猪、太湖猪）等，要根据自己猪场的生产需要进行杂交培育。

① 纯种野猪与瘦肉型猪杂交组合。如果追求生长速度和饲料转换率，就应该选择杜洛克母猪和纯种野猪进行杂交，其后代生长速度快，饲料利用率高，且瘦肉率也高。含75%野猪血统的肉用野猪（选用另一头纯种野公猪与野杜杂交一代母猪杂交）瘦肉率可达78%，但肉质不如肉脂型猪和脂肪型猪与野猪杂交的后代好。

② 纯种野猪与肉脂型猪杂交组合。采用肉脂型品种母猪和纯种野猪杂交，培育的肉用野猪生长速度、饲料利用率、瘦肉率介于瘦肉型和脂肪型后代之间，适应大型猪场饲养，其后代的瘦肉率为68%，也基本适合消费者的需要。

③ 纯种野猪与脂肪型猪杂交组合。采用脂肪型品种母猪和野猪杂交，培育的肉用野猪，适应农村专业户养殖。它生长速度慢，出栏时间为10～11个月。含75%野猪血统的肉用野猪（选用另一头纯种野公猪与纯种野猪和脂肪型母猪杂交的一代母猪再杂交）瘦肉率56%～58%，但肉质最好，适于高端市场的供应。适合广大农村饲养，可以充分利用大量的廉价青粗饲料和农副产品，尽管饲养期长，但饲料营养水平要求低，整体成本不高，再加上地方品种母猪产仔率、成活率都较高，抗粗饲能力强，野猪肉质又好，总体效益并不低。

肉用野猪舍饲与繁殖技术

（2）体重要求　肉用野猪的生长速度还受个体的影响。一般出生体重大的肉用野猪，断奶时体重也大，生长速度就快，所以民间有"出生差一两，断奶差一斤，肥猪差十斤"的说法。选择出生体重大、体重均匀、整齐一致的仔猪，有利于同期育肥出售。

（3）健康要求　肉用野仔猪要健康无病。仔野猪需外购，一定要从无疾病且防疫规范的场家或专业户中选购，同时要由当地主管部门出示检疫证明。

3. 预防接种

自繁仔野猪必须按照科学的防疫程序进行疾病控制。仔猪在育成期（70 日龄前）各种传染病疫苗均应进行预防注射，转入育肥舍到出栏前一般不再进行疫苗注射。常防的疾病有猪瘟、猪丹毒、猪肺病、仔猪副伤寒、伪狂犬病、猪链球菌病等传染病。

4. 驱虫

肉用野猪的体内寄生虫，以蛔虫感染最普遍，主要危害 3～6 月龄的幼野猪，患猪多无明显的临床症状，但生长缓慢，消瘦，被毛失去光泽，严重者增重速度降低 30%，甚至成僵猪。肉用野猪体表寄生虫主要有疥螨和虱子等，以疥螨最为常见。通常在 60～90 日龄进行驱虫，第 1 次驱虫和第 2 次驱虫间隔 15 天。常用的驱虫药有驱虫净（每千克体重为 20 毫克）、左旋咪唑（每千克体重 8 毫克）、伊维菌素、阿维菌素（是新一代驱虫药，针剂，每千克体重为 0.1～0.3 毫升，粉剂可按生产厂家提供的说明进行驱虫，效果比较理想）。

三、肉用野猪育肥期的饲养管理

（一）饲喂

1. 饲料

日粮配制是否合理，是影响育肥肉用野猪生产潜力发挥和经济效益的关键因素。理想的肉用野猪日粮应能满足当地饲料资源，降低饲料成本，提高经济效益。同时还要采用适法和技术，以获取最佳的生产效果。

肉用野猪的配合饲料营养要全面，适口性好，这样可大大提高育肥野猪的日增重。而单一饲料所含的营养物质不全面，各种饲料营养成分不同，不能起到互补作用。

在肉用野猪生产中，饲料的合理搭配、加工与饲料的利用率有密切关系。饲料加工、搭配不当时，营养损失大，适口性差，猪不喜欢吃。为了合理利用饲料，除按不同猪群和不同阶段的营养合理配制混合饲料外，还必须对青绿饲料和粗饲料进行加工，青饲料要切碎、打浆，粗饲料要粉碎和发酵。这些加工处理方法对提高野猪采食量和增加消化率都有好处。

2. 饲喂量的控制

饲喂量的控制有限量饲喂和不限量饲喂（自由采食）。限量饲喂是每天定量给猪饲喂饲粮。不限量饲喂是不限制料量，任野猪自由采食。不限量饲喂的饲喂方法有两种：一种是将饲粮装入自动饲槽，自动饲槽没有饲料就立即添加，保证自动饲槽中一直有料；另一种是按顿喂，不限量，每顿吃到稍有剩余为止。限量饲喂，对肉猪增重不利，但饲料利用率较高，胴体较瘦。不限量饲喂，肉猪采食多，增重快，但饲料利用率差些，胴体较肥。

在肉用野猪饲养中，兼顾增重、饲料利用和胴体瘦肉率，体重60～70千克以前应采取自由采食或不限量按顿喂，体重70千克以后适当限食，或采取每顿适当控制喂量的方法或采取降低饲粮能量浓度而不限量饲喂的方法。

3. 给料给水的饲喂方法

在采取舍内吃睡、舍外排粪、大群密集饲养方式时，可在舍内喂饲栏水泥地面上撒半干粉料或湿粉料，栏内设有足够水槽或自动饮水器。在小群栏内固定饲养时，要用槽饲喂或自动饲槽自由采食，另设水槽或饮水器。地面撒喂不合适，因饲料易与粪尿掺混，料损多。地面撒喂要保证有充足的采食时间，槽子饲喂要保证每头猪有足够的槽位（至少30厘米），防止强夺弱食，同体确保充足清洁饮水。

4. 日喂次数

肉用野猪育肥期每天喂几次要根据猪的年龄和饲粮组成来掌握。断奶后的仔猪，由于消化系统不完善，胃肠容积小，消化力差，而相对营养需要量多，应保证有较多的饲喂次数，小猪长到30千克以后，则可以适当减少饲喂次数，以每日3次为宜，即早、中、晚各1次，每次喂食时间的间隔应大致相同，每天最后一顿要先安排在晚上9点钟左右；中猪和大猪阶段，胃肠容积扩大，消化能力增强，可适当减少饲喂次数。如果饲粮是精料型的，可每天饲喂2～3次；如果饲粮中包含较多的青饲料、干粗饲料或糟渣类饲料，则日喂3～4次。过多地增加饲喂次数不仅浪费人工，还影响猪的休息与消化。每次饲喂的间隔，应尽量保持均衡，饲喂时间应选择在猪食欲旺盛的时候。例如，夏季日喂2次时，以6点和18点饲喂为宜。喂食时，先喂精料，后喂青饲料，并做到少喂勤添，一般每顿食分3次投料，让猪在半小时内吃完，饲槽不要剩料，然后每头猪喂青饲料0.5～1.0千克，青饲料洗干净不切碎，让猪咬吃咀嚼，把更多的唾液带入胃内，以利于饲料的消化。

每头猪每天喂量，一般体重15～25千克的猪喂1.5千克左右，25～40千克的猪喂1.8千克左右，40千克以上的猪2.5千克以上。每顿喂量要基本保持均衡，可喂九分饱，使猪保持良好的食欲。饲料增减或换品种，要逐渐进行，让猪的消化机能逐渐适应。

（二）饮水

水是维持猪体生命不可缺少的物质，猪体内水分占55%～65%。水对野猪的采食、营养物质的消化吸收，对体内代谢物的排出，对体温的调节都起着重要作用。野猪每吃1千克饲料需要水2.5～3千克，如果饮水不足，就会引起野猪采食量减少，影响生长速度，所以野猪育肥期必须保证充足的饮水。

（三）管理

1. 合理组群

育肥时为保持每头肉用野猪都能采食到足够的饲料，同群猪生长发育均匀，缩短育肥周期，提高日增重和饲料利用率，降低生产成本，需要根据肉用野猪的来源、品种、个体大小和强弱程度进行合理组群。

生长育肥野猪应尽可能原窝组群育肥，不要拆窝。因为肉用野猪含有野猪血统，野性强，相互间的打斗太厉害。如确实需要重新组群，需要注意：一是是选择父母本相同的杂交后代组群。按杂交组合分群，可避免因生活习性不同而相互干扰采食和休息，并且因其营养需要、生产潜力相同，而使得同一群的猪只发育整齐，同期出栏。二按照肉用野猪血统含量组群。把含有同等野猪血统的野猪放在一起，因为野猪血统含量的多少，决定着特种野猪的性格，含野猪血统越高野性越大，含野猪血统较少的特种野猪相应温顺得多。如果把野猪血统含量不同的特种野猪放在一起，野猪血统含量高的特种野猪势必欺负野猪血统低的，影响生产。三是按性别、体重大小和强弱进行组群。性别不同，育肥性能也不同，如去势公猪具有较高的采食量和增重速度。在一群肉用野猪中，体大强壮的个体一般在群内居高位次，体小体弱的个体居低位次，采食、饮水都受欺，体大强壮的个体可能长得过分肥胖，体小体弱的个体则发育落后，甚至变成僵猪。为避免这种现象，育肥野猪饲养一开始就要按体重大小、体质强弱分别编群。一般要求小猪阶段体重差异不超过 2～3 千克，中猪阶段不超过 5～7 千克。病弱野猪宜单独组群。

稳定的野猪群环境是动物个体正带生长发育所必需的，群体环境的变化对动物个体是一种不良刺激，因此要求组群后要相对固定。每一次重新组群后，在最初的 2～3 日，往往会发生频繁的个体间争斗，大约需 1 周的时间，才能建立起比较安定的群居秩序。一般来说，野猪群每重组一次，由于咬斗重新建立位次关系和群居秩序，大约 1 周内很少增重。所以，肉用野猪群组群后除个别病残野猪需另圈饲养外，猪群要保持稳定。

2. 饲养密度与群的大小

饲养密度是指每头肉用野猪所占圈栏面积或每平方米栏圈饲养肉用野猪的头数。饲养密度的确定要考虑圈舍利用率的提高和育肥野猪的饲养效果。饲养密度过高，会降低野猪的增重速度和饲料利用率。在正常生长情况下，野猪群中个体与个体之间要保持一定距离，如果密度过大时，群体拥挤，个体间冲突增加，炎热季节还会使圈舍内部气温过高而降低野猪的食欲，这些都会影响野猪的正常休息、采食和健康，因而影响肉用野猪的增重和饲料利用率。随着猪体重的增大，应逐渐增大圈舍面积。为满足猪对圈栏面积的需求，保证育肥期间不转群，最好的办法就是采取移动的栏杆圈栏。这样既可以随猪只体重增大，相应地扩大圈栏面积，又可避免对猪群造成的应激。各类野猪所需的猪栏面积见表6-2。

表 6-2　各类肉用野猪群可供参考的饲养密度

猪群类别	所需猪栏面积/(平方米/头)	猪群类别	所需猪栏面积/(平方米/头)
种公野猪	5～12	保育野猪	1～3
空怀、妊娠母野猪	3～4	生长野猪	2.5～4
分娩、哺乳母野猪	9～12	育肥野猪	3～5
后备母野猪	3～5		

饲养密度满足需要时，如果野猪群体大小不能满足需求，同样不会达到理想的饲养效果。当群体过大时，肉用野猪个体之间的位次就容易被打乱，使个体之间争斗频繁，互相干扰，影响采食和休息。育肥野猪的最有利群体大小为 4～5 头，但群体小会相应地降低圈舍及设备的利用率。因此，在温度适宜、通风良好的情况下，每群以 10～15 头为宜，最多不宜超过 20 头。

3. 调教

调教就是根据肉用野猪的生物学习性进行引导与训练，使猪只养成在固定地点排泄、躺卧、进食的习惯，这样既有利于其自身的生长发育和健康，也便于进行日常的管理工作。调教成败的关键是要抓得早，肉用野猪群进入新圈立即开始调教。

调教重点抓两项工作。

① 要防止强夺弱食。在肉用野猪合群和调入新圈时，要建立新的群居秩序，为使所有的野猪都能充分采食，要准备足够的料槽和水槽长度。对霸槽的猪只要勤赶，使不敢接近料槽的猪只能得到采食。经过一段时间的看管后，就能养成分开排列、同时上槽采食的习惯。

② 使肉用野猪采食、卧睡、排便位置固定，保持圈舍干净卫生。在正常条件下，特种野猪一般喜欢躺卧在高处、圈角黑暗处。因此，在猪转圈时，如在洁净干燥处辅上垫草或木板，创造一个舒适的躺卧环境，有利于猪只迅速养成固定地点躺卧的习惯。肉用野猪排便也有一定规律，一般多在门口、低洼处、潮湿处、圈角等处，排泄时间多在喂饲前或是在睡觉刚起来时。因此，如果在转群前，事先把圈舍打扫干净（特别是猪床），并在指定的排泄区堆放少量的粪便或泼点水。然后再把野猪调入，可使特种野猪养成定点排便的习惯。如果仍有个

别猪只不在指定地点排泄，应将其粪便铲到指定地点并守候看管，必要时加以驱赶，3～5 天后，猪只就会养成采食、躺卧、排泄"三角定位"。

4. 适宜环境

（1）温度　肉用野猪对温度的适应能力较强，一般在 10～30℃ 都能正常生长。野猪最适宜的温度为 15～23℃，60 千克以前 18～23℃，60 千克以后为 15～20℃，在这个范围内，肉用野猪生长快，饲料报酬最高。

过冷或过热都会影响猪只生产潜力的发挥。温度低时，特种野猪饲料消耗增多，以维持正常体温，日增重降低。当温度过低时，猪只会相互拥挤，采食量增加，以抵御寒冷，不但造成饲料浪费，也会使育肥野猪体重下降。这时，可给育肥野猪铺较厚的干燥垫草，堵塞门窗上的风洞，防止贼风。温度过高时，为加强散热，肉用野猪的呼吸频率会增高，心跳加速，食欲降低，采食量下降，增重速度减慢。长期的高温会使猪体重减轻，如果再加上通风不良，饮水不足，还会引起中暑死亡。

（2）湿度　湿度是指空气的潮湿程度，一般用相对湿度表示。温度适宜时，空气湿度高低对特种野猪的增重和饲料利用率影响很小，但湿度过高过低也会对肉用野猪产生不良影响。空气相对湿度过低，易引起特种猪皮肤和外露的黏膜干裂，降低其防卫功能，促使呼吸道和皮肤疾病增加；低温高湿，加剧体热的散失，加重低温对猪只的不利影响；高温高湿，会影响猪只的体表蒸发散热，妨碍体热平衡调节，加剧高温所造成的危害。同时，空气湿度过大时，还会促进微生物的繁殖，容易引起饲料、垫的霉变。

肉用野猪对湿度的耐受力比家猪差，尤其对低温高湿和高温高湿的耐受力更差。野猪适宜的相对湿度为 65％～75％。

（3）通风换气　肉用野猪舍内的空气经常受到排泄物、饲料、垫草的发酵或腐败分解形成的氨气或硫化氢等有害气体的污染，肉用野猪自身的呼吸又会排出大量的水气、二氧化碳以及其他有害气体。肉用野猪舍空气中有害气体的上限指标是，二氧化碳不超过 0.2％，氨的浓度在 0.02 毫克/升（10 毫克/千克）以下，硫化氢应控制在 0.01 毫克/升（或 10 毫克/千克）以下。如果猪舍设计不合理或管理不善，通风换气不良，饲养密度过大，卫生状况不好，就会造成舍内空气潮湿、污浊，充满大量氨气、硫化氢和二氧化碳等有害气体，从而降低肉用野猪的食欲，影响猪体增重和饲料利用率，并可引起野猪的眼病、呼吸系统疾病和消化系统疾病。所以，特种野猪舍建筑设计时要考虑猪舍通风换气的需要，设置必要的换气通道，安装必要的通风换气设备。在构筑塑料棚舍时，也要留足通风孔，以利于换气。在管理上，要注意定期打扫，保持圈舍清洁，减少污浊气体及水汽的产生，以保证舍内空气清新。

（4）保持圈舍的安静　肉用野猪的胆子比家猪小，特别容易受到惊吓，往往一些很小的声响都会引起特种野猪的惊恐。如果受到惊吓，就会降低采食量，影响生长速度。尤其受到突发性的惊吓，如生人进入圈舍，时常会炸群，有的逃出圈外，有的撞击圈墙，时常引起肢、蹄的损伤。所以，育肥野猪舍要绝对保持安静和制度稳定。育肥野猪要远离噪声大的场所；工作人员在饲喂、清理圈舍卫生时，也要小心谨慎，轻拿轻放，更不要打骂野猪；猪舍要专人负责，不要轻易更换饲养人员；搞好猪舍周边的绿化工作等，使圈舍保持一个相对安静的环境，保证育肥野猪的生长发育。

5. 驱虫和防疫

（1）驱虫　肉用野猪的育肥期长，比家猪长 4 个月左右，育肥后期要饲喂大量的青粗饲料和农副产品，增加了寄生虫病的感染机会。所以，育肥期内要做好驱虫工作，减少寄生虫感染造成的危害。育肥期内最好驱虫 3 次。第 1 次驱虫在 15 千克左右时，第 2 次在 40 千克左右时，第 3 次在 70 千克左右时。

（2）防疫　野猪家养后整体抗病能力有所下降，尤其是饲养规模比较大的饲养场，疫病防治一定要引起重视。生长育肥猪的防疫程序：猪瘟疫苗，猪瘟、猪丹毒、猪肺疫三联苗，口蹄疫疫苗。如果猪场有仔猪副伤寒、伪狂犬病原，同时应该注射仔猪副伤寒疫苗、伪狂犬疫苗。

6. 去势

育肥野猪育肥期长，育肥过程中公母猪都会有发情表现（在家猪育肥中，只对公猪去势，而对母猪不去势。那是因为家猪生长速度快，在性成熟前就能达到出栏标准，不影响生长速度而不必去势），会影响生长发育。所以，育肥野猪不论公母，一律都要去势。

7. 运动

肉用野猪得不到足够的运动，脂肪增加，口感变差。家养后，猪肉体现不出野猪肉的风味。野猪育肥后期适量运动是提高舍饲肉用野猪猪肉品质的重要方法。如果不重视育肥后期的运动，就生产不出高品质的野猪肉。

8. 适时出栏

肉用野猪的类型及饲养方式，消费者对胴体的要求，生产者的最佳经济效益，猪肉的供求状况等是影响出栏时间的重要因素。肉用野猪生产不仅要有较高的生长速度和饲料转换率，更要有优质、绿色的猪肉品质。为满足生产高标准野猪肉的要求，在肉用野猪生长高峰结束后，仍然要饲养1~2个月后再出栏或屠宰。

从肉用野猪的生理角度来看，出栏的适宜体重和家猪一样，应该在90~100千克。但是，根据市场的需求来看，南方地区出栏的适宜体重为60~80千克，华北地区为90~100千克，东北地区为110~120千克。

第七章
肉用野猪的疾病防治

及时正确地诊断疾病是土猪场防治疾病的重要环节，它关系到能否尽快采取有效的措施预防和控制疾病。疾病诊断的方法主要包括现场资料调查分析、临床检查诊断、病理剖检诊断等。

一、现场资料调查分析

为及时准确地诊断疾病，需要有针对性地进行一些调查了解。了解猪群的发病时间、发病年龄和传播速度，由此可以推断该病是急性病还是慢性病。如突然大批死亡，可提示中毒性疾病或环境应激性疾病；营养代谢病一般呈慢性经过。了解周围疫情，可以分析本次发病与过去疫情的关系。了解发病后病情变化，由此分析疾病的发展趋势，如营养代谢病，开始症状轻，若缺乏的营养不能补充或补充不当，就日益加重。了解猪场防疫情况、卫生状况、环境条件和发病前用药情况，可为诊断提供有价值的参考。

冬春季节常发生的疾病有口蹄疫、传染性胃肠炎和流行性腹泻、猪伪狂犬病、猪轮状病毒感染等病毒性疾病，喘气病、流行性感冒、猪传染性萎缩性鼻炎等呼吸系统疾病。

炎热多雨的季节多发生的疾病有猪附红细胞体病、猪丹毒、猪肺疫等疾病。弓形体病多发生在 5～10 月，猪群在 3～5 月龄多发。

无明显季节性的疾病有猪瘟、猪链球菌病、猪传染性胸膜肺炎等，一年四季均能发病。引起子猪先天性震颤的疾病有低血糖、温和型猪瘟、猪圆环病毒感染等。

二、临床观察检查

临床检查是对猪病进行疾病诊断最常用的一种方法。通过对畜主或饲养人员进行详细问询后，对可疑患病猪只进行视、听、触、测以初步判断其患病情况并及时做出疾病防治措施是有效减少养猪经济损失的有效方法。

（一）看

大多疾病都有表观症状，临床上通过肉眼仔细观察猪的行为表现（包括饮食、运动、休息情况、呼吸等）、排泄粪便、体表分泌物、皮肤及黏膜色泽等，找出某种疾病的示病症状、特征性症状、固有症状，常有重要的诊断意义。

1. 看精神

每次喂猪前首先看猪的精神，如精神不振、两眼无神、有眼屎，常趴在角落或行走摇摆，可确定为病猪。

2. 看食欲

健康猪食欲旺盛，吃食多而快，一般正常采食在 10～15 分钟内即可吃完。如喂料时猪无反应或反应迟钝，少吃或不吃均为病态。

3. 看皮肤

健康猪毛色光亮，皮肤干净，富有弹性。若皮肤表面发现肿胀、溃疡、小结节、红斑，特别是出现针尖大小出血点或充血点等不正常现象均为病猪。

4. 看粪便

喂猪或清理粪便时常检查粪便，健康猪粪便成团，松散，若粪便稀或干硬如球，色泽异常，则为病态。

5. 看尿液

健康猪的尿液呈淡色或淡黄色，尿液澄清透明，若尿液浑浊，不透明则为病态。

6. 看饮水

健康猪饮水一般在采食后或有规律地饮水，如出现无规律、饮水量过大或不饮水，则为病态。

7. 看异食

猪若有啃食泥土、炭块、树皮及地上的青苔现象为病态。

8. 看鼻镜

健康猪的鼻镜清洁湿润，病猪鼻镜往往显干燥龟裂或附有较多的污浊黏液。

9. 看肛门

肛门周围不干净且被许多粪便污染的猪均可能患消化道疾病。

10. 看尾巴

健康猪尾巴卷起或左右摆动不停。凡是尾巴下垂不动者则为病态。

11. 看呼吸

健康猪采用胸腹式呼吸且呼吸均匀。感冒、发热、中毒、传染病等疾病则呼吸表现异常，呼吸加快或呼吸困难。

通过以上观察可以对猪的病症有初步的判断。如有不正常"木马状"表现就是破伤风的示病症状。猪瘟、猪伪狂犬病、乙型脑炎、猪水肿病、狂犬病、猪传染性脑脊髓炎、猪链球菌病、李氏杆菌病临床上常出现神经症状；慢性猪丹毒、猪滑液支原体关节炎、猪链球菌病、布鲁菌病等可引发关节炎，跛行。耳、鼻、四肢末端发绀或皮肤有出血斑点是猪瘟、猪肺疫、猪丹毒、猪副伤寒、猪链球菌病、猪繁殖和呼吸综合征、猪传染性胸膜肺炎等疾病的固有症状，而且猪瘟皮肤出血点较小，猪丹毒皮肤出血斑较大、形状不规则且初期指压褪色；皮炎和皮肤坏死可见于坏死杆菌病、猪丹毒、猪副伤寒、钩端螺旋体病、疥螨病、维生素缺乏症等。口腔黏膜（唇、舌、齿龈、咽、腭）形成水疱可能是口蹄疫、猪水疱病、猪水疱疹、水疱性口炎等；可视黏膜苍白是贫血的表现，常见于寄生虫病、结核等慢性消耗性疾病及急性的内出血（如肝脏、脾脏破裂）。可视黏膜发绀是血液循环障碍的表现，常见于心衰、肺部疾患、中毒、缺氧等。可视黏膜黄染是溶血的表现，如新生仔畜溶血病、弓形体病、附红细胞体病以及各种原因造成的肝脏疾患。可视黏膜潮红是急性热性疾病的初期表现；仔猪黄痢、白痢、仔猪红痢、猪轮状病毒感染、流行性腹泻、传染性胃肠炎、猪痢疾、猪伪狂犬病、猪细小病毒感染、猪丹毒、猪副伤寒等常伴有呕吐、腹泻，而流行性腹泻、传染性胃肠炎腹泻剧烈，往往成喷射状水便。猪繁殖和呼吸综合征、猪伪狂犬病、猪肺疫、猪传染性胸膜肺炎、猪传染性萎缩性鼻炎、猪链球菌病引起患畜呼吸困难。猪瘟、猪细小病毒感染、猪伪狂犬病、猪繁殖和呼吸综合征、布鲁菌病等常引起怀孕母猪流产等繁殖障碍性疾病。

（二）听

包括听猪的叫声、呼吸声、心脏跳动声、胃肠蠕动声、关节声等，可直接听，也可借助听诊器械听。健康猪的叫声清脆，病态猪则叫声嘶哑或哀嚎。健康猪的心脏音强劲有力，规律性极强，病态猪的心脏音稍弱，有的心律不齐。听心脏音时，可将猪左前肢稍微向前拉一些，在体左侧肘窝后边部位听心音最佳。检查肺和支气管呼吸音时可在胸壁两侧听诊，听取肺和支气管是否有杂音，以判断肺有无炎症。消化系统检查除观察粪便状态外，还可用听诊器听肠蠕动音，判断肠运动情况是否正常。

（三）触

用手触摸猪的体表，如颈部或耳根部皮肤，判断其体温、痛觉及局部变化。如触摸喉头有无痛感和肿胀；压迫气管，观察有无咳嗽反应，如有痛感、咳嗽和啰音，说明气管有炎症。摸猪只的耳朵是触诊最常用的方法，健康猪对外界音响反应灵活，手摸耳根感觉温热，病猪则表现耳根发热或有冷感，耳朵不灵活。

（四）测

即测体温，将温度计一端栓上带小夹子的绳子，体温计插入肛门后即用夹子夹住猪臀上部的猪毛，以免温度计脱落，3～5分钟后取出体温计，擦净后读数。检查体温有助判断病性，因为多数传染病均有体温升高的症状。临床上伴有发热症状的疾病有猪瘟、猪丹毒、猪肺疫、猪副伤寒、猪链球菌病、嗜血杆菌感染、弓形体病、乙型脑炎、伪狂犬病、口蹄疫、猪传染性胸膜肺炎、传染性胃肠炎等急性传染病。

三、病理解剖检查

（一）猪的剖检方法

猪的剖检一般采用背立姿势，为了使尸体保持背位，需切断四肢内侧的所有肌肉和髋关节的圆韧带，使四肢平摊在地上，借以抵住躯体，保持不倒。然后再从颈、胸、腹的正中侧切开皮肤，只在腹侧剥皮。如果是大猪，又属非传染病死亡，皮肤可以加工利用时，建议仍按常规方法剥皮，然后再切断四肢内侧肌肉，使尸体保持背位。

1. 皮下检查

皮下检查在剥皮过程中进行。除检查皮下有无充血、炎症、出血、瘀血（血管紧张，从血管断端流出多量暗红色血液）、水肿（多呈胶冻样）等病变外，还必须检查体表淋巴结的大小、颜色，有无出血，是否充血，有无水肿、坏死、化脓等病变。小猪（断乳前）还要检查肋骨和肋软骨交界处，有无串珠样肿大。

2. 剖开腹腔和腹腔脏器的摘出

从剑状软骨后方沿白线由前向后切开腹壁至耻骨前缘，观察腹腔器官浆膜是否光滑，肠壁有无粘连；再沿肋骨弓将腹壁两侧切开，使腹腔器官全部暴露。首先摘出肝、脾及网膜，依次为胃、十二指肠、小肠、大肠和直肠，最后摘出肾脏。在分离肠系膜时，要注意观察肠浆膜有无出血，肠系膜有无出血、水肿，肠系膜淋巴结有无肿胀、出血、坏死。

3. 剖开胸腔和胸腔脏器的摘出

先用刀分离胸壁两侧表面的脂肪和肌肉，检查胸腔的压力，用刀切断两侧肋骨与肋软骨的接合部，再切断其他软组织，除去胸壁腹面，胸腔即可露出。检查胸腔、心包腔有无积液及其性状，胸膜是否光滑，有无粘连。

分离咽喉头、气管、食道周围的肌肉和结缔组织，将喉头、气管、食道、心和肺一同摘出。

4. 剖检小猪

可自下颌沿颈部、腹部正中线至肛门切开，暴露胸腹腔，切开耻骨联合，露出骨盆腔。然后将口腔、颈部、胸腔、腹腔和骨盆腔的器官一起取出。

5. 剖开颅腔

可在脏器检查后进行。清除头部的皮肤和肌肉，在两眼眶之间横劈额骨，然后再将两侧颞骨（与颧骨平行）及枕骨髁劈开，即可掀掉颅顶骨，暴露颅腔。

检查脑膜有无充血、出血。必要时取材送检。

（二）猪常见的病理变化及可能的疾病和主要猪病的剖检变化

猪常见的病理变化参见表7-1、表7-2。

表7-1　猪常见的病理变化及可能的疾病

器官	病理变化	可能发生的疾病
淋巴结	颌下淋巴结肿大，出血性坏死	猪炭疽、链球菌病
	全身淋巴结有大理石样出血变化	猪瘟
	咽、颈及肠系膜淋巴结黄白色干酪样坏死灶	猪结核
	淋巴结充血、水肿、小点状出血	急性猪肺疫、猪丹毒、链球菌病
	支气管淋巴结、肠系膜淋巴结髓样肿胀	猪气喘病、猪肺疫、传染性胸膜肺炎副伤寒
肝	坏死小灶	沙门菌病、弓形体病、李氏杆菌病、伪狂犬病
	胆囊出血	猪瘟、胆囊炎
脾	脾边缘有出血性梗死灶	猪瘟、链球菌病
	稍肿大，呈樱桃红色	猪丹毒
	瘀血肿大，灶状坏死	弓形体病
	脾边缘有小点状出血	仔猪红痢
胃	胃黏膜斑点状出血，溃疡	猪瘟、胃溃疡
	胃黏膜充血、卡他性炎症，呈大红布样	猪丹毒、食物中毒
	胃黏膜下水肿	水肿病
小肠	黏膜小点状出血	猪瘟
	节段状出血性坏死，浆膜下有小气泡	仔猪红痢
	以十二指肠为主的出血性、卡他性炎症	仔猪黄痢、猪丹毒、食物中毒
大肠	盲肠、结肠黏膜灶状或弥漫性坏死	慢性副伤寒
	盲肠、结肠黏膜扣状溃疡	猪瘟
	卡他性、出血性炎症	猪痢疾、胃肠炎、食物中毒
	黏膜下高度水肿	水肿病

肉用野猪舍饲与繁殖技术

续表

器官	病理变化	可能发生的疾病
肺	出血斑点	猪瘟
	纤维素性肺炎	猪肺炎、传染性胸膜肺炎
	心叶、尖叶、中间叶肝样变	气喘病
	水肿,小点状坏死	弓形体病
心脏	心外膜斑点出血	猪瘟、猪肺疫、链球菌病
	心肌条纹状坏死带	口蹄疫
	纤维素性心外膜炎	猪肺疫
	心瓣膜菜花样增生物	慢性猪丹毒
	心肌内有米粒大灰白色包囊泡	猪囊尾蚴病
肾	苍白,小点状出血	猪瘟
	高度瘀血,小点状出血	急性出血
膀胱	黏膜层有出血斑点	猪瘟
浆膜及浆膜腔	浆膜出血	猪瘟、链球菌病
	纤维素性胸膜炎及粘连	猪肺疫、气喘病
	积液	传染性胸膜肺炎、弓形体病
睾丸	1个或2个睾丸肿大、发炎、坏死或萎缩	乙型脑炎、布氏杆菌病
肌肉	臀肌、肩胛肌、咬肌等处有米粒大囊包	猪囊尾蚴病
	肌肉组织出血、坏死,含气泡	恶性水肿
	腹斜肌、大腿肌、肋间肌等处见有与肌纤维平行的毛根状小体	肌肉孢子虫病
血液	血液凝固不良	链球菌病、中毒性疾病

表7-2　主要猪病的剖检变化

病名	主　要　病　变
仔猪红痢	盲肠、回肠有节段状出血性坏死
仔猪黄痢	主要在十二指肠有卡他性炎症
轮状病毒性肠炎	胃内乳凝块,大、小肠黏膜呈弥漫性出血,肠壁变薄

续表

病名	主　要　病　变
传染性胃肠炎	主要病变在胃和小肠,呈现充血、出血并含有未消化的小凝乳块,肠壁变薄
流行性腹泻	病变在小肠,肠壁变薄,肠腔内充满黄色液体,肠系膜淋巴结水肿,胃内空虚
仔猪白痢	胃肠黏膜充血,含有稀薄的食糜和气体,肠系膜淋巴结水肿
沙门菌病	盲肠、结肠黏膜呈弥漫性坏死,肝、脾瘀血并有坏死点,淋巴结肿胀、出血
猪痢疾	盲肠、结肠黏膜发生卡他性、出血性炎症,肠系膜充血、出血
猪瘟	皮肤、浆膜、黏膜及肾、喉、膀胱等器官表面有出血点,淋巴结充血、出血水肿,回盲瓣口呈扣状溃疡
猪丹毒	体表有充血疹块,肾充血,有出血点,脾充血,心内膜有菜花状增生物,关节炎
猪肺疫	全身皮下、黏膜、浆膜有明显出血,咽喉部水肿,出血性淋巴结炎,胸膜与心包粘连,肺肉变
猪水肿病	胃壁、结肠系膜和下颌淋巴结水肿,下眼睑、颜面及头颈皮下有水肿
气喘病	肺的4叶、尖叶、中间叶及部分膈叶的下端出现肉变,肺门及纵隔淋巴结肿大
链球菌病	黏膜、浆膜及皮下均有出血斑,全身淋巴结肿大、出血,心包、胸腔积液,肺呈化脓性支气管炎变化,关节有炎性变化
接触传染性胸膜肺炎	肺组织呈紫红色,切面似肝组织,肺间质充满血色胶样液体,肺与胸膜粘连
弓形体病	耳、腹下及四肢等处有淤海斑,肺水肿,肝淋巴结有坏死灶
仔猪低血糖症	肝呈橘黄色,边缘锐利,质地似豆腐,稍碰即破,胆囊肿大,肾呈淡土黄色,有出血点

●●●●●● 第二节　肉用野猪疾病的综合防治 ●●●●●●

　　猪的群体数量大,饲养密度高,致病因素增加,容易受到致病因素的侵袭,发病后危害严重,必须贯彻"防重于治""养防并重"的疾病防治原则,采取综合措施,控制疾病的发生。

一、科学的饲养管理

　　科学的饲养管理可以增强猪群的抵抗力和适应力,从而提高猪体的抗病力。

（一）满足营养需要

猪体摄取的营养成分和含量不仅影响生产性能，更会影响健康。营养不足不仅引起营养缺乏症，而且影响免疫系统的正常运转，导致机体的免疫机能低下。所以要供给全价平衡日粮，保证营养全面充足。选用优质饲料原料是保证供给猪群全价营养日粮、防止营养代谢病和霉菌毒素中毒病发生的前提条件。从信誉高、有质量保证的大型饲料企业采购饲料。自己配料的养殖户，最好能将所用原料送质检部门化验后再用，以免造成不可挽回的损失。按照猪群不同时期各个阶段的营养需要量，科学设计配方，合理加工调制，保证日粮的全价性和平衡性；重视饲料的储存，防止饲料腐败变质和污染。

（二）供给充足卫生的饮水

水是最廉价的营养素，也是最重要的营养素，水的供应情况和卫生状况对维护猪体健康有着重要作用，必须保证充足而洁净卫生的饮水。猪的饮水量见表 7-3。

表 7-3　猪每天的用水量

日龄	体重/千克	每天饮水量/升
1～4 周	2～7	0.4～0.8
5～8 周	7～20	0.8～2.5
9～18 周	20～60	2.5～10
19～26 周	60～100	8.0～15
怀孕母猪		12～20
哺乳母猪		15～30

（三）保持适宜的环境条件

根据季节气候的差异，做好小气候环境的控制，适当调整饲养密度，加强通风，改善猪舍的空气环境。做好防暑降温、防寒保温、卫生清洁工作，使猪群生活在一个舒适、安静、干燥、卫生的环境中。

（四）实行标准化饲养

着重抓好母猪进产房前和分娩前的猪体消毒、初生仔猪吃好初奶、固定乳头和饮水开食的正确调教、断乳和保育期饲料的过度等几个问题，减少应激，防止母猪 MMA（子宫炎、乳腺炎、无乳）综合病、仔猪断乳综合征等病的发生。

（五）减少应激发生

避免或减轻应激，定期药物预防或疫苗接种。多种因素均可对猪群造成应激，其中包括捕捉、转群、断尾、免疫接种、运输、饲料转换、无规律的供水供料等生产管理因素，以及饲料营养不平衡或营养缺乏、温度过高或过低、湿度过大或过小、不适宜的光照、突然的音响等环境因素。实践中应尽可能通过加强饲养管理和改善环境条件，避免和减轻以上两类应激因素对猪群的影响，防止应激造成猪群免疫效果不佳、生产性能和抗病能力降低。为了减弱应激，可以在应激发生的前后两天在饲料或饮水中加入维生素 C、维生素 E 和电解多维以及镇静剂等。

二、加强隔离卫生

（一）加强隔离

1. 场区隔离

生产区最好有围墙和防疫沟，并且在围墙外种植荆棘类植物，形成防疫林带，只留人员入口、饲料入口和出猪舍，减少与外界的直接联系。猪场大门必须设立宽于门口、长于大型载货汽车车轮一周半的水泥结构的消毒池，并装有喷洒消毒设施。生活管理区和生产区之间的人员入口和饲料入口应以消毒池隔开，并配备淋浴室。

2. 人员隔离

人员进场时应经过消毒人员通道，必须在更衣室沐浴、更衣、换鞋，经严格消毒后方可进入生产区，生产区的每栋猪舍门口必须设立消毒脚盆，生产人员经过脚盆再次消毒工作鞋后进入猪舍，生产人员不得互相"串仓"，各猪舍用具不得混用。严禁闲人进场，外来人员来访必须在值班室登记。

全场工作人员禁止兼任其他畜牧场的饲养、技术工作和屠宰贩卖工作。保证生产区与外界环境有良好的隔离状态，全面预防外界病原侵入猪场内。休假返场的生产人员必须在生活管理区隔离 2 天后，方可进入生产区工作，猪场后勤人员应尽量避免进入生产区。

3. 车辆隔离

外来车辆必须在场外经严格冲洗消毒后才能进入生活管理区和靠近装猪台，严禁任何车辆和外人进入生产区。

4. 引种隔离

到洁净的种猪场引种，引入后要进行为期8周的隔离观察饲养，确认未携带有传染病后方可入场。

5. 饲料和用具隔离

饲料应由本场生产区外的饲料车运到饲料周转仓库，再由生产区内的车辆转运到每栋猪舍，严禁将饲料直接运入生产区内。生产区内的任何物品、工具（包括车辆），除特殊情况外不得离开生产区，任何物品进入生产区必须经过严格消毒，特别是饲料袋应先经熏蒸消毒后才能装料进入生产区。有条件的猪场最好使用饲料塔，以避免已污染的饲料袋引入疫病。场内生活区严禁饲养畜禽。尽量避免猪、狗、禽进入生产区。生产区内肉食品要由场内供给，严禁从场外带入偶蹄兽的肉类及其制品。

6. 全进全出

采取"全进全出"的饲养制度。"全进全出"的饲养制度是有效防止疾病传播的措施之一。"全进全出"使得猪场能够做到净场和充分的消毒，切断了疾病传播的途径，从而避免患病猪只或病原携带者将病原传染给日龄较小的猪群。

（二）搞好卫生

1. 保持猪舍和猪舍周围环境卫生

及时清理猪舍的污物、污水和垃圾，定期打扫猪舍和设备用具的灰尘，每天进行适量的通风，保持猪舍清洁卫生；不在猪舍周围和道路上堆放废弃物和垃圾。

2. 保持饲料和饮水卫生

饲料不霉变，不被病原污染，饲喂用具勤清洁消毒；饮用水符合卫生标准，水质良好，饮水用具要清洁，饮水系统要定期消毒。

3. 废弃物要无害化处理

猪场的主要废弃物有粪便和病死猪，病死猪不要随意出售或乱扔乱放，按要求进行无害化处理，防止传播疾病；粪便堆放要远离猪舍，最好设置专门储粪场，对粪便进行无害化处理的方法如下。

（1）高温堆沤处理法　将猪的粪便、作物秸秆、垃圾、肥土等混合堆积进行自然发酵。由于堆内疏松多孔且空气流通，温度容易升高，一般可达60～70℃，基本可杀死虫卵和病菌，同时也会使杂草种子丧失生命力。虽然这种方法肥料腐熟快，灭菌效果显著，但肥料肥分损失严重。如能在粪堆外面用泥密封或用薄膜覆盖，即可有效防止肥分损失。

（2）化学药剂处理法　如果农田急等用肥，可在粪便中直接加入适量的杀虫药剂，如尿素，添加量为粪便量的1％；或敌百虫，添加量为10毫克/千克粪便；或碳酸氢铵，添加量为0.4％等，常温情况下加入粪便1天左右时间，就可起到杀菌灭卵的作用。若在加入药剂后密封3～5天后再使用，效果则更佳。

（3）沼气发酵处理法　把猪的粪便、作物秸秆、生物垃圾等，按3∶2∶1的比例混合，投入沼气池发酵分解，既有利于保存肥料中的氮素，改善肥料质量，又能闷死粪便中的寄生虫卵和病原菌。另外，用沼气池发酵处理粪便，可消灭粪便中98％以上的病菌和杂草种子。

4．灭鼠

老鼠不仅会传播疫病，而且会污染和消耗大量的饲料，危害极大，必须注意灭鼠，每2～3个月进行1次彻底灭鼠。使用化学药剂灭鼠效率高、使用方便、成本低、见效快，但能引起人、畜中毒，有些老鼠对药剂有选择性、拒食性和耐药性。所以，使用时须选好药剂和注意使用方法，以保安全有效。

（1）常用慢性的灭鼠药物　见表7-4。

（2）灭鼠注意点

①灭鼠时机和方法选择。要摸清鼠情，选择适宜的灭鼠时机和方法，做到高效、省力。一般情况下，4～5月是各种鼠类觅食、交配期，也是灭鼠的最佳时期。

②药物选择。灭鼠药物较多，但符合理想要求的较少，要根据不同方法选择安全的、高效的、允许使用的灭鼠药物。禁止使用的灭鼠剂（氟乙酰胺、氟乙酸钠、毒鼠强、毒鼠硅、伏鼠醇等）、已停产或停用的灭鼠剂（安妥、砒霜或白霜、灭鼠优、灭鼠安）、不在登记

作为农药使用的消毒剂（士的宁、鼠立死、硫酸砣等）等，严禁使用。

③ 注意人畜安全。

表 7-4　常用慢性的灭鼠药物

名称	特性	作用特点	用法	注意事项
敌鼠钠盐	为黄色粉末，无臭，无味，溶于沸水、乙醇、丙酮，性质稳定	作用较慢，能阻碍凝血酶原在鼠体内的合成，使凝血时间延长，而且其能损坏毛细血管，增加血管的通透性，引起内脏和皮下出血，最后死于内脏大量出血。一般在投药 1～2 天出现死鼠，第 5～8 天死鼠量达到高峰，死鼠可延续 10 多天	①敌鼠钠盐毒饵：取敌鼠钠盐 5 克，加沸水 2 升搅匀，再加 10 千克杂粮，浸泡至毒水全部吸收后，加入适量植物油拌匀，晾干备用 ②混合毒饵：将敌鼠钠盐加入面粉或滑石粉中制成 1% 毒粉，再取毒粉 1 份，倒入 19 份切碎的鲜菜中拌匀即成 ③毒水：用 1% 敌鼠钠盐 1 份，加水 20 份即可	对人、畜、禽毒性较低，但对猫、犬、兔、猪毒性较强，可引起二次中毒。在使用过程中要加强管理，以防家畜误食中毒或发生二次中毒。如发现中毒，可使用维生素 K 解救
氯敌鼠（又名氯鼠酮）	黄色结晶性粉末，无臭，无味，溶于油脂等有机溶剂，不溶于水，性质稳定	是敌鼠钠盐的同类化合物，但对鼠的毒性作用比敌鼠钠盐强，为广谱灭鼠剂，而且适口性好，不易产生拒食性。主要用于毒杀家鼠和野栖鼠，尤其是可制成蜡块剂，用于毒杀下水道鼠类。灭鼠时将毒饵投在鼠洞或鼠活动的地区即可	有 90% 原药粉、0.25% 母粉、0.5% 油剂 3 种剂型。使用时可配制成如下毒饵 ①0.005% 水质毒饵。取 90% 原药粉 3 克，溶于适量热水中，待凉后，拌于 50 千克饵料中，晒干后使用 ②0.005% 油质毒饵。取 90% 原药粉 3 克，溶于 1 千克热食油中，冷却至常温，洒于 50 千克饵料中拌匀即可 ③0.005% 粉剂毒饵。取 0.25% 母粉 1 千克，加入 50 千克饵料中，加少许植物油，充分混合拌匀即成	

续表

名称	特性	作用特点	用法	注意事项
杀鼠灵（又名华法令）	白色粉末，无味，难溶于水，其钠盐溶于水，性质稳定	属香豆素类抗凝血灭鼠剂，一次投药的灭鼠效果较差，少量多次投放灭鼠效果好。鼠类对其毒饵接受性好，甚至出现中毒症状时仍采食	毒饵配制方法如下 ① 0.025%毒米。取2.5%母粉1份、植物油2份、米渣97份，混合均匀即成 ② 0.025%面丸。取2.5%母粉1份，与99份面粉拌匀，再加适量水和少许植物油，制成每粒1克重的面丸 以上毒饵使用时，将毒饵投放在鼠类活动的地方，每堆约39克，连投3～4天	对人、畜和家禽毒性很小，中毒时维生素 K_1 为有效解毒剂
杀鼠迷	黄色结晶性粉末，无臭，无味，不溶于水，溶于有机溶剂	属香豆素类抗凝血杀鼠剂，适口性好，毒杀力强，二次中毒极少，是当前较为理想的杀鼠药物之一，主要用于杀灭家鼠和野栖鼠类	市售有0.75%的母粉和3.75%的水剂。使用时，将10千克饵料煮至半熟，加适量植物油，取0.75%杀鼠迷母粉0.5千克，撒于饵料中拌匀即可。毒饵一般分2次投放，每堆10～20克。水剂可配制成0.0375%饵剂使用	
杀它仗	白灰色结晶性粉末，微溶于乙醇，几乎不溶于水	对各种鼠类都有很好的毒杀作用。适口性好，急性毒力大，1个致死剂量被吸收后3～10天就发生死亡，一次投药即可。适用于杀灭室内和农田的各种鼠类	用0.005%杀它仗稻谷毒饵，杀黄毛鼠有效率达98%，杀室内褐家鼠有效率达93.4%，一般一次投饵即可	对其他动物毒性较低，但犬很敏感

5. 防虫灭虫

昆虫可以传播疫病，需要做好防虫灭虫工作，防止昆虫滋生繁殖。

（1）环境卫生　搞好养殖场环境卫生，保持环境清洁、干燥，是减少或杀灭蚊、蝇、蠓等昆虫的基本措施。如蚊虫需在水中产卵、孵化和发育，蝇蛆也需在潮湿的环境及粪便等废弃物中生长。因此，填平无用的污水池、土坑、水沟和洼地。保持排水系统畅通，对阴沟、沟渠等定期疏通，勿使污水储积。对储水池等容器加盖，以防昆虫如蚊蝇等飞入产卵。对不能清除或加盖的防火储水器，在蚊蝇滋生季节，应定期换水。永久性水体（如鱼塘、池塘等），蚊虫多滋生在水浅而有植被的边缘区域，修整边岸，加大坡度和填充浅湾，能有效地防止蚊虫滋生。猪舍内的粪便应定时清除，并及时处理，储粪池应加盖并保持四周环境的清洁。

（2）物理杀灭　利用机械方法以及光、声、电等物理方法，捕杀、诱杀或驱逐蚊蝇。

（3）生物杀灭　利用天敌杀灭害虫，如池塘养鱼即可达到鱼类治蚊的目的。此外，应用细菌制剂——内菌素杀灭吸血蚊的幼虫，效果良好。

（4）化学杀灭　化学杀灭是使用天然或合成的毒物，以不同的剂型（粉剂、乳剂、油剂、水悬剂、颗粒剂、缓释剂等），通过不同途径（胃毒、触杀、熏杀、内吸等），毒杀或驱逐昆虫。化学杀虫法具有使用方便、见效快等优点，是当前杀灭蚊蝇等害虫的较好方法。但要注意减少污染和要有目的地选择杀虫剂，要选择高效长效、速杀、广谱、低毒无害、低残留和廉价的杀虫剂（常用的杀虫剂及性能见表 7-5）。

表 7-5　常用的杀虫剂及性能

名称	性状	作用	制剂、用法和用量	注意事项
二氧苯醚菊酯（氯菊酯、扑灭司林、除虫精）	浅黄色油状液体，不溶于水。在空气和阳光下稳定，残效期长	为广谱杀虫剂，对多种畜禽体表与环境中的害虫，如蚊、螨、蝇、蜱、虻和蟑螂等均有杀灭作用。在舍内喷雾用量达 25～125 毫克/米² 时，灭蝇效力可持续 4～12 周	乳剂（10% 或 40%），用 0.125%～0.5%溶液喷雾，可杀灭螨。0.1%～0.2% 乳液喷洒杀虱、蜱、蝇。对准害虫喷射或关闭门窗在舍内喷射，使房间布满雾气，15 分钟后打开门窗通风	对鱼类及其他冷血动物如蜜蜂、家蚕有剧毒

续表

名称	性状	作用	制剂、用法和用量	注意事项
氯氰菊酯（灭百可、安绿宝）	黄色至棕色黏稠固体，60℃时为黏稠液体	为广谱杀虫剂，对虫体有胃毒和触毒作用。常用浓度为60毫克/升，一般用药后15天再用1次	10%氯氰菊酯乳油，灭虱时（以本品计），60毫克/升；灭蝇时（以本品计），10毫克/升喷洒	中毒后无特效解毒药，应对症治疗。对鱼及其他水生生物高毒，应避免污染河流、湖泊、水源和鱼塘等水体。对家蚕高毒
溴氰菊酯（敌杀死）	白色结晶性粉末，难溶于水，对光稳定，遇碱易分解。其溶液在0℃以下易析出结晶	杀虫谱广，杀虫力强，对虫体有胃毒和触毒作用，无内吸作用，对有机磷和有机氯农药耐药的虫体仍有高效	5%乳油剂、10%的乳剂，1∶（400～1000）稀释后喷淋。必要时间隔7～10天重复使用	对人、畜低毒，但对皮肤、黏膜、眼睛、呼吸道等有较强的刺激性，特别对大面积皮肤病或组织损伤者影响更为严重，用时应注意防护。误服中毒时可用4%碳酸氢钠溶液洗胃
氰戊菊酯（戊酯氰醚酯）	淡黄色结晶性粉末，在水中几乎不溶，溶于乙醇等有机溶剂。在酸性条件下稳定，在碱性条件下逐渐降解	对多种体外寄生虫与吸血昆虫如螨、虱、蚤、蚊和蝇等均有良好的杀灭效果，效果确实。以触杀为主，兼有胃毒和驱避作用。还有杀灭虫卵的作用。因此，一般情况下不需重复用药	20%乳油剂，药浴、喷淋（以氰戊菊酯计）40～100毫克/升；杀灭蚤、蚊、蝇时，稀释成0.2%浓度喷雾，喷后密闭4小时	配制溶液时，水温以12℃为宜，如水温超过25℃将会降低药效，水温超过50℃时则失效。本品在碱性条件下不稳定，所以避免使用碱性水配制溶液，并忌与碱性药物混合使用
敌敌畏	白色结晶性粉末，工业品为淡黄色至淡黄棕色油状液体，稍带芳香味，易挥发。强碱溶液和沸水中易水解，酸性溶液中较稳定，微溶于水	是一种速效、广谱的杀虫剂，对多种体外寄生虫具有熏蒸、触杀和胃毒3种作用。可以杀灭蚊、蝇、螨、蚤等。其杀虫效力比敌百虫强8～10倍，毒性亦高于敌百虫。治疗鹅刺皮螨病可用0.25%溶液喷洒或涂刷栖架、垫草和墙壁	80%敌敌畏溶液，喷洒或涂搽时，配成0.5%～1%溶液喷洒空间、地面和墙壁，每100平方米面积约用1升；畜禽粪便消毒可喷洒0.5%浓度药液	加水稀释后易分解，宜现配现用。喷洒药液时应避免污染饮水、饲料、料槽和用具等。家禽对本品敏感，使用时须慎重。对机体毒性较大，易从消化道、呼吸道和皮肤等途径吸收而中毒，中毒时可用阿托品和碘解磷定解救

名称	性状	作用	制剂、用法和用量	注意事项
甲基吡啶磷	白色或类白色结晶性粉末,有特臭,微溶于水	高效、低毒的新型有机磷杀虫药,主要以胃毒为主,兼有触杀作用,能杀灭苍蝇、蟑螂、蚂蚁、跳蚤、臭虫及部分昆虫的成虫。一次喷雾,苍蝇可减少84%～97%。还具有残效期长的特点,将其涂于纸板上,悬挂于禽舍内或贴于墙壁上,有效期可达10～12周,喷洒于墙壁、天花板,有效期可达6～8周。主要用于杀灭禽舍等处的成蝇,也用宅居室、餐厅、食品工厂等灭蝇、灭蟑螂	①甲基吡啶磷可湿性粉(每100克中含甲基吡啶磷可湿性粉20克、9-二十三碳烯0.05克),喷雾,每200平方米取本品与糖各500克,充分混合于4升温水中。涂布,每200米² 取本品50克、糖200克,加温水适量调成糊状,涂30个点 ②1%甲基吡啶磷颗粒剂,每平方米取本品2克,用水湿润后分撒	本品对眼有轻微刺激性;喷洒时须注意。加水稀释后应当日用完。混悬液停放30分钟后,宜重新搅拌均匀再用。对人、畜的毒性较大,易被皮肤吸收发生中毒,使用时应慎重
环丙氨嗪(灭蝇胺)	纯品为无色晶体。难溶于水,可溶于有机溶剂,本品为昆虫生长调节剂,可抑制双翅目幼虫的蜕皮,特别是幼虫第1期蜕皮,使蝇蛆繁殖受阻,而致蝇死亡。主要用于控制动物厩舍内蝇蛆的繁殖生长,杀灭粪池内蝇蛆,以保证环境卫生	为昆虫生长调节剂,可抑制双翅目幼虫的蜕皮,特别是幼虫的第一期蜕皮,使蝇蛆繁殖受阻,也可使蝇蛹不能蜕皮而死亡。口服,即使在粪便中含药量极低也可彻底杀灭蝇蛆。一般在用药后6～24小时发挥药效,可持续1～3周。主要用于控制禽舍内蝇幼虫的繁殖,杀灭粪池内的蝇蛆	①1%环丙氨嗪预混剂,混饲(以环丙氨嗪计),5克/1000千克饲料,连用4～6周 ②50%环丙氨嗪可溶性粉,喷洒,每20平方米取本品10克,加水15升。喷雾,每20米² 取本品10克,加水5升 ③2%环丙氨嗪可溶性颗粒,干撒,每10平方米取本品5克。洒水,每10平方米取本品2.5克,加水10升。喷雾,每10平方米取本品5克,加水1～4升	对人、畜和蝇的天敌无害,对畜禽的生长和繁殖无影响。饲喂剂量不能过大。休药期为3天

232

续表

名称	性状	作用	制剂、用法和用量	注意事项
马拉硫磷或精制马拉硫磷	为无色、浅黄色或棕色油状液体,微溶于水,对光稳定,在酸性、碱性介质中易水解	为低毒、高效、速效的有机磷杀虫剂,主要以触杀、胃毒和熏蒸方式杀害虫,无内吸杀虫作用。可用于杀灭蚊、蝇、虱、臭虫和蟑螂等卫生害虫。也可治疗猪外寄生虫病	45%或70%乳剂、5%粉剂。药浴或喷雾(以马拉硫磷计),配成0.2%~0.3%溶液;0.2%~0.5%溶液喷洒外环境杀虫;3%粉剂喷洒灭螨、蜱	对人的眼睛、皮肤有刺激性,使用时应注意防护。1月龄以内的动物禁用。休药期为28天。世界卫生组织推荐的室内滞留喷洒杀虫剂
敌百虫	白色块状或粉末。有芳香味	低毒、易分解、污染小;杀灭蚊(幼)、蝇、蚤、蟑螂及体表寄生虫;对猪具有催产作用	25%粉剂撒布;1%喷雾;0.1%~0.15%稀溶液浸洗患部治疗螨病。每千克体重100毫克(每次投药的最大用量为7克)拌入母猪精料中一次服用,如果效果不好,次日酌情减量再投服一次(催产)	鸡、妊娠家畜禁止服用

三、严格消毒

消毒是指用化学或物理的方法杀灭或清除传播媒介上的病原微生物,使之达到无传播感染水平的处理,即不再有传播感染的危险。猪场消毒就是将养殖环境、养殖器具、动物体表、进入的人员或物品、动物产品等存在的微生物全部或部分杀灭或清除掉的方法。消毒的目的在于消灭被病原微生物污染的场内环境、畜体表面及设备器具上的病原体,切断传播途径,防止疾病的发生或蔓延。因此,消毒是保证猪群健康和正常生产的重要技术措施。

(一)消毒方法

猪场常用的有机械性清除(如清扫、铲刮、冲洗等机械方法和适当通风)、物理消毒(如紫外线和火焰、煮沸与蒸汽等高温消毒)、化学药物消毒和生物消毒等消毒方法。

化学药物消毒是利用化学药物杀灭病原微生物以达到预防感染和

传染病的传播和流行的方法。此法最常用于养殖生产。常用方法有浸泡法、喷洒法、熏蒸法和气雾法。

1. 浸泡法

浸泡法主要用于消毒器械、用具、衣物等。一般洗涤干净后再行浸泡，药液要浸过物体，浸泡时间以长些为好，水温以高些为好。在猪舍进门处消毒槽内，可用浸泡药物的草垫或草袋对人员的靴鞋消毒。

2. 喷洒法

喷洒地面、墙壁、舍内固定设备等，可用细眼喷壶；对舍内空间消毒，则用喷雾器。喷洒要全面，药液要喷到物体的各个部位。一般喷洒地面，每平方米面积需要 2 升药液，喷墙壁、顶棚，每平方米 1 升。

3. 熏蒸法

熏蒸法适用于可以密闭的猪舍。这种方法简便、省事，对房屋结构无损，消毒全面，鹅场常用。常用的药物有福尔马林（40％的甲醛水溶液）、过氧乙酸水溶液。为加速蒸发，常利用高锰酸钾的氧化作用。实际操作中要严格遵守下面基本要点：畜舍及设备必须清洗干净，因为气体不能渗透到猪粪和污物中去，所以不能发挥应有的效力；畜舍要密封，不能漏气。应将进出气口、门窗和排气扇等的缝隙糊严。

4. 气雾法

气雾粒子是悬浮在空气中的气体与液体的微粒，直径小于 200 纳米，分子质量极轻，能悬浮在空气中较长时间，可到处漂移穿透到畜舍内的周围及其空隙。气雾是消毒液从气雾发生器中喷射出的雾状微粒，是消灭气携病原微生物的理想办法。全面消毒猪舍空间，每立方米用 5％的过氧乙酸溶液 2.5 毫升喷雾。

（二）消毒程序

1. 人员消毒

在猪场正门的出入口处，要建消毒房，内设 6 根紫外线灯管（四个墙角各安装一个，房顶吊两个）、消毒盆和消毒池。进场人员必须在此换鞋、更衣，要用紫外线灯照射 15min，之后在消毒盆内用来苏尔消毒液洗手，然后再从盛有 5％苛性钠溶液的消毒池中趟过进入生产区；各栋舍两头也可放消毒槽。进入猪舍人员先踏消毒盆（池），再洗手后方可进入。病猪隔离人员和剖检人员操作前后都要进行严格消毒。消毒液可选用 2％～5％火碱（氢氧化钠）、1％菌毒敌、1：300 特威康、1：（300～500）喷雾灵中的任一种。药液每周更换 1～2次，雨过天晴后立即更换，确保消毒效果。

2. 车辆消毒

进入场门的车辆除要经过消毒池外，还必须对车身、车底盘进行高压喷雾消毒，消毒液可用 2％过氧乙酸或灭毒威。严禁车辆（包括员工的摩托车、自行车）进入生产区。外界购猪车一律禁止入场。装猪车装猪前严格消毒，售猪后对使用过的装猪台、磅秤及时清理、冲洗、消毒。进入生产区的料车每周需彻底消毒 1 次。

3. 环境消毒

（1）生产区的垃圾实行分类堆放，并定期收集；每逢周六进行环境清理、消毒和焚烧垃圾；整个场区每半个月要用 2％～3％的苛性钠溶液喷洒消毒 1 次，不留死角；各栋舍内走道每 5～7 天用 3％苛性钠溶液喷洒消毒 1 次。必要时可增加消毒次数或用对猪体无害的消毒药物载猪消毒。

（2）关于春秋两季的常规大消毒。这时气候温暖，适宜于各种病原体微生物的生长繁殖，是搞好消毒防疫的关键时期。要选用如下广谱消毒药：2％～4％氢氧化钠（苛性钠），10％～20％漂白粉乳剂，0.05％～0.5％过氧乙酸（过醋酸）以及增效二氧化氯溶液等。其用药量，每平方米地面用药液 0.5～2 千克，墙壁每平方米用药液 0.5～1 千克。

4. 猪舍消毒

（1）全进全出的空栏消毒

①清扫。首先对空舍的粪尿、污水、残料、垃圾和墙面、顶棚、水管等处的尘埃进行彻底清扫，并整理归纳舍内饲槽、用具，当发生疫情时，必须先消毒后清扫。

②浸润。对地面、猪栏、出粪口、食槽、粪尿沟、风扇匣、护仔箱进行低压喷洒，并确保充分浸润，浸润时间不低于 30 分钟，但不能时间过长，以免干燥、浪费水且不好洗刷。

③ 冲刷。使用高压冲洗机，由上至下彻底冲洗屋顶、墙壁、栏架、网床、地面、粪尿沟等。要用刷子刷洗藏污纳垢的缝隙，尤其是食槽、护仔箱壁的下端，冲刷不要留死角。

④ 消毒。晾干后，选用广谱高效消毒剂，消毒舍内所有表面、设备和用具，必要时可选用 2%～3% 的火碱讲行喷雾消毒，30～60分钟后低压冲洗，晾干后再用另一种广谱高效消毒药（0.3% 好利安）喷雾消毒。

⑤ 复原。恢复原来栏舍内的布置，并检查维修，做好进猪前的充分准备，并进行第 2 次消毒。

⑥ 进猪。进猪前 1 天再喷雾消毒。

（2）猪舍的熏蒸消毒　对封闭猪舍冲刷干净、晾干后，最好进行熏蒸消毒。用福尔马林、高锰酸钾熏蒸。方法：熏蒸前封闭所有缝隙、孔洞，计算房间容积，称量好药品；按照福尔马林：高锰酸钾：水 2:1:1 比例配制，福尔马林用量一般为 14～42 毫升/米^3；容器应大于甲醛溶液加水后容积的 3～4 倍；放药时一定要把甲醛溶液倒入盛高锰酸钾的容器内，室温最好不低于 24℃，相对湿度在 70%～80%；先从猪舍一头逐点倒入，倒入后迅速离开，把门封严，24 小时后打开门窗通风。无刺激味后再用消毒剂喷雾消毒 1 次。

5. 带猪消毒

带猪喷雾消毒法是对猪体和猪舍内空间同时进行消毒的一种方法。带猪消毒是预防疾病或在猪群已发病的紧急情况下，对传染性疾病进行紧急控制的一种实用而有效的方法。有鉴于此，掌握 1～2 种带猪消毒药物的使用方法是非常重要的。带猪喷雾消毒应选择毒性、刺激性和腐蚀性小的消毒剂。例如过氧化剂，过氧乙酸 0.3% 溶液每立方米 30 毫升；二氧化氯 0.015% 溶液每平方米 40～60 毫升；含氯制剂二氯异氰尿酸盐，带猪消毒浓度为 50×10^{-6}～100×10^{-6}，每平方米 60～80 毫升。各类猪只的消毒应用频率，夏季每周消毒 2 次，春秋季每周消毒 1 次，冬季 2 周消毒 1 次。在疫情期间，产房每天消毒 1 次，保育舍可隔天消毒 1 次，成年猪舍每周消毒 2～3 次，消毒时不仅限于猪的体表，还包括整个舍的所有空间。带猪喷雾消毒时，所用药剂的体积以做到猪体体表或地面基本湿润为准（通常 100 平方米舍内 10 升消毒液即可）。应将喷雾器的喷头高举空中，喷嘴向上，让雾料从空中缓慢地下降，雾粒直径控制在 80～120 微米，压力为 0.2～0.3 千克/平方厘米。注意不宜选用刺激性大的药物。

6. 处理病、死猪及场地的消毒

猪场一经发现病猪，要及时隔离治疗；对于处理的病、死猪，要在指定的隔离地点烧毁或深埋，绝不允许在场内随意处理或解剖病、死猪。对病猪走过或停留的地方，应清除粪便和垃圾，然后铲除其表土，再用 2%～4%苛性钠溶液进行彻底消毒，用量按 1 升/平方米左右进行。

7. 污水和粪便的消毒

猪场产生的大量粪便和污水，含有大量的病原菌，而以病猪粪尿更甚，更应对其进行严格消毒。对于猪只粪便，可用发酵池法和堆积法消毒；对污水可用含氯 25%的漂白粉消毒，用量为每立方米中加入 6 克漂白粉，如水质较差可加入 8 克。

8. 兽医防疫人员出入猪舍消毒

① 兽医防疫人员出入猪舍必须在消毒池内进行鞋底消毒，在消毒盆内洗手消毒。出舍时要在消毒盆内洗手消毒。

② 兽医防疫人员在一栋猪舍工作完毕后，要用消毒液浸泡的纱布擦洗注射器和提药盒的周围。

9. 特定消毒

① 猪转群或部分调动时（母猪配种除外）必须将道路和需用的车辆、用具，在用前、用后分别喷雾消毒。参加人员需换上洁净的工作服和胶鞋，并经过紫外线照射 15 分钟。

② 接产母猪有临产征兆时，就要将产床、栏架及猪的臀部及乳房洗刷干净，并用 1/600 的百毒杀或 0.1%高锰酸钾溶液消毒。仔猪产出后要用消毒过的纱布擦净口腔黏液。正确实施断脐并用碘酊消毒断端。

③ 在断尾、剪耳、剪牙、注射等前后，都要对器械和术部进行严格消毒。消毒可用碘伏或 70%的酒精棉。

④ 手术前首先要用清水洗净擦干，然后涂以 3%的碘酊，待干后再用 70%～75%的酒精消毒，待酒精干后方可实施手术，术后创口涂 3%碘酊。

⑤ 阉割时，切部要用 70%～75%酒精消毒，待干燥后方可实施阉割，结束后刀口处再涂以 3%碘酊。

⑥ 器械消毒手术刀、手术剪、缝合针、缝合线可用煮沸消毒，

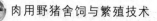

也可用70%～75%的酒精消毒，注射器用完后里外冲刷干净，然后煮沸消毒。医疗器械每天必须消毒一遍。

⑦发生传染病或传染病平息后，要强化消毒，药液浓度加大，消毒次数增加。

10. 饲料袋消毒

每月清洗饲料袋并浸泡消毒1次。

（三）消毒要点

1. 消毒药的浓度要适当

消毒药的效力是依其成分而异的，故实际使用时的有效浓度是由制药厂在考虑到安全性、经济效益的基础上而予以规定的。在使用中一定要遵守这种规定，浓度是其首要问题。

2. 要有足够量的消毒药液

猪舍消毒时，每平方米的药液喷洒量与消毒效果关系密切。不湿润物体本身，消毒药的粒子就不能与细菌或病毒直接接触，那么，消毒药就不能发挥作用，无论喷洒多少次也几乎无效，因此，保证足够的药量，是消毒猪舍、器具、栏位等共同遵守的原则。

3. 需要充分浸泡

要使消毒药液发挥效力需要一定的时间，因为消毒药的粒子与细菌冲撞而达到杀菌作用是需要一定时间的。污染严重（即细菌越多），药液的浓度稀薄，则消毒药的杀菌力越弱，所需时间就越长。从喷洒药液到干燥即是药液发挥效力的过程，这个时间越长，效果越好。因此，消毒猪舍内设备及器具等，使用仅使其湿润的药量是不够的。就实行全进全出的规模化猪场而言，其空栏消毒后晾干的时间一般不少于7天。

4. 除去污物（有机物）

消毒药因猪粪中有机物的存在而降低效力，为了充分发挥药效，必须做到预先清扫并洗净猪粪等污物，若用碱水洗涤，消毒时应选择在碱性条件下药效增强的消毒药如阳离子清洁剂等。

（四）消毒注意事项

1. 严格选用和配制消毒药

无论是国产还是国外生产的消毒剂，一定要先查消毒剂的有效成分属于哪一类型，不说明有效成分的消毒剂千万不要使用。了解到属于哪一类型的消毒剂，就要根据药物的性能决定使用对象、使用方法及注意事项，比如在酸性环境和碱性环境下就应交替使用氯化物类消毒剂和醛类消毒剂，才能达到良好的效果。当发生病毒性、芽孢性疫病时，就不能使用季铵类消毒剂，而必须使用碘伏类或氯化物类消毒剂；说明书上的稀释倍数一定要根据药物的浓度来稀释，使用浓度一般要略高于说明书上的浓度；不准任意将两种不同的消毒药物混合使用；消毒药现配现用，搅拌均匀，并尽可能在短时间内一次用完。

2. 关于消毒效果的保持

无论消毒多么彻底，也不可能防止以后病原菌或病毒的侵入，要保持消毒效果就应经常进行带猪喷雾消毒。带猪消毒以达到猪体完全湿润的程度为准，同时要注意以下问题。一是通风换气，由于喷雾、猪舍、猪体都被弄湿了，为了使其尽快干燥，改善通气是很必要的。二是保持一定温度，特别是对保育舍的喷雾，若温度上不去，保育猪体喷湿后易造成互相聚集挤压，易被压死。带猪喷雾消毒能够杀死和减少猪舍内漂浮的病毒和细菌，沉降猪舍内漂浮的尘埃，抑制氨气的发生和吸附氨气，因此，它是保持消毒效果的一种行之有效的方法。

3. 彻底消除有机污物，杀虫灭鼠，保证消毒效果

一切杂物、污物粪便、垫草、尘土等都要在使用消毒药物前彻底清扫，然后再用高压水枪冲洗；另外，要切实做好杀虫灭鼠工作，以消灭传染病的传染媒介和传染源，真正保证好的消毒效果。

4. 消毒记录

要有完整的消毒记录，记录消毒时间、栋号、消毒药品、使用浓度、消毒对象等。

四、猪场的免疫接种

目前，传染性疾病仍是我国养猪业的主要威胁，而免疫接种仍是预防传染病的有效手段。免疫接种通常是使用疫苗和菌苗等生物制剂作为抗原接种于猪体内，激发抗体产生特异性免疫力。

（一）猪的常用生物制品和参考免疫程序

见表7-6～表7-9。

表 7-6　猪常用的生物制品

名称	作用	使用和保存方法
猪瘟兔化弱毒疫苗	猪瘟预防接种；4 天后产生免疫力，免疫期 9 个月	每头猪臀部或耳根肌内注射 1 毫升；保存温度 4℃，避免阳光照射
猪瘟兔化毒疫牛体反应苗	猪瘟预防接种；4 天后产生免疫力，免疫期 1 年	每头猪股内、臀部或耳根肌内或皮下注射 1 毫升；4℃保存不超过 6 个月，−20℃保存不超过 1 年。避免阳光照射
猪瘟、猪肺疫、猪丹毒三联苗	猪瘟、猪肺疫、猪丹毒的预防接种；猪瘟免疫期 1 年，猪丹毒和猪肺疫为 6 个月	按规定剂量用生理盐水稀释后，每头肌内注射 1 毫升。−15℃保存期为 12 个月，0～8℃为 6 个月
猪伪狂犬病弱毒苗	猪伪狂犬病预防和紧急接种。免疫后 6 天能产生坚强的免疫力，免疫期 1 年	按规定剂量用生理盐水稀释后，每头肌内注射 1 毫升。−20℃保存期为 1.5 年，0～8℃为半年，10～15℃为 15 天
猪细小病毒氢氧化铝胶疫苗	细小病毒病的预防。免疫期 1 年	母猪每次配前 2～4 周内颈部肌内注射 2 毫升。避免冻结和阳光照射，4～8℃有效期为 1 胎次
猪传染性萎缩性鼻炎油佐剂二联灭活疫苗	预防支气管败血波氏杆菌和产毒性多杀性巴氏杆菌感染引起的萎缩性鼻炎。免疫期 6 个月	母猪产前 4 周接种，颈部皮下注射 2 毫升，新引进的后备母猪立即注射 1 毫升。4℃保存 1 年，室温保存 1 个月
猪传染性胃肠炎、猪轮状病毒二联弱毒疫苗	预防猪传染性胃肠炎、猪轮状病毒性腹泻。免疫期为 1 胎次	用生理盐水稀释，经产母猪及产后后备母猪于分娩前 5～6 周各肌内注射 1 毫升。4℃的阴暗处保存 1 年，其他注意事项可参见说明
猪传染性胃肠炎与猪流行性腹泻二联灭活疫苗	预防猪传染性胃肠炎和猪流行性腹泻两种病毒引起的腹泻。接种后 15 天开始产生免疫力，免疫期为 6 个月	一般于产前 20～30 天后海穴注射接种 4 毫升；避免高温和阳光照射，2～8℃保存，不可冻结，保存期 1 年
口蹄疫疫苗	预防口蹄疫病毒引起的相关疾病。免疫期 2 个月	每头猪 2 毫升，2 周后再免疫 1 次。疫苗在 2～8℃保存，不可冻结，保存期 1 年
猪气喘病弱毒冻干活菌苗	预防猪气喘病；免疫期 1 年	种猪、后备猪每年春、秋各 1 次免疫，仔猪 15 日龄至断奶首免，3～4 月龄种猪二免。胸腔注射，4 毫升/头
猪链球菌氢氧化铝胶菌苗	预防链球菌病；免疫期 6 个月	60 日龄首免，以后每年春秋免疫 1 次，3 毫升/头

续表

名称	作用	使用和保存方法
传染性胸膜肺炎灭活油佐剂苗	预防传染性胸膜肺炎	2~3月龄猪间隔2周2次接种
猪肺疫弱毒冻干苗	预防猪肺疫;免疫期6个月	仔猪70日龄初免,1头份/头;成年猪每年春秋各免疫1次
繁殖呼吸道综合征冻干苗	预防繁殖呼吸道综合征	3周龄仔猪初次接种,种母猪配种前2周再接种。大猪2毫升/头,小猪1毫升/头
抗猪瘟血清	猪瘟的紧急预防和治疗,注射后立即起效。必要时12~24小时再注射1次,免役期为14天	采用皮下或静脉注射,预防剂量为1毫升/千克体重,治疗加倍。本制品在2~15℃条件下保存3年

表7-7 商品猪的参考免疫程序

免疫时间/日龄	使用疫苗	免疫剂量和方式
1	猪瘟弱毒疫苗①	1头份肌内注射
7	猪喘气病灭活疫苗②	1头份胸腔注射
20	猪瘟弱毒疫苗	2头份肌内注射
21	猪喘气病灭活疫苗②	1头份胸腔注射
23~25	高致病性猪蓝耳病灭活疫苗	1头份肌内注射
	猪传染性胸膜肺炎灭活疫苗②	1头份肌内注射
	链球菌Ⅱ型灭活疫苗②	1头份肌内注射
28~35	口蹄疫灭活疫苗	1头份肌内注射
	猪丹毒疫苗、猪肺疫疫苗或猪丹毒-猪肺疫二联苗②	1头份肌内注射
	仔猪副伤寒弱毒疫苗②	1头份肌内注射
	传染性萎缩性鼻炎灭活疫苗②	1头份颈部皮下注射
55	猪伪狂犬基因缺失弱毒疫苗	1头份肌内注射
	传染性萎缩性鼻炎灭活疫苗②	1头份颈部皮下注射
60	口蹄疫灭活疫苗	2头份肌内注射
	猪瘟弱毒疫苗	2头份肌内注射
70	猪丹毒疫苗、猪肺疫疫苗或猪丹毒-猪肺疫二联苗②	2头份肌内注射

① 在母猪带毒严重,垂直感染引发哺乳仔猪猪瘟的猪场实施。

② 根据本地疫病流行情况可选择进行免疫。

注:猪瘟弱毒疫苗建议使用脾淋疫苗。

表 7-8 种母猪参考免疫程序

免疫时间	使用疫苗	免疫剂量和方式
每隔 4~6 个月	口蹄疫灭活疫苗	2 头份肌内注射
初产母猪配种前	猪瘟弱毒疫苗	2 头份肌内注射
	高致病性猪蓝耳病灭活疫苗	1 头份肌内注射
	猪细小病毒灭活疫苗	1 头份颈部肌内注射
	猪伪狂犬基因缺失弱毒疫苗	1 头份肌内注射
经产母猪配种前	猪瘟弱毒疫苗	2 头份肌内注射
	高致病性猪蓝耳病灭活疫苗	1 头份肌内注射
产前 4~6 周	猪伪狂犬基因缺失弱毒疫苗	1 头份肌内注射
	大肠杆菌双价基因工程苗[1]	1 头份肌内注射
	猪传染性胃肠炎、流行性腹泻二联苗[1]	1 头份后海穴注射

[1] 根据本地疫病流行情况可选择进行免疫。

注：1. 种猪 70 日龄前免疫程序同商品猪。

2. 乙型脑炎流行或受威胁地区，每年 3~5 月（蚊虫出现前 1~2 月），使用乙型脑炎疫苗间隔 1 个月免疫 2 次。

3. 猪瘟弱毒疫苗建议使用脾淋疫苗。

表 7-9 种公猪参考免疫程序

免疫时间	使用疫苗	免疫剂量和方式
每隔 4~6 个月	口蹄疫灭活疫苗	2 头份肌内注射
每隔 6 个月	猪瘟弱毒疫苗	2 头份肌内注射
	高致病性猪蓝耳病灭活疫苗	1 头份肌内注射
	猪伪狂犬基因缺失弱毒疫苗	1 头份肌内注射

注：1. 种猪 70 日龄前免疫程序同商品猪。

2. 乙型脑炎流行或受威胁地区，每年 3~5 月（蚊虫出现前 1~2 月），使用乙型脑炎疫苗间隔 1 个月免疫 2 次。

3. 猪瘟弱毒疫苗建议使用脾淋疫苗。

（二）疫苗接种前后的注意事项

1. 疫苗使用前要检查

使用前要检查药品的名称、厂家、批号、有效期、物理性状、储存条件等是否与说明书相符。仔细查阅使用说明书与瓶签是否相符，明确装置、稀释液、每头剂量、使用方法及有关注意事项，并严格遵守，以免影响效果。对过期、无批号、油乳剂破乳、失真空及颜色异常或不明来源的疫苗禁止使用。

2. 免疫操作要规范

（1）避免污染疫苗　预防注射过程应严格消毒，注射器、针头应洗净煮沸15～30分钟备用，每注射一栏猪更换一枚针头，防止传染。吸药时，绝不能用已给动物注射过的针头吸取，可用一个灭菌针头，插在瓶塞上不拔出、裹以挤干的酒精棉花专供吸药用，吸出的药液不应再回注瓶内。

（2）保持疫苗均匀　液体在使用前应充分摇匀，每次吸苗前再充分振摇。冻干苗加稀释液后应轻轻振摇匀。

（3）掌握注射要领　要根据猪的大小和注射剂量多少，选用相应的针管和针头。针管可用10毫升或20毫升的金属注射器或连续注射器，针头可用38～44毫米的12号针头；新生仔猪猪瘟注射可用2毫升或5毫升的注射器，针头长为20毫米的9号针头。注射时要一猪一个针头，要一猪一标记，以免漏注；注射器刻度要清晰，不滑杆、不漏液；注射的剂量要准确，不漏注、不白注；进针要稳，拔针宜速，不得打"飞针"以确保苗液真正足量地注射于肌内。注射时动作要快捷、熟练，做到"稳、准、足"。苗量不足的立即补注。

（4）接种部位消毒　接种部位以5%碘酊消毒为宜，以免影响疫苗活性。免疫弱毒菌苗前后7天不得使用抗生素和磺胺类等抗菌抑菌药物。

（5）注射时要适当保定　保育舍、育肥舍的猪，可用焊接的铁栏挡在墙角处等相对稳定后再注射。哺乳仔猪和保育仔猪需要抓逮时，要注意轻抓轻放。避免过分驱赶，以减缓应激。

（6）注射部位要准确　肌内注射部位，有颈部、臀部和后腿内侧等供选择，皮下注射在耳后或股内侧皮下疏松结缔组织部位。避免注射到脂肪组织内。需要后海穴和胸腔注射的更需模准部位。

（7）注意接种时机　接种时间应安排在猪群喂料前空腹时进行，高温季节应在早晚注射。怀孕母猪免疫操作要小心谨慎，产前15天内和怀孕前期尽量减少使用各种疫苗。

（8）疫苗不得混用（标记允许混用的除外）　一般2种疫苗接种时间，至少间隔5～7天。失效、作废的疫苗，用过的疫苗瓶，稀释后的剩余疫苗等，必须妥善处理。处理方式包括用消毒剂浸泡、煮沸、烧毁、深理等。

3. 免疫前后细管理

（1）减弱应激　防疫前的3～5天可以使用抗应激药物、免疫增强保护剂，以提高免疫效果。

（2）禁用药物　在使用活病毒苗时，用苗前后严禁使用抗病毒药物；用活菌苗时，防疫前后10天内不能使用抗生素、磺胺类等抗菌、抑菌药物及激素类。

（3）做好记录　及时认真填写免疫接种记录，包括疫苗名称、免疫日期、舍别、猪别、日龄、免疫头数、免疫剂量、疫苗性质、生产厂家、有效期、批号、接种人等。每批疫苗最好存放1～2瓶，以备出现问题时查询。

（4）避免免疫空白期感染　接种疫苗后，活苗经7～14天、灭活苗14～21天才能使机体获得免疫保护，这期间要加强饲养管理，尽量减少应激因素，加强环境控制，防止饲料霉变，搞好清洁卫生，避免强毒感染。

（5）注意观察和及时处理　有的疫苗接种后能引起过敏反应，需详细观察1～2日，尤其接种后2小时内更应严密监视，遇有过敏反应者，注射肾上腺素或地塞米松等抗过敏解救药。有的猪、有的疫苗打过后应激反应较大，表现采食量降低，甚至不吃或体温升高，应饮用电解质水或口服补液盐或熬制的中药液。尤其是保育舍仔猪免疫接种后采取以上措施能减缓应激。如果发生严重反应或怀疑疫苗有问题而引起死亡，尽快向生产厂家反应或冷藏包装同批次的制品2瓶寄回厂家，以便找查原因。

五、药物保健

当前猪群中发生的疫病种类越来越多，在防控这些疫病的发生与传播中，除了做好疫苗免疫预防、提高特异性免疫力、搞好疫病检疫与检测、加强科学的饲养管理、落实好各项生物安全措施和控制好养猪的生态环境等工作之外，还应根据猪只不同的生长阶段疫病流行的特点，有针对性地选用药物进行保健（预防），全面提高猪只的非特异性免疫力。

第三节 肉用野猪常见病防治

一、传染性疾病

（一）猪瘟

猪瘟（HC）俗称"烂肠瘟"，由黄病毒科瘟毒病属的猪瘟病毒引起猪的一种急性、发热、接触性传染病，是威胁养猪业的主要传染病之一，其特征是急性呈败血性变化，实质器官出血，坏死和梗死；慢性呈纤维素性坏死性肠炎，后期常有副伤寒及巴氏杆菌病继发。剖检可见内脏器官出血、坏死和梗死。慢性经过的病例，主要是纤维素性坏死性肠炎。

1. 病原

猪瘟病毒属于黄病毒科瘟病毒属，单股 RNA 病毒。病毒粒子呈球形。病毒存在于病猪全身各个组织和体液中。在自然干燥过程中病毒迅速死亡，在腐败尸体中存活 2～3 天。被猪瘟病毒污染的环境，如保持干燥，经 1～3 周失去传染性。冰冻条件下，猪瘟病毒的毒力可保持数日。−25℃，保持 1 年以上。在冷冻病猪肉中，病毒可存活数周至数月。腌制或熏制的病猪肉中，病毒可存活半年以上。腐败易使病毒失活，如血液及尸体中的病毒，由于腐败作用，2～3 天失活。病猪的粪尿在堆积发酵后，数日失去传染力。含病毒的组织和血液，加 0.5% 苯酚与 50% 甘油后，在室温下可保存数周，病毒仍然存活，很适用于病料的送检。

猪瘟病毒对消毒药的抵抗力较强。对污染圈舍、用具、食槽等最有效的消毒剂是 2%～4% 烧碱、5%～10% 漂白粉、0.1% 过氧乙酸、1∶200 强力消毒灵、1∶200 菌毒灭Ⅱ型等。在寒冷的冬季，为防止烧碱溶液结冰，可加入 5% 食盐。

2. 流行病学

不同年龄、品种、性别的猪均易感。一年四季都可发生。病猪是主要传染源，病毒存在于各器官组织、粪、尿和分泌物中，易感猪采

食了被病毒污染的饲料、饮水，接触了病猪和猪肉，以及污染的设备
用具，或吸入含有大量病毒的飞沫和尘埃后，都可感染发病。此外，
畜禽、鼠类、鸟类和昆虫也能机械性带毒，促使本病的发生和流行；
发生过猪瘟场地上的蚯蚓、病猪体内的肺丝虫均含有猪瘟病毒，也会
引起感染。处于潜伏期和康复期的猪，虽无临床症状，但可排毒，这
是最危险的传染源，要注意隔离防范。流行特点是先有一头至数头猪
发病，经1周左右，大批猪随后发病。

3. 临床症状

潜伏期一般为7～9天，最长21天，最短2天。

（1）最急性型　此型少见。常发生在流行初期。病猪无明显的临
床症状，突然死亡。病程稍长的，体温升高到41～42℃，食欲废绝，
精神委顿，眼和鼻黏膜潮红，皮肤发紫、出血，极度衰弱，病程1～
2天。

（2）急性型　这是常见的一种类型。病猪食欲减少，精神沉郁，
常挤卧在一起或钻入垫草中。行走缓慢无力，步态不稳。眼结膜潮
红，眼角有多量黏脓性分泌物，有时将上下睑粘在一起。鼻孔流出黏
脓性分泌物。耳后、四肢、腹下、会阴等处的皮肤，有大小不等、数
量不一的紫红色斑点，指压不退色。公猪包皮积尿，挤压时，流出白
色、混浊、恶臭的尿液。粪便恶臭，附有或混有黏液和潜血。体温
40.5～41.5℃。幼猪出现磨牙、站立不稳、阵发性痉挛等神经紊乱症
状。病程1～2周。后期卧地不起，勉强站立时，后肢软弱无力，步
态跟跄，常并发肺炎和肠炎。

（3）慢性型　病程1个月以上。病猪食欲时好时坏，体温时高时
低，便秘与腹泻交替发生，皮肤有出血斑或坏死斑点。全身衰弱无
力，消瘦贫血，行走无力，个别猪逐渐康复。

非典型猪瘟是近年来国内外发生较普遍的一种猪瘟病型，据报道
这种类型的猪瘟是由低毒力的猪瘟病毒引起的。其主要临床特征是缺
乏典型猪瘟的临床表现，病猪体温微热或中热，大多在腹下有轻度的
瘀血或四肢发绀。有的自愈后出现干耳和干尾，甚至皮肤出现干性坏
疽而脱落。这种类型的猪瘟病程1～2个月不等，甚至更长。有的猪
有肺部感染和神经症状。新生仔猪常引起大量死亡。自愈猪变为侏儒
猪或僵猪。

4. 病理变化

最急性型常无明显病变，仅能看到肾、淋巴结、浆膜、黏膜的小点出血。

急性型死亡的病猪，主要呈现典型的败血症变化。全身淋巴结肿大，呈紫红色，切面周边出血，或红白相间，呈现大理石样病变。肾脏不肿大，土黄色，被膜下散在数量不等的小出血点。膀胱黏膜有针尖大小出血点。脾脏不肿大，边缘有暗紫色的出血性梗死，有时可见脾脏被膜上有小米粒至绿豆大小紫红色凸出物。皮肤、喉头黏膜、心外膜、肠浆膜等有大小不一、数量不等的出血斑点。盲、结肠黏膜出血，形成纽扣状溃疡。

慢性型除具有急性型的剖检病变之外，较典型的病变是回盲口、盲肠和结肠的黏膜上形成大小不一的圆形纽扣状溃疡。该溃疡呈同心圆轮状纤维素性坏死，突出于肠黏膜表面，褐色或黑色，中央凹陷。

5. 诊断

根据临床症状、病理变化可以初步诊断，确诊需要实验室检查。

6. 防治

（1）预防措施

① 坚持自繁自养。减少猪只流动，防止疫病发生。如需从外单位引入种猪时，应从健康无病的猪场引进。在场外隔离 1 个月以上，并进行猪瘟疫苗注射，经观察确实无病，才可混入原猪群饲养。

② 切实做好预防接种工作。在疫病流行的猪场和地区可实行以下免疫方法。一是超前免疫，在仔猪出生后及未吃初乳之前，肌注 2 头份（300 个免疫剂量）猪瘟兔化弱毒疫苗，1～1.5 小时后，再让仔猪吃母乳。35 日龄前后强化免疫 4 头份，免疫期可达 1 年以上。二是大剂量免疫，种公猪每年春秋 2 次免疫，每头每次肌注 4 头份（600 个免疫剂量）猪瘟兔化弱毒疫苗；仔猪离乳后，给母猪肌注 4～6 头份猪瘟兔化弱毒疫苗，仔猪在 25～30 日龄时肌注 2 头份猪瘟兔化弱毒疫苗，60～65 日龄时肌注 4 头份猪瘟兔化弱毒疫苗。

在无猪瘟流行的地区，可按常规的春秋两季防疫注射和 2～4 头份剂量进行，要做到头头注射，个个免疫，并做好春秋季未注射猪只的补针工作。

③ 搞好日常饲养管理，保持圈舍干燥和环境清洁卫生。圈舍周

边环境要定期用 2％～4％的火碱水消毒。

（2）发病后的措施

① 迅速诊断，及早上报疫病并隔离病猪，对栏具、饲养用具等用 3％～5％火碱水浸泡或喷洒消毒。

② 紧急接种。对疫区、疫场未发病的猪只，用 4 头份猪瘟兔化弱毒疫苗进行紧急接种，5～7 天产生免疫力。经验证明，采取紧急接种的方法，能有效地制止新的病猪出现，缩短流行过程，减少经济损失，是防治猪瘟流行的切实可行的积极措施。

③ 治疗。抗猪瘟高免血清，1 毫升/千克体重，肌注或静注。或苗源抗猪瘟血清，2～3 毫升/千克体重，肌注或静注。或猪瘟兔化弱毒疫苗 20～50 头份，分 2～3 点肌注，2 天 1 次，注射 2 次。卡那霉素，20 毫克/千克体重，每天 1 次。

④ 消毒。流行结束后，对污染猪舍、运动场和用具以及猪场环境进行彻底清洗消毒。清洗、消毒处理后的病猪圈，须空 15 天后，才能放入健康猪饲养。

⑤ 死猪和病猪肉的处理。对病死的猪应深埋，不许乱扔。急宰猪应在指定地点进行，病猪肉须彻底煮熟后方可利用；对污染的废物、带毒的废水应采取深埋、消毒等措施；工作人员要严格消毒，防止疫情扩散。

（二）口蹄疫

口蹄疫是由口蹄疫病毒引起的，主要侵害猪、牛、羊等偶蹄兽的一种急性接触性传染病。临床上以口腔黏膜、蹄部及乳房皮肤发生水疱和溃烂为特征。特征性的病理变化是在毛少的皮肤（口角、鼻盘、乳房、蹄缘、蹄间隙）和皮肤型黏膜（唇、舌、颊、腭、龈）出现水疱，心脏、骨骼肌变性、坏死和炎症反应。传染性强，传播速度很快，不易控制和消灭，国际兽疫局（OIE）将本病列为 A 类传染病之首。

1. 病原

口蹄疫病毒属于微小 RNA 病毒科的鼻病毒属，共有 7 个主要的抗原性血清型，A、O、C 型，南非 SAT-1、SAT-2、SAT-3 和亚洲 Asia-1。每一类型又分若干亚型，各型之间的抗原性不同，不同型之间不能交叉免疫，但症状和病变基本一致。本病毒对外界环境的抵抗力很强，广泛存在于病畜的组织中，特别是水疱液中含量最高。

2. 流行病学

传染源是病畜和带毒动物。病畜的各种分泌物和排泄物，特别是水疱破裂以后流出的液体都含有病毒，这些病毒污染环境，再感染健康动物。通过直接或间接接触，病毒可进入易感动物的呼吸道、消化道和损伤的黏膜，均可引起发病。如皮肤、黏膜感染，病毒先在侵入部位的表皮和真皮细胞内复制，使上皮细胞发生水疱变性和坏死，以后细胞间隙出现浆液性渗出物，从而形成一个或多个水疱，称为原发性水疱液，病毒在其中大量复制，并侵入血流，出现病毒血症，导致体温升高等全身症状。最危险的传播媒介是病猪肉及其制品，还有泔水，其次是被病毒污染的饲养管理用具和运输工具。传播性强，流行猛烈，常呈流行性发生。动物长途运输，大风天气，病毒可跳跃式向远处传播。多发生于冬春季，到夏季往往自然平息。

3. 临床症状

潜伏期1～2天，病猪以蹄部水疱为主要特征，病初体温升高至40～41℃，精神不振，食欲减退或不食，踢冠、趾间出现发红、微热、敏感等症状，不久形成黄豆大、蚕豆大的水疱，水疱破裂后表面形成出血烂斑，引起蹄壳脱落。患肢不能着地，常卧地不起。病猪乳房也常见到斑，尤其是哺乳母猪，乳头上的皮肤病灶较为常见。其他部位皮肤上的病变少见。有时流产、乳腺炎及慢性蹄变形。吃奶仔猪的口蹄疫，通常突然发病，角弓反张，口吐白沫。倒地四肢划动，尖叫后突然死亡。病程稍长者可见到口腔及界面上水疱和糜烂；病死率可达60%～80%。

4. 病理变化

主要在皮肤型黏膜（唇、舌、颊、消化道黏膜、呼吸道黏膜）及毛少皮肤（口角、鼻盘、乳房、蹄缘、蹄间隙）出现水疱。口蹄疫水疱液初期半透明，淡黄色，后由于局部上皮细胞变性、崩解、白细胞渗出而变成混浊的灰色。水疱发生糜烂，大量水疱液向外排出，轻者可修复，局部上细胞再生或结缔组织增生形成疤痕，如严重或继发感染，病变可深层发展，形成溃疡。有的恶性病例主要损伤心肌和骨骼肌。如心肌变性、局灶性坏死，坏死的心肌呈条纹状灰黄色，质软而脆，与正常心肌形成红黄相间的纹理，称为"虎斑心"。镜下见心肌纤维肿大，有的出现变性、坏死、断裂，进一步溶解、钙化。间质充血，水肿淋巴细胞增生或浸润，导致以坏死为主的急性坏死灶性心肌炎。

5. 诊断

根据临床症状、剖检变化和流行情况作出初步诊断。确诊需要通过实验室进行。

6. 防治

（1）预防措施

① 严格隔离消毒。严禁从疫区（场）买猪以及肉制品，不得使用未经煮开的洗肉水、泔水喂猪。非本场生产人员不得进入猪场和猪舍，生产人员进入要消毒；猪舍及其环境定期进行消毒。

② 提高机体抵抗力。加强饲养管理，保持适宜的环境条件，改善环境卫生，增强猪体的抵抗力。

③ 预防接种，可用与当地流行的相同病毒型、亚型的弱毒疫苗或灭活疫苗进行接种。

（2）发病后措施

① 发现本病后，应迅速报告疫情，划定疫点、疫区，及时严格封锁。病畜及同群畜应隔离急宰。同时，对病畜舍及受污染的场所、用具等彻底消毒，对受威胁区的易感畜进行紧急预防接种，在最后一头病畜痊愈或屠宰后 14 天内，未再出现新的病例，经大消毒后可解除封锁。

② 疫点严格消毒，猪舍、场地和用具等彻底消毒。粪便堆积发酵处理，或用 5% 氨水消毒。

③ 治疗。口腔用 0.1% 的高锰酸钾或食醋洗漱局部，然后在糜烂面上涂以 1%～2% 明矾或碘酊甘油，也可用冰硼散。蹄部可用 3% 紫药水或来苏儿洗涤，擦干后涂松馏油或鱼石脂软膏等，再用绷带包扎。乳房可用肥皂水或 2%～3% 硼酸水洗涤，然后涂以青霉素软膏等，定期将奶挤出，以防发生乳腺炎；恶性口蹄疫病猪可试用康复猪血清进行防治，效果良好。

（三）猪传染性胃肠炎

猪传染性胃肠炎（TGE）是猪的一种急性、高度接触性肠道传染病。临床特征为严重腹泻、呕吐、脱水。10 日龄以内的哺乳仔猪病死亡率高达 60%～100%，5 周龄以上的死亡率很低，成年猪一般不会死亡。

1. 病原

病原是猪传染性胃肠炎病毒，属冠状病毒属，单股 RNA 病毒，目前只有一个血清型。急性期，病猪的全部脏器均含有病毒，但很快消失。病毒在病猪小肠黏膜、肠内容物和肠系膜淋巴结中存活时间较长。此病毒对外界环境的抵抗力不强，干燥、温热、阳光、紫外线均可将其杀死。不耐热，56℃经 45 分钟，65℃经 10 分钟可灭活；但冷冻时较稳定，在 −18℃条件下保存 18 个月，在液氮中保存 3 年毒力不变。一般的消毒剂，如烧碱、福尔马林、来苏儿、菌毒敌、菌毒灭和敌菲特等都能使病毒失活。

2. 流行病学

本病世界各国均有发生。只有猪感染发病，其他动物均不感染。断乳猪、育肥猪及成年猪都可感染发病，但症状轻微，能自然康复。10 日龄以内的哺乳仔猪病死率最高（60%以上），其他仔猪随日龄的增长死亡率逐步下降。

病猪和康复后带毒猪是本病的主要传染病。传染途径主要是消化道，即通过食入含有病毒的饲料和饮水而传染。在湿度大、猪只比较集中的封闭式猪舍中，也可通过空气和飞沫经呼吸道传染。

本病在新疫区呈流行性发生，老疫区呈地方性流行。人、车辆和动物等也可成为机械性传播媒介。发病季节一般是 12 月至翌年 4 月之间，炎热的夏季则很少发生。

3. 临床症状

潜伏期一般 16～18 小时，有的 2～3 小时，长的 72 小时。

（1）哺乳仔猪　突然发生呕吐，接着发生剧烈水样腹泻，呕吐一般发生在哺乳之后。腹泻物呈乳白色或黄绿色，带有未消化的小块凝乳块，气味腥臭。在发病后期，由于脱水，粪便呈糊状，体重迅速减轻，体温下降，常于发病后 2～7 天死亡，耐过的仔猪，被毛粗糙，皮肤淡白，生长缓慢。5 日龄以内的仔猪，病死率为 100%。

（2）育肥猪　发病率接近 100%，突然发生水样腹泻，食欲大减或绝食，行走无力，粪便呈灰色或灰褐色，含有少量未消化的食物。在腹泻初期，可出现呕吐。在发病期间，脱水和失重明显。病程5～7天。

（3）母猪　母猪常与仔猪一起发病。哺乳母猪发病后，体温轻度升高，泌乳停止，呕吐，食欲不振，腹泻，衰弱，脱水。妊娠母猪似有一定抵抗力，发病率低，且腹泻轻微，一般不会导致流产。病程3～5天。

（4）成猪　感染后常不发病。部分猪呈现轻度水样腹泻或一过性软便，脱水和失重不明显。

4. 病理变化

主要病变集中在胃肠道。胃内充满凝乳块，胃底部黏膜轻度充血。肠管扩张，肠壁变薄，弹性降低，小肠内充满白色或黄绿色水样液体，肠黏膜轻度充血，肠系膜淋巴结肿胀，肠系膜血管扩张、充血，肠系膜淋巴管内缺少乳白色乳糜。其他脏器病变不明显。病死仔猪脱水明显。病理组织学检查，主要表现为空肠黏膜绒毛变短、萎缩，上皮细胞变性、坏死及脱落。

5. 诊断

根据流行特点、临床症状和病理变化可以进行诊断。诊断要点是本病多发生于冬季，大、小猪都易感，发病突然，传播迅速，往往在数日内传遍整个猪群。主要症状是严重的腹泻、脱水和失重，10日龄以内的仔猪发病后病死率高，随日龄的增长病死率逐渐降低；大猪发病后很少死亡，常在5天左右自行康复。病理剖检时，空肠壁薄，肠内容物呈水样，肠系膜淋巴管内缺乏乳白色乳糜。注意与猪流行性腹泻和猪轮状病毒病鉴别诊断。

（1）猪流行性腹泻　多发生于寒冷季节，大小猪几乎同时发生腹泻，大猪在数日内康复，乳猪有部分死亡。病理变化与猪传染性胃肠炎十分相似，但本病的传播速度比较缓慢，病死率低于传染性胃肠炎。要确切区分开，必须进行试验室诊断。即应用荧光抗体或免疫电镜可检测出猪流行性腹泻病毒抗原或病毒。

（2）猪轮状病毒病　以寒冷季节多发，常与仔猪白痢混合感染。症状和病理变化较轻微，病死率低。应用荧光抗体或免疫电镜可检出轮状病毒。

6. 防治

（1）预防措施

① 做好隔离卫生。在本病的发病季节，严格控制从外单位引进种猪，以防止将病原带入；并认真做好科学管理和严格的消毒工作，防止人员、动物和用具传播本病；实行"全进全出"制，妥善安排产仔时间和严格隔离病猪等。

② 免疫接种。接种猪传染性胃肠炎弱毒疫苗，或传染性胃肠和猪流行性腹泻二联疫苗。怀孕母猪产前 45 天和 15 天，肌肉和鼻腔内分别接种 1 毫升，使母猪产生足够的免疫力和让哺乳仔猪由母乳获得被动免疫。也可在仔猪出生后，每头口服 1 毫升，使其产生主动免疫。

③ 口服高免血清或康复猪的抗凝全血。新生仔猪未哺乳前口服高免血清或康复猪的抗凝全血，每天 1 次，每次 5～10 毫升，连用 3 天。

④ 本病流行季节，每吨饲料拌入痢菌净纯粉 150 克或乳酸环丙沙星 80～100 克，可防治肠道细菌感染。

（2）发病后措施　对发病仔猪进行对症治疗，可减少死亡，促进早日康复。

① 应用大剂量猪瘟弱毒苗或鸡新城疫疫苗肌内注射，3 天 2 针，对 1 周内的患猪具有较好的治疗效果。

② 应用猪干扰素、转移因子、白细胞介素等生物制品并配合一定量的黄芪多糖肌内注射效果较好。

③ 辅助治疗，让患猪口服或自由饮服补液盐（葡萄糖 25.0 克，氧化钠 4.5 克，氯化钾 0.05 克，碳酸氢钠 2.0 克，柠檬酸 0.3 克，醋酸钾 0.2 克，温水 1000 毫升），也可腹腔注射加入适量地塞米松、维生素 C 的葡萄糖氯化钠溶液或平衡液（葡萄糖氯化钠溶液 500 毫升，11.2％乳酸钠 40 毫升，5％氯化钙 4 毫升，10％氯化钾 2.5 毫升）；为了防止继发感染，可选用庆大霉素、恩诺沙星、环丙沙星、氯霉素等抗菌药物，内服、肌注或静注。

（四）猪流行性腹泻

猪流行性腹泻（PED）是由猪流行性腹泻病毒引起的一种急性肠

道传染病，其特征是腹泻、呕吐和脱水。目前世界各地许多国家都有本病流行。

1. 病原

猪流行性腹泻病毒属于冠状病毒科冠状病毒属。病毒粒子呈多形性，倾向球形，外有囊膜，病毒只能在肠上皮组织培养物内生长；若在猴肾传代细胞内培养，必须在每毫升无血清营养液中添加10微克胰蛋白酶。经免疫荧光和免疫电镜试验证明，本病毒与猪传染性胃肠炎病毒、猪血球凝集性脑脊髓炎病毒、新生犊牛腹泻病毒、犬肠道冠状病毒、猫传染性腹膜炎病毒无抗原关系。与猪传染性胃肠炎病毒进行交叉中和试验，猪体交互保护试验、EL1SA试验等，都证明本病毒与猪传染性胃肠炎病毒，没有共同的抗原性。病毒对外界环境和消毒药抵抗力不强，一般消毒药都可将它杀死。

2. 流行病学

病猪是主要传染源，在肠绒毛上皮和肠系膜淋巴结内存在的病毒，随粪便排出，污染周围环境和饲养用具，以散播传染。本病主要经消化道传染，但有人报道本病还可经呼吸道传染，并可由呼吸道分泌物排出病毒。

各种年龄猪对病毒都很敏感，均能感染发病。哺乳仔猪、断乳仔猪和育肥猪感染发病率100%，成年母猪为15%～90%。本病多发生于冬季，夏季极为少见。我国多在12月至来年2月发生流行。

3. 临床症状

临床表现与典型的猪传染性胃肠炎十分相似。口服人工感染，潜伏期1～2日，在自然流行中，可能更长。哺乳仔猪一旦感染，症状明显，表现呕吐、腹泻、脱水、运动僵硬等症状，呕吐多发生于哺乳和吃食之后，体温正常或稍偏高，人工接种仔猪后12～20小时出现腹泻，呕吐于接种病毒后12～80小时出现。脱水见于接毒后20～30小时，最晚见于90小时。腹泻开始时排黄色黏稠便，以后变成水样便并混杂有黄白色的凝乳块，腹泻最严重时（腹泻10小时左右）排出的几乎全部为水样粪便。同时，患猪常伴有精神沉郁、厌食、消瘦、衰竭和脱水。

症状的轻重与年龄大小有关，年龄越小，症状越重。1周以内的哺乳仔猪常于腹泻后2～4日脱水死亡，病死率约50%。新生仔猪感染本病死亡率更高。断乳猪、育成猪症状较轻，腹泻持续 4～7 日，逐渐恢复正常。成年猪症状轻，有的仅发生呕吐、厌食和一过性腹泻。

4. 病理变化

尸体消瘦脱水，皮下干燥，胃内有多量黄白色的乳凝块。小肠病变具有示病性，通常肠管膨满扩张、充满黄色液体、肠壁变薄、肠系膜充血，肠系膜淋巴结水肿。镜下小肠绒毛缩短，上皮细胞核浓缩，破碎。至腹泻 12 小时，绒毛变得最短，绒毛长度与隐窝深度的比值由正常 7：1 降为 3：1。

5. 诊断

本病的流行特点、临床症状和病理变化与猪传染性胃肠炎十分相似，但本病的死亡率低，在猪群中的传播速度也较猪传染性胃肠炎缓慢，且不同年龄的猪均易感染。本病确诊主要依靠实验室检查。

6. 防治

（1）预防措施

① 平时特别是冬季要加强防疫工作，防止本病传入，禁止从病区购入仔猪，防止狗、猫等进入猪场，应严格执行进出猪场的消毒制度。

② 应用猪流行性腹泻和传染性胃肠炎二联苗免疫接种。妊娠母猪于产前 30 日接种 3 毫升，仔猪 10～25 千克接种 1 毫升，25～50 千克接种 3 毫升，接种后 15 日产生免疫力，免疫期母猪为 1 年，其他猪 6 个月。

（2）发病后措施

① 隔离封锁。一旦发生本病，应立即封锁，限制人员参观，严格消毒猪舍用具、车轮及通道。将未感染的预产期 20 日以内的怀孕母猪和哺乳母猪连同仔猪隔离到安全地区饲养。紧急接种中国农科院哈尔滨兽医研究所研制的猪腹泻氢氧化铝灭活苗。

② 干扰疗法。对发病母猪可用猪干扰素、白细胞介素、转移因子治疗还可用大剂量猪瘟疫苗和鸡新城疫疫苗肌内注射，3 天 2 次。

③ 对症疗法。对症治疗可以减少仔猪死亡率，促进康复。病猪群饮用口服盐溶液（常用处方氯化钠 3.5 克，氯化钾 1.5 克，碳酸氢钠 2.5 克，葡萄糖 20 克，常水 1000 毫升）。猪舍应保持清洁、干燥。

对 2～5 周龄病猪可用抗生素治疗，防止继发感染。可试用康复母猪抗凝血或高免血清口服，1 毫升/千克体重，连用 3 日，对新生仔猪有一定的治疗和预防作用。

（五）猪水疱病

猪水疱病（SVD）是由猪水疱病病毒引起的一种急性传染病。主要临床特征是在蹄部、口腔、鼻部、母猪的乳头周围产生水疱。各种年龄和品种的猪都容易感染。SVD 在临床上与口蹄疫、水疱性口炎、水疱疹极为相似，但牛、羊等家畜不发生本病。

1. 病原

猪水疱病病毒属小 RNA 病毒科，肠道病毒属，细胞质的空泡内凹陷处呈环形串珠状排列，无类脂质囊膜。病毒能在仔猪肾原代细胞（PKS）和猪肾传代细胞（IBR$_{52}$）生长。本病毒对乙醚和酸稳定，在污染的猪舍内可存活 8 周以上，在病猪粪便内 12～17℃储存 130 日，病猪腌肉 3 个月仍可分离出病毒，在低温下可保存 2 年以上；本病毒不耐热，60℃ 30 分钟和 80℃ 1 分钟即可灭活。本病毒对消毒药抵抗力较强，常用消毒药在常规浓度下短时间内不能杀死本病毒。pH 在 2～12.5 都不能使病毒灭活。常用消毒药：0.5% 农福、0.5% 菌毒敌、5% 氨水、0.5% 的次氯酸钠等均有良好消毒效果。

2. 流行病学

本病一年四季均可发生。在猪群高度密集调运频繁的猪场，传播较快，发病率亦高，可达 70%～80%，但死亡率很低，在密度小、地面干燥、阳光充足、分散饲养的情况下，很少引起流行。

各种年龄品种的猪均可感染发病，而其他动物不发病，人类有一定的感受性；发病猪是主要传染源，病猪与健猪同居 24～45 小时，即可在鼻黏膜、咽、直肠检出病毒，经 3 日可在血清中出现病毒。在病毒血症阶段，各脏器均含有病毒，带毒的时间，鼻黏膜 7～10 日，口腔 7～8 日，咽 8～12 日，淋巴结和脊髓 15 日以上；病毒主要经破损的皮肤、消化道、呼吸道侵入猪体，感染主要是通过接触，饲喂含病毒而未经消毒的泔水和屠宰下脚料、牲畜交易、运输工具（被污染的车辆）。被病毒污染的饲料、垫草、运动场、用具及饲养员等往往造成本病的传播，据报道本病可通过深部呼吸道传播，气管注射发病率高，经鼻需大量才能感染。所以认为通过空气传播的可能性不大。

3. 临床症状

潜伏期，自然感染一般为2～5日，有的延至7～8日或更长，人工感染最早为36小时。临床上一般将本病分为典型、轻型和隐性型三种。

（1）典型 其特征性的水疱常见于主趾和附趾的蹄冠上。有一部分猪体温升高至40～42℃，上皮苍白肿胀，在蹄冠和蹄踵的角质与皮肤结合处首先见到。在36～48小时，水疱明显凸出，大小和黄豆至蚕豆大不等，里面充满水疱液，继而水疱融合，很快发生破裂，形成溃疡，真皮暴露形成鲜红颜色，病变常环绕蹄冠皮肤的蹄壳，导致蹄壳裂开，严重时蹄壳可脱落。病猪疼痛剧烈，跛行明显，严重病例，由于继发细菌感染，局部化脓，导致病猪卧地不起或呈犬坐姿势。严重者用膝部爬行，食欲减退，精神沉郁。水疱有时也见于鼻盘、舌、唇和母猪的乳头上。仔猪多数病例在鼻盘上发生水疱。一般情况下，如无并发其他疾病不易引起死亡，病猪康复较快，病愈后2周，创面可痊愈，如蹄壳脱落，则相当长的时间才能恢复。初生仔猪发生本病可引起死亡。有的病猪偶可出现中枢神经系统紊乱症状，表现为前冲、转圈、用鼻摩擦或用牙齿咬用具，眼球转圈，个别出现强直性痉挛。

（2）轻型 只有少数猪，只在蹄部发生一两个水疱，全身症状轻微，传播缓慢，并且恢复很快，一般不易察觉。

（3）隐性型 不表现任何临床症状，但血清学检查，有滴度相当高的中和抗体，能产生坚强的免疫力，这种猪可能排出病毒，对易感猪有很大的危险性，所以应引起重视。

4. 病理变化

本病的肉眼病变主要在蹄部，约有10％的病猪口腔、鼻端亦有病变，但口部水疱通常比蹄部出现晚。病理剖检通常内脏器官无明显病变，仅见局部淋巴结出血和偶见心内膜有条纹状出血。

5. 诊断

本病临床上与口蹄疫、猪水疱性口炎容易混淆。要确诊必须进行实验室检查。

6. 防治

① 控制本病的重要措施是防止将病带到非疫区。不从疫区调入猪只和猪肉产品。运猪和饲料的交通工具应彻底消毒。屠宰的下脚料和泔水等要经煮沸后方可喂猪，猪舍内应保持清洁、干燥，平时加强饲养管理，减少应激，加强猪只的抗病力。

② 加强检疫、隔离、封锁制度。检疫时应做到"两看"（看食欲和跛行）、"三查"（查蹄、口和体温），隔离应至少7日未发现本病，方可并入或调出，发现病猪就地处理，对其同群猪同时注射高免血清，并上报、封锁疫区。封锁期限一般以最后一头病猪恢复后20日才能解除，解除前应彻底消毒1次。

③ 免疫接种。我国目前制成的猪水疱病BEI灭活疫苗，效检平均保护率达96.15%。免疫期5个月以上。对受威胁区和疫区定期预防能产生良好效果，对发病猪，可采用猪水疱病高免血清预防接种，剂量为0.1～0.3毫升/千克体重，保护率达90%以上。免疫期1个月。在商品猪中应用，可控制疫情，减少发病，避免大的损失。

（六）猪轮状病毒感染

猪轮状病毒感染是一种主要对仔猪的急性肠道传染病。其特征是腹泻和脱水，成年猪常呈隐性经过，本病感染率和死亡率均较高。

1. 病原

轮状病毒属呼肠孤病毒科轮状病毒属。由11个双股RNA片段组成，有双层衣壳，因像车轮而得名。各种动物和人的轮状病毒之间具有共同抗原，可出现交叉反应，但不同的轮状病毒抗原性差异很大。已证明，有7个不同的轮状病毒的血清群，其中A群轮状病毒最普遍。在体内，轮状病毒的感染主要限于小肠上皮细胞，使上皮细胞吸收不良。本病毒对理化因素有较强的抵抗力。在室温能保存7个月。加热60℃，30分钟存活；但63℃，30分钟则被灭活。pH 3～9稳定。能耐超声波震荡和脂溶剂。0.01%碘、1%次氯酸钠和70%酒精可使病毒丧失感染力。

2. 流行病学

患病的人、病畜和隐性患畜是本病的传染源。病毒主要存在于消化道内，随粪便排到外界环境，污染饲料、饮水、垫草和土壤等，经消化道途径使易感猪感染。

本病的易感宿主很多，其中以犊牛、仔猪、初生婴儿的轮状病毒病最常见。轮状病毒有一定的交叉感染性，人的轮状病毒能引起猴、仔猪和羔羊感染发病，犊牛和鹿的轮状病毒能感染仔猪。可见，轮状病毒可以从人或一种动物传给另一种动物，只要病毒在人或一种动物中持续存在，就可造成本病在自然界中长期传播。这也许是本病普遍存在的重要因素。

本病传播迅速，呈地方性流行。多发生在晚秋、冬季和早春。应激因素（特别是寒冷、潮湿）、不良的卫生条件、喂不全价饲料和其他疾病的袭击等，对疾病的严重程度和病死率均有很大影响。

3. 临床症状

潜伏期 12～24 小时。在疫区由于大多数成年猪都已感染过而获得了免疫，所以得病的多是 8 周龄以内仔猪，发病率 50%～80%。病初精神委顿，食欲减退，不愿走动，常有呕吐。迅速发生腹泻，粪便水样或糊状，色黄白或暗黑。腹泻越久，脱水越明显，严重的脱水常见于腹泻开始后的 3～7 天，体重可减轻 30%。症状轻重决定于发病日龄和环境条件，特别是环境温度下降和继发大肠杆菌病，常使症状严重和病死率增高。一般常规饲养的仔猪出生头几天，由于缺乏母源抗体的保护，感染发病症状重，病死率可高达 100%；如果有母源抗体保护，则 1 周龄的仔猪一般不易感染发病。10～21 日龄哺乳仔猪症状轻，腹泻 1～2 天即迅速痊愈，病死率低，3～8 周龄或断乳 2 天的仔猪，病死率一般 10%～30%，严重时可达 50%。

4. 病理变化

病变主要限于消化道，特别是小肠。肠壁菲薄，半透明，含有大量水分、絮状物及黄色或灰黑色液体。有时小肠广泛性出血，小肠绒毛短缩扁平，肠系膜淋巴结肿大。

5. 诊断

根据发生在寒冷季节、多侵害幼龄动物、突然发生水样腹泻、发病率高和病变集中在消化道等特点作出初步诊断。注意与仔猪黄痢、白痢、猪传染性胃肠炎及流行性腹泻等鉴别诊断。确诊需要实验室检查。

6. 防治

（1）预防措施　加强饲养管理，认真执行兽医防疫措施，增强母猪及仔猪的抵抗力。在疫区，对经产母猪的新生仔猪应及早饲喂初乳，接受母源抗体的保护以免受感染，或减轻症状。

（2）发病后措施　本病无特效药物，发病后采取辅助措施。

① 发现病猪应立即隔离到清洁、干燥和温暖的猪舍，加强护理，减少应激，避免密度过大。对环境、用具等进行消毒。并停止哺乳，配置口服补液盐让猪自由饮用，每千克体重 30～40 毫升，每日 2 次，同时内服收敛剂，如次硝酸铋或鞣酸蛋白。使用抗生素或磺胺类药物以防继发感染。见脱水和酸中毒时，可静注或腹腔注射 5％葡萄糖盐水和 5％碳酸氢钠溶液。

② 新生仔猪口服抗血清还能得到保护。

（七）猪痘

猪痘是由猪痘病毒感染引起的一种传染病。猪痘病毒只对猪有致病性，主要发生于 4～6 周龄仔猪，成年猪有抵抗力。

1. 病原

本病是两种病毒引起的。一种是猪痘病毒，这种病毒仅能使猪发病，只能在猪源组织细胞内生长繁殖，并在细胞核内形成空泡和包涵体；另一种是痘苗病毒，能使猪和其他多种动物感染，能在鸡胚绒毛尿囊、牛、绵羊及人等胚胎细胞内增殖，并在被感染的细胞胞浆内形成包涵体。

两种病毒均属痘病毒科，脊椎动物痘病毒亚科猪痘病毒属。有囊膜，单一分子的双股 DNA。本病毒抵抗力不强，58℃下 5 分钟灭活，直射阳光或紫外线种迅速灭活。对碱和大多数常用消毒药均较敏感。但能耐干燥，在干燥的痂皮中能存活 6～8 周。

2. 流行病学

猪痘病毒只能使猪感染发病，不感染其他动物。多发生于 4～6 周龄仔猪及断乳仔猪，成年猪有抵抗力。由猪痘病毒感染引起的猪痘，各种年龄的猪均可感染发病，常呈地方流行性。猪痘病毒极少发生接触感染，主要由猪虱传播，其他昆虫如蚊、蝇等也可传播。

3. 临床症状

潜伏期 4～7 天。发病后，病猪体温升高，精神、食欲不振，鼻、眼有分泌物。痘疹主要发生于躯干的下腹部、肢内侧、背部或体侧部等处。痘疹开始为深红色的硬结节，凸出于皮肤表面，略呈半球状，表面平整，见不到形成水疱即转为脓疱，并很快结成棕黄色痂块，脱落后遗留白色疤痕而痊愈，病程10～15天。本病多为良性经过，病死率不高，如饲养管理不当或有继发感染，常使病死率增高，特别是幼龄仔猪。

4. 病理变化

猪痘病变多发生于猪的无毛或毛少部位的皮肤上，如腹部、胸侧、四肢内侧、眼睑、吻突、面额等。典型的痘疹呈圆形、半球状突出于皮肤表面（直径可达1厘米），痘疹坚硬，表面平整，红色或乳白色，周围有红晕，以后坏死，中央干燥呈黄褐色，稍下陷，最后形成痂皮，痂皮脱落后，可遗留白色疤痕。猪瘟经过中不形成水疱和脓疱。

5. 诊断

一般根据病猪典型痘疹和流行病学即可作出确诊。必要时可进行病毒分离与鉴定。

6. 防治

（1）预防措施　搞好环境卫生，消灭猪虱、蚊和蝇等；新购入的猪要隔离观察1～2周，防止带入传染源；科学饲养管理，增强猪体抵抗力。

（2）发病后措施　发现病猪要及时隔离治疗，可试用康复猪血清或痊愈血治疗。康复猪可获得坚强的免疫力。

（八）猪伪狂犬病

伪狂犬病是由伪狂犬病病毒感染引起的一种急性传染病。感染猪临床特征为体温升高，新生仔猪表现神经症状，还可侵害消化道。但成年猪常为隐性感染，可有流产、死胎及呼吸症状，无奇痒。本病最早发生于美国（1800年），曾与狂犬病、急性中毒混淆。1902年被认定为不同于狂犬病的一种独立的疾病，1910年被证实为病毒病，1935年发现猪对本病的传播具有重要作用。

1. 病原

伪狂犬病病毒是疱疹病毒科甲型疱疹病毒亚科猪疱疹Ⅰ病毒Ⅰ

型，是 DNA 型疱疹病毒。病毒能在鸡胚细胞及多种动物细胞培养物上生长繁殖，产生核内包涵体。本病毒对外界抵抗力较强，在污染的猪舍环境中能存活 1 个多月，在肉中可存活 5 周。对热有一定抵抗力，44℃下 5 小时约 30% 的病毒保持感染力；56℃下 15 分钟、70℃下 5 分钟，100℃下 1 分钟，可使病毒完全灭活；−30℃ 以下保存，可长期保持毒力稳定，但在 −15℃ 保存 12 周则完全丧失感染力。紫外线、γ 射线照射可使病毒失活。一般消毒药都可杀死。对乙醚和氯仿等有机溶剂敏感。用 1% 苯酚 15 分钟可杀死病毒，1%～2% 苛性钠溶液可立即杀死。

2. 流行病学

主要传染源是病猪、带毒猪和带毒鼠类。健康猪与病猪、带毒猪直接接触可感染。主要传播途径是消化道、呼吸道、损伤的皮肤、配种等。各种年龄的猪都易感，但随年龄的不同，其症状和死亡率有很大差异，成年猪病程稍长，仔猪发病呈急略过。母猪感染本病后 6～7 天乳中有病毒，持续 3～5 天，乳猪因吃乳而感染。妊娠母猪感染本病时，常可侵入子宫内的胎儿。仔猪日龄越小，发病率和死亡率越高，随着日龄增长而发病率、死亡率下降，断乳后的仔猪多不发病。

3. 临床症状

潜伏期一般为 3～6 天，短的 36 小时，长的达 10 天，临床症状随年龄增长有差异。

哺乳仔猪及断乳仔猪症状严重，往往体温升高，呕吐、下痢、厌食、精神沉郁，有的见眼球上翻，视力减弱，呼吸困难，呈腹式呼吸；继而出现神经症状，发抖，共济失调，间歇性痉挛，后躯麻痹，做前进和后退转动，倒地四肢划动。常伴有癫痫样发作或昏睡，触摸时肌肉震颤，最后衰竭死亡。神经症状出现后 1～2 天内死亡，病死率可达 100%。

2 月龄以上猪，症状轻微或隐性感染，表现一贯性发热，咳嗽、便秘，有的病猪呕吐，多在 3～4 天恢复。如出现体温继续升高，则病猪又出现神经症状，震颤、共济失调，头向上抬，背弓起，倒地后四肢痉挛，间歇性发作。成猪呈隐性感染，很少见到神经症状。

怀孕母猪感染，表现为咳嗽、发热、精神不振。随后发生流产，多为木乃伊胎、死胎和弱仔，这些仔猪 1～2 天内出现呕吐和腹泻，运动失调，痉挛，角弓反张，通常在 24～36 小时内死亡。

4. 病理变化

病变表现为鼻腔卡他性或化脓出血性炎，扁桃体水肿并伴以咽炎和喉头水肿，勺状软骨和会厌皱襞呈浆液性浸润，并常有纤维素性坏死性假膜覆盖，上呼吸道内有大量泡沫样液体；喉黏膜和浆膜可见点状或斑状出血。淋巴结特别是肠淋巴和下颌淋巴充血，肿大，间有出血。心肌松软，心内膜有斑状出血，肾呈点状出血性炎症变化，胃底部可见大面积出血，小肠黏膜充血、水肿，黏膜形成皱褶并有稀薄黏液附着，大肠呈斑块出血。脑膜充血、水肿，脑实质有点状出血；肝表面有大量针尖大小的黄白色坏死灶；病程较长者，心包液、胸腹腔液、脑脊液都明显增多。

患病流产母猪，胎盘绒毛膜出现凝固样坏死，滋养层细胞变性。流产胎儿的肝、脾、肾上腺、脏器淋巴结也出现凝固性坏死变化。

5. 诊断

猪伪狂犬病无特征性剖检变化，对该病的诊断必须结合流行病学，并采用实验室诊断方法确诊。

6. 防治

（1）预防措施

① 加强饲养管理，搞好环境卫生和消毒，坚持杀虫灭鼠，定期检测猪群，阳性猪妥善处理。实行自繁自养，实行全进全出管理，严禁猪场混养多种畜禽。防止购入种猪时带进病原，要定期隔离观察，无传染病者方可进猪场。

② 本病流行地区应进行免疫接种。伪狂犬病的弱毒苗、灭活苗、野毒灭活苗及基因缺失苗已研制成功。公猪每 3～4 个月免疫 1 次，母猪配种前 7～10 天和产前 20～30 天各免疫 1 次，新生仔猪 1～3 日龄滴鼻免疫，30～50 日龄肌内注射 1～2 头份。

（2）发病后措施

① 本病发生后，尚无有效药物治疗，必要时用高免血清治疗，可降低死亡率。

② 病死猪深埋，用消毒药消毒猪舍和环境，粪便发酵处理。严禁散养禽类，阻断犬、猫进入猪场。

（九）猪细小病毒感染

猪细小病毒感染是由猪细小病毒（PPV）引起的母猪繁殖障碍的一种传染病，特征为死胎、木乃伊胎、流产、死产和初生仔猪死亡。各种猪均可感染 PPV，但除了怀孕母猪外，其他种类的猪感染后均无明显临床症状。

1. 病原

病原为猪细小病毒（PPV），分类上属于细小病毒科，细小病毒属。病毒粒子外观呈六角形和圆形，无囊膜，直径 20～28 纳米。PPV 能在猪源细胞中增殖，初次分离最好用原代猪肾细胞。本病毒对热抵抗力很强，在 70℃经 2 小时仍有感染性，在 80℃经 5 分钟可失去血凝性和感染性。在 4℃以下病毒稳定，在 -70～-20℃能存活 1 年以上。pH 3～9 时病毒稳定。对氯仿、乙醚等脂溶剂有抵抗力。甲醛熏蒸和紫外线照射需较长时间才死。0.5%漂白粉、2%火碱液 5 分钟可杀死病毒。

2. 流行病学

猪是唯一的已知宿主，不同品种、性别和年龄均可感染，包括胚胎、仔猪、母猪、公猪、甚至 SPF（无特定病原）猪。各种不同的猪 PPV 的阳性率也不相同，经产母猪的阳性率一般高达 80%～100%，初产母猪一般为 60%～80%，公猪（包括野公猪）为 30%～50%，后备猪为 40%～80%，育肥猪为 60%。本病一般呈地方流行或散发。

感染 PPV 的母猪是 PPV 的主要传染源。感染的母猪可由阴道分泌物、粪便、尿及其他分泌物排毒。PPV 能通过胎盘传染给胎儿，引起垂直传播。感染 PPV 的母猪所产的死胎、活胎、仔猪及子宫内排泄物中均含有高滴度的病毒。被感染的种公猪也是最危险的传染源，感染了 PPV 的公猪可在其精细胞、精索、附睾、附性腺中分离到 PPV，在急性感染期，病毒可经多种途径排出，包括精液。感染公猪在配种时，将 PPV 传播给易感母猪；污染的猪舍是 PPV 的主要储藏所。急性感染猪的排泄物及分泌物内的病毒可存活数月，在病猪移出空圈 4 个半月，用通常方法清扫，当再放进易感猪时，仍可被感染。

本病的主要传播途径为消化道和呼吸道以及生殖道。仔猪、胚胎、猪主要是被感染 PPV 的母猪在其生前经胎盘或在其生后经口鼻垂直传播感染。公猪、育肥猪、母猪主要是被污染的食物、环境经呼吸道、消化道感染，初产母猪的感染途径主要是与带 PPV 的公猪交配时感染。鼠类在传播该病上也许起一定作用。猪在感染 PPV 1～6 天可产生病毒血症，持续 1～5 天，1～2 周后主要通过粪便排毒，感染后 7～9 天可检出 HI 抗体，21 天内滴度可达 1：15000 且能持续数年。

PPV 的感染与动物年龄呈正相关，5～6 月龄猪的抗体阳性率为 8%～29%，7～10 月龄时就上升为 46%～67%，11～16 月龄就高达 84%～100%。死亡主要表现在新生仔、胚胎、胎猪，母猪怀孕早期感染时，胚胎、胎猪死亡率可高达 80%～100%，其他猪一般无死亡。在阳性猪中有 30%～50%的带毒猪。

本病主要发生于春夏或母猪产仔季节和交配后的一段时间。此外，本病还可引起产瘦小仔、弱仔，母猪发情不正常，久配不孕等症状。对公猪的授精率和性欲没有明显影响。

3. 临床症状

仔猪和母猪的急性感染通常都呈亚临床病例，但在其体内很多组织器官（尤其是淋巴组织）中均可发现有病毒存在。

母猪不同时期感染可分别造成死胎、木乃伊胎、流产等不同症状。怀孕期 35 天以内感染，所产仔猪瘦小，比正常仔猪小 5～10 厘米以上，其后天生活能力较弱，生长缓慢，不能抵抗由于各种因素造成的威胁，易发生死亡。怀孕 30～50 天之间感染，主要是木乃伊胎。怀孕到 50～60 天之间感染，多出现死胎；怀孕 70 天左右感染的母猪，常出现流产症状。母猪在怀孕后期感染后，病毒可通过胎盘感染胎儿，但此时胎儿常能在子宫内存活而无明显的影响，因在怀孕期 70 天后，大多数胎儿能对病毒感染产生有意义的免疫应答而存活下来，这些胎儿在出生时体内可有病毒和抗体，但外观正常，并可长期带毒排毒，有些甚至可能成为终生带毒者，若将这些猪作为繁殖用种猪，则可能使本病在猪群中长期存在，难以清除。

此外，还可造成母猪不正常发情周期、久配不孕、空怀。怀孕早期胎儿受感染死亡后，被母体迅速吸收，造成母猪返情，或久配不孕、空怀。多数初产母猪受感染后可获得主动免疫并可能持续终生。

PPV 感染对公猪的授精或性欲没有明显的影响。

4. 病理变化

母猪子宫内膜有轻微炎症，胎盘部分钙化，胎儿在子宫内有被溶解、吸收的现象。受感染的胎儿出现不同程度的发育不良，出现木乃伊、畸形、溶解的腐黑胎儿。感染的胎儿可见充血、水肿、出血、体腔积液、脱水（木乃伊化）及坏死等病变。

5. 诊断

如果发现流产、死胎、胎儿发育异常，而母猪没有明显的临床症状，同时又无其他证据可认为是另一种传染病时，应考虑到本病的可能性。但确诊需依靠实验室检验。

6. 防治

目前本病尚无有效的药物治疗方法，所以该病的预防就显得尤为重要。

① 坚持自繁自养原则。如必须引进时，应从未发生过 PPV 的地区引进，同时要将引进的猪隔离 1 个月，并经 2 次血清学检查，HI 效价在 1∶256 以下或阴性时才能混群饲养。

② 配种最好用经检疫确证不带毒的精液做人工授精，若用公猪直接配种时，必须对公猪进行血清抗体及抗原和精液中 PPV 检查，确认阴性时才可使用。

③ 在本病流行地区，将青年母猪的配种时间推迟到 9 月龄后进行，因此时母源抗体已经消失，而自身也已有主动免疫。也可将初产母猪在其配种前自然感染或人工免疫。常用的自然感染方法是在一群血清学阴性的初产母猪中放进一些血清学阳性母猪，待初产母猪受感染抗体滴度达到一定程度后再配种，这样可降低流产、死产率。

④ 免疫接种。目前，世界上很多国家都应用疫苗以减少经济损失。已研制成功的疫苗有灭活苗和弱毒苗。灭活苗的免疫期一般在 4～6 个月，弱毒苗的免疫期要比灭活苗长，一般在 7 个月以上。应用疫苗时，应在母源抗体消失后，因为母源抗体会干扰主动免疫。理想的接种时机是在母源抗体消失后到怀孕前的几周之间。

（十）猪繁殖与呼吸障碍综合征

猪繁殖与呼吸障碍综合征是由猪繁殖与呼吸综合征病毒

（PRRSV）引起猪的一种病。其特征为怀孕母猪流产、产死胎和弱仔。同时，出现呼吸症状，尤其是哺乳仔猪表现严重的呼吸系统症状并呈高死亡率。由于该病毒导致机体产生免疫抑制，特别是常与猪圆环病毒协同感染，继发感染多种病毒和致病菌，很多猪场尽管采取了各种防治措施，仍然很难控制疫情，造成的经济损失十分惨重。

1. 病原

猪繁殖与呼吸综合征病毒属于动脉炎病毒科动脉炎病毒属，PRRSV 为单链 RNA 病毒。该病毒呈球形，有囊膜，病毒粒子大小为 45～65nm，内含正方体的核心，边长 25～35nm，病毒粒子表面有许多微小突起，对氯仿和乙醚敏感。欧洲和美国分离的毒株在形态和理化性状上相似，但用多克隆猪抗体和小鼠克隆抗体进行血清学试验，证实在抗原性上有差异。目前将 PRRSV 分为两个亚群，A 亚群为欧洲原型，B 亚群为美国原型。

该病毒在 56℃ 15～20 分钟，37℃ 10～24 小时，20℃ 6 天，4℃ 1 个月其传染滴度下降 10 倍，在 56℃ 下 45 分钟，37℃ 下 48 小时以后病毒将彻底灭活，在 -70℃ 下其感染滴度可稳定长达 4 个月以上。当 pH 小于 5 或大于 7 时病毒的感染滴度降低 90% 以上。

2. 流行病学

在自然流行中，该病仅见于猪，其他家畜和动物未见发病。不同年龄、品种、性别的猪均可感染，但不同年龄的猪易感性有一定的差异，生长猪和肥育猪感染后的症状比较温和，母猪和仔猪的症状较为严重，乳猪的病死率可达 80%～100%。

本病的主要传染源是病猪和带毒猪，从病猪的鼻腔、粪便拭子和尿液中均可发现病毒，耐过猪大多可长期带毒。

本病的主要传播方式是猪与猪之间的直接接触传染和借助空气传播，该病传播迅速，主要经呼吸道感染，当健康猪与病猪接触（如同圈饲养，高度集中）更容易导致本病发生和流行。本病也可垂直传播。公猪感染后 3～27 天和 43 天所采集的精液中能分离到病毒。7～14 天从血液中可查出病毒，以带毒血液感染母猪，可引起母猪发病，在 21 天后可检出 PRRSV 肮体。怀孕中后期的母猪和胎儿对 PRRSV 最易感染。虽然目前还不了解猪肉和其他猪产品与本病传播有关，但是患猪的血液中可持续大量带毒，因此，目前很多国家禁止用未经煮熟的含有猪肉的泔水喂猪。

3. 临床症状

人工感染潜伏期 4～7 天，自然感染一般为 14 天。

（1）母猪及仔猪　未经免疫的猪场，所有的母猪都易感。潜伏2～7 天，主要症状为食欲减退、精神沉郁、发热（39.5～40.5℃）、咳嗽、打喷嚏、呼吸异常，以胸式呼吸为主。急性期持续 1～2 周，由于出现病毒血症，部分严重的患猪表现高度沉郁、呼吸困难、耳尖、耳边呈现蓝紫色，猪还有肺水肿、膀胱炎或急性肾炎。出生后半月以内的仔猪，精神沉郁、吃奶减少或不吃奶，被毛粗乱，皮肤及黏膜苍白。后腿八字腿状。进而体温升高（40～41℃），喘气，呼吸极度困难，眼结膜水肿。3 周龄以下的患猪出现持续性水泻，抗菌药物治疗无效。同时，仔猪的耳郭、眼睑、臀部及后肢、腹下皮肤呈蓝紫色，部分仔猪奶头亦呈蓝色，后腹部皮肤毛孔间出现蓝紫色或铁锈色小瘀血斑。由于常继发感染其他病毒和多种致病菌感染，所以患猪多呈急性经过，一般 3～5 天死亡，也有的发病 1～2 天突然死亡。发病率为 23％～30％，死亡率可高达 60％～80％，甚至整窝死光。

（2）断乳仔猪和肥育猪　断乳仔猪单一感染 PRRSV 时，症状比哺乳猪轻微得多，咳嗽、发热并不明显，仅出现厌食和精神稍沉郁，但由于感染该病毒后产生免疫抑制而易发生继发感染，特别是与猪圆环病毒同时感染，这两种病毒协同致病，导致免疫力大幅度下降，很快继发一系列的并发症，表现出与圆环病毒病类似的多系统衰竭综合征。表现发热、拉稀、喘气、精神症状等，发病率和死亡率较高。生长肥育猪从保育舍转入肥育栏之前，如果不追补 PRRS 疫苗，很可能会继发副猪嗜血杆菌、衣原体、链球菌、支原体等，从而引发呼吸道综合征，导致急性死亡。生长肥育猪的主要症状为高热（41～42℃），食欲减退到废绝，呼吸症状明显，开始为胸式呼吸，形成间质性肺炎舌，出现肺水肿，气体交换困难，临床上表现严重的喘气，即为腹式呼吸。特别是继发感染链球菌后，患猪可突然死亡。发病率可达到 30％左右，死亡率可达到 10％以上。

（3）公猪　在发病初期，表现厌食、精神沉郁、打喷嚏、咳嗽、缺乏性欲、精液质量下降。感染 2～10 周后，运动能力下降，并通过精液将病毒传播给母猪。进而出现死精，此间，公猪性欲完全丧失。

4. 病理变化

（1）死胎 死胎的体表在头顶部、臀部及脐带等处有鲜红到暗红色的出血斑块。心脏表面色泽变为暗红，严重者整个心脏表面呈蓝紫色。肺脏呈灰紫色，有轻度水肿，肺小叶间质略有增宽。肝脏肿胀，质地变脆易破，肝的颜色灰紫到蓝紫，严重者整个肝脏呈紫黑色。肾脏肿大成纺锤状，表面全部为紫黑色，切面可见肾乳头为紫褐色，肾盂水肿。腹股沟淋巴结微肿，呈褐紫色到紫黑色。

（2）哺乳仔猪、断乳仔猪、育肥猪 对不同发病阶段的患猪和自然病死猪剖检发现，实质器官的病变大体分为 3 期。心脏早期无明显变化，中期心包液开始增多，心脏表面颜色变得暗红；晚期心包液量比正常增多 1～2 倍，心外表面呈暗紫褐色。肺脏早期色泽灰白；中期呈灰紫色；后期呈现复杂的病变，肺小叶间质增宽，表面有深浅不等的暗褐色到紫色斑点，膈叶出现实变，呈"橡皮肺"。肝脏早期颜色变淡灰色；中期肝表面呈灰紫色，微肿；晚期肝表面变成蓝紫色甚至呈紫褐色，肝的质地变硬。腹股沟淋巴结微肿，呈蓝紫色，继发伪狂犬病时呈褐黑与棕黄相间。育肥猪病变与哺乳猪和断乳仔猪基本上一致，不过较后两者轻微。然而，育肥猪的胸腔和肺脏的病变比较严重，因为 PRRSV 是原发病原，随后继发支原体、副猪嗜血杆菌、衣原体、链球菌等，其病变更为复杂，其胸腔内有大量的暗红色或淡黄色胸水，有大量的纤维蛋白将心、肺粘连，甚至胸、腹腔浆膜面覆盖一层黄白色的蛋花样的覆盖物。腹腔内有大量淡黄色的腹水。有的哺乳和断乳仔猪蹄冠部呈蓝紫色。

（3）公、母猪 实验性感染的种公猪，仅从尿道球腺中分离出PRRSV，证明副性腺可以排出该病毒。

5. 诊断

根据母猪妊娠后期发生流产，新生仔猪死亡率高，以及临床症状和间质性肺炎可初步做出诊断。但确诊需实验室检查。

6. 防治

（1）预防措施

① 隔离卫生和消毒。保持环境卫生，经常对环境进行消毒并科学引种。引种之前首先调查了解引种场疫情，最好事前先采血化验，以防疫病传入。刚引进的猪，至少观察30天以上，无异常表现时才

能与本场猪混群饲养。加强对走道、饲喂饮水用具和猪舍周围环境的消毒，消毒时一定要先清扫后消毒，并注意药物配比浓度、喷洒剂量和方法。

②降低饲养密度，减少舍内秽气。实践表明，被本病污染的猪场，饲养密度越大，发病率越高，损失越大。因此，被本病污染的猪场，可适当减少母猪饲养密度，从而达到保育猪和育肥猪密度适宜的目的。圈舍要适当增加清粪次数，并适当通风换气，有利于降低本病和呼吸道疾病的发病率。

③减少应激反应。本病与应激因素密切相关，在换料、转圈、寒流侵袭、阴雨连绵、密饲等应激因素的作用下易发本病，或使发病猪群病情加重、损失增大。在气候突变时猪受凉，免疫功能降低，潜在的病原易滋生繁衍，要保持适宜的环境，减少应激反应发生。必要时可在饲料或饮水中添加维生素 C、维生素 E 等抗应激剂。

④提高机体免疫力。一般要用中高档饲料，严禁用霉变饲料，并保证饲料必需氨基酸、维生素和微量元素的含量，在易发病日龄，料中可加入免疫功能增强剂，有一定的预防效果。红细胞也参加机体的免疫，一般将常规的仔猪一次补铁改为两次补铁。即在 2~3 日龄注射 1 毫升富铁力，10~15 日龄再注射 2 毫升。实践证明，两次补铁的仔猪毛色好，血液中血红蛋白含量高，免疫功能增强，发病率低。

⑤免疫接种。多在暴发猪场和受污染地区使用。我国生产有弱毒疫苗和灭活苗，一般认为弱毒苗效果较好，可用于暴发猪场。后备母猪于配种前，需进行两次免疫，首免于配种前 2 个月，间隔 1 个月进行二免。仔猪在母源抗体消失前首免，母体抗体消失后进行二免。公猪和妊娠母猪最好不接种。

使用弱毒疫苗时应注意：疫苗毒株在猪体内能持续数周至数月，能跨越胎盘导致先天感染，可持续在公猪体内通过精液散毒；有的毒株保护性抗体产生较慢，有的免疫猪不产生抗体；接种疫苗猪能散毒感染健康猪。

应认真选择疫苗。灭活苗是安全的，可单独使用或与弱毒苗联合使用，弱毒苗免疫效果强于灭活苗，但安全性不如灭活苗。同时，活疫苗要慎用，因各猪场的 PRRSV 毒株不同，该病毒属 RNA 病毒，

270

极易变异，免疫效果是未知数，安全性令人担忧。

（2）发病后措施

① 血清学治疗。选择本场淘汰的健康母猪，用发病仔猪含毒脏器攻毒，使体内产生抗体，然后动脉放血，分离血清，加一定量的广谱抗生素后分装，给患猪注射，有一定的治疗效果。但必须使用本场的健康淘汰母猪采血和分离血清，一般不用外场的血清，防止引入病原，同时还要检测抗体滴度，注意采血时间，防止采血、分离血清和分装时污染，并注意血清贮存方法、保存时间等问题。

② 配合抗菌药物治疗。由于 PRRSV 使猪产生免疫抑制，常继发感染多种病毒性和细菌性疾病，而干扰素只能抑制病毒的复制，而对细菌无抑制作用，在治疗时，必须配合使用抗菌药物，尤其是对引起呼吸道疾病的一些致病菌如副猪嗜血杆菌、放线菌、支原体、衣原体等，选择对上述组菌敏感的药物进行肌内注射，1 天 2 次，连用 3 天；同时饲料中应添加强力霉素、氟苯尼考、林可霉素、克林霉素、支原净和替米考星等。特别是替米考星，按每吨饲料添加 400 克，对减轻继发的呼吸道疾病的症状有很好的作用。因为替米考星可通过在猪肺泡巨噬细胞中的高浓度，调节巨噬细胞功能，从而对 PPRSV 产生间接抗病毒作用。

（十一）断乳仔猪多系统衰竭综合征

断乳仔猪多系统衰竭综合征是由猪圆环病毒（PCV）Ⅱ 感染引起的一种危害性较大的新的传染病。以断奶乳猪发育不良、咳嗽、消瘦和黄疸为特征。

1. 病原

猪圆环病毒属于圆环病毒科圆环病毒属，病毒对外界的抵抗力较强，在 pH 为 3 的酸性环境中能存活很长时间；对氯仿不敏感；在 $56℃$ 或 $70℃$ 处理一段时间不被灭活，在高温环境也能存活一段时间。

2. 流行病学

病猪和带毒猪是主要传染源，猪在不同猪群间的移动是该病毒的主要传播途径，也可通过被污染的衣服和设备进行传播。猪圆环病毒对猪具有较强的感染性。主要发生在哺乳期和育成期的猪，一般于断乳后 2～3 天开始发病，特别是 5～8 周龄的仔猪；急性发病猪群中，发病率为 4%～25%，平均病死率 18%；育肥猪多表现为阴性感染，不表现临床症状，少数怀孕母猪感染 PCV 后，可经胎盘垂直感染给仔猪；用 PCVⅡ人工感染试验猪后，其他未接种猪的同居感染率是 40%，这说明该病毒也可水平传播。人工感染 PCVⅡ血清阴性的公猪后精液中含有 PCVⅡ的 DNA，说明精液可能是另一种传播途径，通过交配传染母猪；母猪是很多病原的携带者，通过多种途径排毒或通过胎盘传染哺乳仔猪，造成仔猪的早期感染。猪对 PCVⅡ具有较强的易感性，感染猪可自鼻液、粪便等废物中排出病毒，经口腔、呼吸道途径感染不同年龄的猪。患病猪群若并发或继发细菌、病毒感染，死亡率则增加；副嗜血杆菌是最常见的继发感染细菌。各种不良环境因素（如拥挤、潮湿空气污浊等）都可加重病情。

猪圆环病毒分布极为广泛，加拿大、德国和英国等国的阳性率在 55%～92%。

3. 临床症状

断乳仔猪多系统衰竭综合征（PMWS），主要发生于 5～12 周龄的仔猪，同窝或不同窝仔猪有呼吸道症状，腹泻，发育迟缓，体重减轻，有时出现皮肤苍白或黄疸。有的呼吸加快，表现呼吸困难，有的偶尔出现腹泻和神经症状。

4. 病理变化

体况较差，表现为不同程度的肌肉萎缩，皮肤苍白，有 20% 的出现黄疸。淋巴结肿胀，切面呈均匀的苍白色；肺肿胀，坚硬或似橡皮，严重病理肺泡出血，尖叶和心叶萎缩或实变。肝萎缩，发暗，肝小叶间结缔组织增生；脾大，肾水肿，苍白，被膜下有白色坏死灶，盲肠和结肠黏膜充血或瘀血。

5. 诊断

需要进行实验室诊断。

6. 防治

（1）预防措施

① 科学饲养管理，实施全进全出制度。分娩期，仔猪全进全出，两批猪之间要清扫消毒；分娩前，要清洗母猪和驱虫。防止不同来源、年龄的猪混养；保持猪舍干燥，降低猪群的饲养密度，加强圈舍通风，保持空气洁净；提高营养水平：提高饲料的质量，提高蛋白

质、氨基酸、维生素和微量元素的水平并保证其质量，避免饲喂发霉变质或含有真菌毒素的饲料；提高断乳猪的采食量，给仔猪喂湿料或粥料（可饮用食用柠檬酸）；保证仔猪充足的饮水。提高猪群的营养水平，可以在一定程度上降低 PMWS 的发生率和造成的损失。

② 严格隔离消毒。消毒卫生工作要贯穿于各个环节，最大限度地降低猪场内污染的病原微生物，减少和杜绝猪群继发感染的概率；避免鼠、飞鸟及其他易感动物接近猪场；种猪要来源于没有 PMWS 临床症状的猪群，同时做好隔离检测等工作；加强猪群的净化，严格淘汰有临床症状的病猪、带毒猪（病猪和带毒猪是圆环病毒病的主要传染源，公猪的精液带毒，通过交配可传染给母猪，母猪又是很多病原的携带者，通过多种途径排毒或通过胎盘传染给哺乳仔猪，造成仔猪的早期感染，所以应及时淘汰 PMWS 血清阳性猪）和病弱仔猪。

③ 免疫预防。由于本病多以混合感染形式出现，要依据猪群血清学检验结果，有计划地做好有关疫病的免疫接种工作，不同猪场的疾病不是完全相同的，因此要确定自身的可能共同感染源，实施合理的免疫程序。目前该病的有效疫苗尚未研制出来。猪场一旦发生本病，可把发病猪的肺、脾、淋巴结等病毒含量较多的脏器经处理后做成自家疫苗，对其他猪只进行免疫，实践证明，自家疫苗对本病有一定的预防作用。不过如灭活不彻底，将会起到相反的作用。

④ 血清学法。用发病仔猪含毒脏器攻毒，健康猪体内产生抗体，然后动脉放血，分离血清，加广谱抗生素后分装，给断乳仔猪和病猪肌内注射或腹腔注射，有一定的防治效果。

⑤ "感染"物质的主动免疫。"感染"物质指本猪场感染猪只粪便、死胎、木乃伊胎等，用来喂饲母猪，尤其初产母猪在配种前喂给，能得到较好的效果。如对已有抗体的母猪在怀孕 80 天以后再作补充喂饲，则可产生较高免疫水平，并通过初乳传递给仔猪，这种方法，不仅对防治本病、保护仔猪的健康有效，而且对其他肠道病毒引起的繁殖障碍也有较好的效果，使用本法要十分慎重，如果场内有小猪会造成人工感染。

（2）发病后措施 目前尚无特效的治疗药物，应早发现，早诊治。

① 全群用瘟毒特克 50 克（每 100 克含黄芪多糖 50 克，盐酸左旋

咪唑 5 克，紫锥菊多糖 20 克，金银花、连翘提取物 25 克）＋红弓连克 50 克（10％磺胺间甲氯嘧啶钠粉＋2％甲氧苄啶）拌料，防止并发症的发生。

② 对不吃食的病猪，肌内注射长效土霉素、维生素 B_{12}、维生素 C、中药制剂抗瘟王，对症治疗，降低体温，促进食欲，提高机体抵抗力。

③ 对患圆环病毒病的仔猪，使用广谱抗生素，如氟苯尼考、阿米卡星、克林霉素等药物进行对症治疗，并减少继发感染。

（十二）猪痢疾

猪痢疾（又称为血痢、黏液性出血性下痢等）是由猪痢疾密螺旋体引起的黏液性出血性下痢病。其特征为大肠黏膜发生卡他性出血性炎症，或纤维素性坏死性炎症；SD 主要发生保育猪和育肥猪，尤其对育肥猪的危害性大。

1. 病原

病原主要是猪痢疾密螺旋体。为革兰阴性、耐氧的厌氧螺旋体，可产生溶血素和内毒素，这两种毒素可能在病变的发生过程起作用。此外，在健康猪大肠中还存在其他类型的螺旋体，其中一种为猪粪螺旋体，无致病性，应注意区别。猪痢疾密螺旋体对外界的抵抗力不强，在土壤中可存活 18 天，粪便中 61 天，阳光直射可很快杀死，一般消毒药均可将其杀死，其中复合酚和过氧乙酸效果最佳。

2. 流行病学

在自然条件下，本病只发生于猪，各种年龄的猪均可感染，但以 7～12 周龄的小猪发生较多。一般发病率为 75％，病死率为 5％～25％，有时断乳仔猪的发病率和病死率都较高。病猪和带菌猪是主要传染源。病猪和带菌猪由粪便排出大量病原体，污染周围环境、饲料、饮水、各种用具等，经消化道传染于健康猪，运输、拥挤、寒冷、过热或环境卫生不良等是本病的诱因。本病康复猪的带菌率很高，而且带菌时间长达数月；猪痢疾的流行原因常是由于引进带菌猪所致，本病的流行经过比较缓慢，持续时间较长，往往开始有几头发病，以后逐渐蔓延，在较大猪群中流行常常拖延几个月之久，很难根除。本病流行无明显季节性，一年四季均有发病。

3. 临床症状

潜伏期，3～60天以上，自然感染多为7～14天。主要症状是下痢，开始为水样下痢或黄色软粪，随后粪便带有血液和黏液，腥臭。本病在暴发的最初1～2周多为急性经过，死亡率较高，3～4周后逐渐转为亚急性或慢性，在天气突变和应激条件下，粪便中有多量黏液和坏死组织碎片，并常带有暗褐色血液。本病致死率低，但病程较长，病猪进行性消瘦，生长发育迟滞，对养猪生产的影响很大。

4. 病理变化

一般局限于大肠。肠系膜水肿、充血；结肠和盲肠的肠壁水肿，黏膜肿胀、出血，表面覆盖黏液和带血的纤维蛋白，肠内容物稀薄，并混有黏液、血液和脱落组织碎片。重症病例，黏膜坏死，形成麸皮样的假膜，或纤维蛋白膜，剥去假膜可见浅表糜烂面。病变可能出现在大肠的某一段，也可能弥散整个大肠。其他脏器无明显病变。

5. 诊断

根据流行病学、临床症状和病理变化可以做出初步诊断。确诊需要进行病原学诊断。

6. 防治

(1) 预防措施

① 坚持自繁自养的原则。如需引进种猪，应从无猪痢疾病史的猪场引种，并实行严格隔离检疫，观察1～2个月，确定健康方可入群。平时加强卫生管理和防疫消毒工作。

② 药物净化。据报道，应用痢菌净等药物进行药物净化，成功地从患病猪群中根除了猪痢疾。其方法：饲料中添加0.06%的痢菌净，全场猪只连续饲喂4～10周；不吃料的乳猪，用0.5%痢菌净溶液，按0.25毫升/千克体重，每天灌服1次，同时还必须搞好猪舍内、外的环境卫生，经常清扫、消毒，场区的所有房舍都应清扫、消毒和熏蒸，猪舍内要带猪消毒，工作人员的衣服、鞋帽，以及所有用具都要定期消毒，消毒药可选用1%～2%克辽林（臭药水），或0.1%～0.2%过氧乙酸，每周至少2次消毒；全场粪便应无害化处理，并且还应做好灭鼠工作；在服药和停药后3个月内不得引进和出售种猪。在停药后3～6个月内，不使用任何抗菌药物，也不出现新发病例；并且此后，断乳仔猪的肛试样品经培养，猪痢疾密螺旋体均

为阴性，则表明本病药物净化成功。

（2）发病后措施　当猪场发生本病时，应及时隔离消毒，积极治疗，对同群病猪或同舍的猪群实行药物防制。应用痢菌净治疗效果较好，其用量 0.5％注射液，0.5 毫升/千克体重，肌内注射；或 2.5～5.0 毫升/千克体重，灌服，每日 2 次，3～5 天为 1 疗程。其次选用土霉素、氯霉素、呋喃唑酮、链霉素、庆大霉素等也有一定效果。治疗少数或散发性病猪应通过灌服或注射给药，大群治疗或预防可在饲料中添加痢菌净 0.006％～0.01％连喂 1～2 月。本病流行时间长，带菌猪不断排菌，消除症状的病猪还可能复发；药物防治一般只能做到减少发病和死亡，难以彻底消灭。根除本病可考虑建立健康猪群，逐步替代原有猪群。

饲料中加入赛地卡霉素 0.0075％，连续饲喂 15 天；或林可霉素 0.01％，连续饲喂 14～21 天，都有较好的防治效果。

（十三）猪梭菌性肠炎

猪梭菌性肠炎（CEP）又称仔猪红痢病或猪传染性坏死性肠炎，是由 C 型魏氏梭菌引起初生仔猪的急性传染病。本病主要发生于 3 日龄以内的仔猪，其特点是排出血样稀粪，发病急、病程短，病死率几乎 100％，损失很大。

1. 病原

病原体为 C 型魏氏梭菌，又叫产气荚膜杆菌，革兰染色阳性。在动物体内和含血清的培养基中能形成荚膜，在外界环境中可形成芽孢。该菌广泛存在于人畜的肠道内和土壤中，母猪将其随粪便排出体外，污染地面、圈舍、垫草、运动场等。新生仔猪从外界环境中将该菌的芽孢吞入，病菌在肠内繁殖，产生强烈的外毒素，从而使动物发病、死亡。梭菌繁殖体的抵抗力并不强，一般消毒药均可将其杀灭，但芽孢对热、干燥、消毒药的抵抗力显著增强，80℃下 15～30 分钟仍存活，100℃下几分钟能杀死，冻干保存，至少 10 年毒力和抗原性仍不发生变化。被本菌污染的圈舍最好用火焰喷灯、3％～5％烧碱或10％～20％漂白粉消毒。

2. 流行病学

本病主要发生于 1～3 日龄初生仔猪，1 周龄以上仔猪很少发病。

任何品种的初生仔猪都易感，一年四季都可发生。本菌的芽孢对外界环境的抵抗力很强，一旦侵入猪群后，常年年发生。同猪场，有的全窝仔猪发病，有的一窝中有几头发病。近年来发现，育肥猪和种猪也有散发的。本菌常存在于一部分母猪的肠道中，随粪便排出污染母猪的乳头及垫料，当初生仔猪泌乳或吞入污染物，细菌进入空肠，便侵入绒毛上皮组织，沿基膜繁殖扩张，产生毒素，使受害组织充血、出血和坏死。

3. 临床症状

本病潜伏期很短，仔猪出生后数小时至 24 小时就可突然发病。最急性型，不见拉稀即突然死亡。病程稍长的，可见精神沉郁，被毛无光，皮肤苍白，不吃奶，行走摇晃，排出红色糊状粪便，并混有坏死组织碎片和小气泡，气味恶臭。最后摇头，倒地抽搐，多在出生后第 3 天死亡。育肥猪和种猪表现发病急，病程短，往往喂料正常 2～3 小时后不明原因地死于圈中。

4. 病理变化

尸体苍白，腹水呈淡红色。特征性病变在空肠，有时扩展到回肠，肠管呈鲜红色或深红色，肠腔内充满混有气泡的红黄色或暗红色内容物，肠黏膜弥漫性出血，肠系膜淋巴结严重出血，病程稍长者，肠黏膜坏死，出现假膜。肠浆膜下和肠系膜内有数量不等弥散性粟状的小气泡。心内外膜、肾被膜下、膀胱黏膜有小点出血。

5. 诊断

诊断要点是本病主要发生在出生后 3 天的仔猪，表现为出血性下痢，发病快，病程短，死亡率极高。一般药物治疗无明显效果。

6. 防治

(1) 预防措施　保持猪舍、产房和分娩母猪体表的清洁。一旦发生本病，要认真做好消毒工作，最好用火焰喷灯和 5% 烧碱进行彻底消毒。待产母猪进产房前，进行全身清洗消毒。免疫接种：怀孕母猪产前 30 天和 15 天各肌注 C 型魏氏梭菌福尔马林氢氧化铝类毒素 10 毫升。实践表明，该苗能使母猪产生坚强的免疫力，使初生仔猪免患仔猪红痢病。被动免疫：用育肥猪或淘汰母猪，经多次免疫后，采血分离血清，对受该病威胁的初生仔猪于出生后逐头肌注 1～2 毫升，可防止仔猪发病。药物预防：仔猪出生后用常规剂量的苯唑西林、氨苄西林、青霉素和链霉素或诺氟沙星内服，每天1～2次，连用2～3天，有一定的预防效果。

（2）发病后措施　本病尚无特效药物治疗，高免血清与苯唑西林和诺氟沙星或甲硝唑配合应用，对发病初期仔猪有一定效果，不妨一试。

（十四）猪链球菌病

猪链球菌病是由C、D、E及L群链球菌引起猪的多种疾病的总称。急性型常为出血性败血症和脑炎，慢性型以关节炎、心内膜炎及组织化脓性炎症为特点。

1. 病原

链球菌属于链球菌属，革兰阳性、球形或卵圆形球菌，在组织涂片中可见荚膜，不形成芽孢。需氧或兼性厌氧。可分为A～U等19个血清群。在一个血清群内，因表面抗原不同，又将其分为若干型。C群中兽疫链球菌常引起急性和亚急性、具有肺炎及神经症状的败血症，或者发生脓肿、化脓性关节性、皮炎及心内膜炎；而D群某些链球菌则引起心内膜炎、脑膜炎、肺炎和关节炎；E群主要引起淋巴结脓肿，也可引起化脓性支气管肺炎、脑脊髓炎；L群可致猪的败血病、脓毒血症、化脓性脑脊髓炎、肺炎、关节炎、皮炎等。A～U的其他血清群以及尚未分类的链球菌亦可致猪发病。本菌的致病力取决于产生毒素和酶的活力。该菌对高温及一般消毒药抵抗力不强，在50℃ 2小时、60℃ 30分钟可灭活，但在组织或脓汁中的菌体，干燥条件下可存活数周。

2. 流行病学

仔猪和成年猪对链球菌病均有易感性，其中新生仔猪、哺乳仔猪的发病率及死亡率最高，架子猪和成年猪发病率较低。该病无明显的季节性，常呈地方性流行，多表现为急性败血症型，短期内可波及全群，如不治疗和预防，则发病率和死亡率极高。在新疫区，流行期一般持续2～3周，高峰期1周左右。在老疫区，多呈散发性。

存于病猪和带菌猪鼻腔、扁桃体、颚窦和乳腺等处的链球菌是主要的传染源。伤口和呼吸道是主要的传播途径，新生仔猪通过脐带伤口感染。由于本菌耐酸，故病猪肉可经泔水传染。用病料或该菌培养物给猪皮下、肌内、静脉和腹腔注射，皮肤划痕以及滴鼻、喷雾等途径均能引发本病。

3. 临床症状

由于猪链球菌病群和感染途径的不同，其致病力差异较大，因此，其临床症状和潜伏期差异较大，一般潜伏期为1～3天，最短4小时，长者可达6天以上。根据病程可将猪链球菌分为以下几种类型。

（1）最急性型　无前期症状而突然死亡。

（2）急性型　又可分以下几种临床类型。

① 败血型。病猪体温突然升高达41℃以上，呈稽留热；厌食，精神沉郁，喜卧，步态跛跄，不愿活动，呼吸加快，流浆液性鼻液；腹下四肢下端及耳呈紫红色，并有出血斑点；眼结膜充血并有出血斑点，流泪；便秘或腹泻带血，尿呈黄色或血尿。如果有多发性关节炎，则表现为跛行，常在1～2天内死亡。

② 脑膜脑炎型。大多数病例首先表现厌食，精神沉郁，皮肤发红，发热，共济失调，麻痹和肢体出现划水动作，角弓反张，口吐白沫，震颤和全身骚动等。当人接近或触及躯体时，病猪发出尖叫或抽搐，最后衰竭或麻痹死亡。

③ 胸膜肺炎型。少数病例表现肺炎或胸膜炎型。病猪呼吸急促，咳嗽，呈犬坐姿势，最后窒息死亡。

（3）慢性型　该病例可由急性转化而来或为独立的病型。又可分为以下几种临床类型。

① 关节炎型。常见于四肢关节。发炎关节肿痛，呈高度跛行，行走困难或卧地不起。触诊局部多有波动感，少数变硬，皮肤增厚。有的无变化但有痛感。

② 化脓性淋巴结炎型。主要发生于刚断乳至出栏的育肥猪。以颌下淋巴结最为常见。咽部、耳下及颈部等淋巴结也可受侵害，或为单侧性的，或有双侧性的。淋巴结发炎肿胀，显著隆起，触诊坚实，有热痛。病猪全身不适，由于局部的压迫和疼痛，可影响采食、咀嚼、吞咽甚至呼吸。有的咳嗽和流鼻涕。随后发炎的淋巴结化脓成熟，肿胀中央变软，表面皮肤坏死，自行破溃流脓。脓带绿色，浓稠，无臭。一般不引起死亡。

③ 局部脓肿型。常见于肘或跗关节以下或咽喉部。浅层组织脓肿突出于体表,破溃后流出脓汁。深部脓肿触诊敏感或有波动,穿刺可见脓汁,有时出现跛行。

④ 心内膜炎型。该型生前诊断较为困难,表现精神沉郁、平卧,当受到触摸或惊吓时,表现疼痛不安,四肢皮肤发红或发绀,体表发冷。

⑤ 乳腺感染型。初期乳腺红肿,温度升高,泌乳减少,后期可出现脓乳或血乳,甚至泌乳停止。

⑥ 子宫炎型。病猪表现流产或死胎。

4. 病理变化

(1) 急性败血型　尸体皮肤发红,血液凝固不良。胸、腹下和四脚皮肤有紫斑或出血点。全身淋巴结肿大、出血,有的淋巴结切面坏死或化脓。黏膜、浆膜、皮下均有出血点。胸腔、腹腔、心包腔积液增多、浑浊,有的与脏器发生粘连。脾脏肿大呈红色或紫黑色,柔软易脆裂。肾脏肿大、充血和出血。胃和小肠黏膜有不同程度的充血和出血。

(2) 急性脑炎型　脑和脑膜水肿和充血,脑脊髓液增多。脑切面可见到实质,有明显的小出血点。部分病例在头、颈、背、胃壁、肠系膜及胆囊有胶样水肿。

(3) 急性胸膜肺炎型　化脓性支气管肺炎,多见于尖叶、心叶和膈叶前下部。病部坚实,灰白、灰红和暗红的肺组织相互间杂,切面有脓样病灶,挤压后从细支气管内流出脓性分泌物。肺胸膜粗糙、增厚、与胸壁粘连。

(4) 慢性关节炎型　患猪常见四肢关节肿大,关节皮下有胶冻样水肿,严重者关节周围化脓坏死,关节面粗糙,滑液浑浊呈淡黄色,有的伴有干酪样黄白色絮状物。

(5) 慢性淋巴结炎型　常发生于颌下淋巴结,淋巴结肿大发热,切面有脓汁或坏死。

(6) 局部脓肿型　脓肿主要在皮下组织内。初期红肿,化脓后有波动感,切开后有脓汁流出,严重时引起蜂窝织炎、脉管炎和局部坏死。

(7) 慢性心内膜炎型　心瓣膜比正常增厚2～3倍,病灶为不同大小的黄色或白色赘生物。赘生物呈圆形,如粟粒大小,光滑坚硬,常常盖住受损瓣膜的整个表面。赘生物多见于二尖瓣、三尖瓣。

5. 防治

(1) 预防措施

① 加强隔离、卫生和消毒。注意阉割、注射和新生仔猪的接生断脐消毒，防止感染。

② 药物预防。在发病季节和流行地区，每吨饲料内加入土霉素400克，复方新诺明100克连喂14天，有一定的预防效果。发病猪群应立即隔离病猪，并对污染的栏圈、场地和用具进行严格消毒。

③ 免疫接种。主要有两种疫苗，氢氧化铝甲醛苗和明矾结晶紫菌苗，但是其保护效果不太理想。

(2) 发病后措施　猪链球菌病多为急性型或最急性型，故必须及早用药，并用足量。如分离到本病，最好进行药敏试验，选择最有效的抗菌药物。如未进行药敏试验，可选用对革兰阳性菌敏感的药物，如青霉素先锋霉素、林可霉素、氨苄西林、金霉素、四环素、庆大霉素等。但对于已经出现脓肿的病猪，抗生素对其疗效不大，可采用外科手术进行治疗。

(十五) 猪大肠杆菌病

猪大肠杆菌病是由病原性大肠杆菌引起的一类疾病的总称。大肠杆菌是革兰阴性、两端钝圆、中等大小的杆菌，有鞭毛，无芽孢，能运动，但也有无鞭毛、不运动的变异株。少数菌株有荚膜，多数无菌毛。本菌为需氧或兼性厌氧，在普通培养基上生长出隆起、光滑、湿润的乳白色圆形菌落，在麦康凯和远藤氏培养基上形成红色菌落，在伊红琼脂上形成带金属光泽的黑色菌落。能致仔猪黄痢或水肿的菌株，多数可溶解绵羊红细胞，血琼脂上呈 β 溶血。本菌的血清型甚多，根据菌体抗原（O）、鞭毛抗原（H）及荚膜抗原（K）等不同，构成不同的血清型。已确定的大肠杆菌O抗原有171种，H抗原有56种，K抗原有80种。由于病原性大肠杆菌类型不同和猪的日龄、生理机能与免疫状态等差异，引发的疾病也有所不同，主要有仔猪黄痢、仔猪白痢和仔猪水肿病。

1. 病原

(1) 仔猪黄痢　病原为某些致病性溶血性大肠杆菌，最常见的有

6个"O"群的菌株,多数具有K88(1)表面抗原,能产生肠毒素。

(2)仔猪白痢 病原仔猪白痢的大肠杆菌一部分与仔猪黄痢和猪水肿病相同,以O_8、K_{88}较多见。

(3)仔猪水肿病 引起本病的大肠杆菌一部分与仔猪黄白痢相同,但表面抗原有所不同。致病性大肠杆菌所产生的内毒素、溶血素和水肿毒素释放出生物活性物质——水肿病毒素,被吸收后,损伤小动脉和动脉壁而引发本病。

2. 流行病学

(1)仔猪黄痢 本病主要发生于出生后数小时至7日龄内的仔猪,以1～3日龄最为多见,1周以上很少发病。同窝仔猪中发病率很高,常在90%以上;病死率也很高,有的全窝死亡。主要传染源是带菌母猪,带菌母猪由粪便排出病菌污染母猪乳头、皮肤和环境,新生仔猪吸母乳和接触母猪皮肤时吃进病菌引起发病。本病没有季节性,环境卫生不好可增加发病。第一胎母猪所产仔猪发病和死亡率最高,以后逐渐降低。

(2)仔猪白痢 仔猪白痢又称迟发性大肠杆菌病,一般发生于产后10～30天的仔猪,尤以10～20天的仔猪发病较多,也最为严重,1月龄以上则很少发病。该病发病率较高,而死亡率相对较低,但会严重影响仔猪的生长发育,出现僵猪。

(3)仔猪水肿病 本病主要发生于断乳猪,从数日龄至4月龄,个别成年猪也有发生。主要传染源是带菌母猪和感染仔猪。病原菌随粪便排出体外,污染饲料、饮水和环境。主要通过消化道感染。本病多发于4～6月和9～10月。呈地方流行,有时散发。一般认为,仔猪断乳后喂给不适的饲料,或突然更换饲料,改变了仔猪的适口性,加喂饲料易引起胃肠机能紊乱,诱发本病。管理不善,猪舍卫生条件差、缺乏运动,或应激因素影响,或缺乏维生素、矿物质、食入高蛋白质料等,引起肠道微生物区系的变化,促进了致病微生物的生长繁殖,也可引起发病。本病的发病率差异较大,但病死率高达80%～100%。

3. 临床症状

(1)仔猪黄痢 潜伏期短的在出生后12小时内发病。主要症状为突然腹泻,排出腥臭的黄色或灰黄色稀粪,内含凝乳块小片,顺肛

门流下。捕捉小猪时，常从肛门流出稀薄的粪水。不久脱水，吃乳无
力，口渴，四肢无力，里急后重，昏迷死亡。急性的不见下痢，而突
然倒地死亡。

（2）仔猪白痢　突然发生腹泻，腹泻次数不等，排出乳白色或白
色的浆状、糊状粪便，腥臭，性黏腻。体温不高。病程2～3天，长
的1周左右，能自行康复，死亡的很少。如管理不当，症状会很快加
剧，病猪出现精神萎靡、食欲废绝、消瘦，最后脱水死亡

（3）仔猪水肿病　发病前2～3天见有腹泻，排出灰白色粥状稀
粪，有的未见腹泻即突然发病。呈现兴奋不安，共济失调，倒地抽
搐，四肢乱动或步态不稳，盲目行走或转圈，有的两前肢跪地，两后
肢直立，有的呈两前肢外展趴地，有的呈两后肢外展趴地而不能运
步。触之惊叫，叫声嘶哑。眼睑和眼结膜水肿，有的可延至颜面、颈
部，有的无水肿变化。后期反应迟钝，呼吸困难，卧地不起，四肢乱
动，昏迷而死。有的初期体温升至41℃以上，很快降至常温或偏低。
病程数小时，长者1～2天。有的无临床表现而突然死亡。

4. 病理变化

（1）仔猪黄痢　尸体呈严重脱水状态，干而消瘦，体表污染黄色
稀粪。颈部、腹部皮下常有水肿，皮肤、黏膜和肌肉苍白。最显著的
病理变化表现为急性卡他性胃肠炎，少数为出血性胃肠炎。其中十二
指肠最严重，空肠和回肠次之，结肠较轻微。胃膨胀，胃内充满多量
带酸臭味的白色、黄色或混有血液的凝固乳块，胃壁水肿，胃底部黏
膜呈红色乃至暗红色，湿润而又光泽。肠壁菲薄，呈半透明状。

（2）仔猪白痢　死于白痢的仔猪无特征性病变，而且随病程长短
不同表现也不一致。经过短促的病例，胃内含有凝乳，小肠内有多量
黏液性液体和气体或稀薄的食糜，部分黏膜充血，其余大部侧黏膜呈
黄白色，几乎不见胃肠炎变化。肠系膜淋巴结稍有水肿。重者心、
肝、肾等脏器有出血点，有的还有小的坏死灶。

（3）仔猪水肿病　尸体营养状况一般良好。主要剖检病变为水肿
和出血。水肿最明显的部位是胃壁和结肠盘曲部的肠系膜。胃壁水肿
多见于胃大弯和贲门部或整个胃壁，水肿液蓄积于黏膜层和肌层之
间，切面流出无色或混有血液而呈茶色的液体，胃壁因此而增厚，最
厚可达3厘米左右，结肠肠系膜蓄积水肿液多的时候，也可厚达3～

4厘米。一些病例在直肠周围也见水肿。此外，眼睑、耳、面部、下颌间隙和下腹部皮下也常见有水肿，而且有些病猪在生前即可发现。心包腔、胸腔和腹腔内见有不同量的无色透明液体，或呈淡黄色或稍带血色的液体。这种渗出液暴露于空气，则凝固呈胶冻状。肺脏有时有瘀血和出血。在病程后期，可见有肺水肿，在脑内可见有脑水肿。有明显水肿病变的病例，还可见有明显的出血。胃和小肠黏膜为卡他性出血炎，大肠黏膜为卡他性炎。皮下组织及心、肝、肾、脾、淋巴结和脑膜等组织器官均有不同程度的出血变化。

5. 诊断

根据本病的流行特点、症状和病变等，不难做出初步诊断。但确诊须进行实验室检查。可采用涂片染色镜检、分离培养、生化试验、血清学试验和动物试验等技术确诊。

6. 防治

（1）保持环境清洁卫生　做好圈舍、环境的卫生和消毒工作；母猪产房要保持清洁干燥、保温，定期消毒；接产时要用消毒药清洗母猪乳房和乳头。

（2）科学饲养管理

① 妊娠母猪和哺乳母猪全价饲料，可使胎儿发育健全，促使母猪分泌更多更好的乳汁，保证仔猪的营养需要。饲料营养全面，配比合理，避免突然改变饲料和饲养方法。增加富含维生素的饲料，并保持适当的运动。

② 初生仔猪应尽快吃足初乳，以提高机体的被动免疫力。出生后24小时内，肌内注射含硒牲血素1毫升/头，每天1次，或内服铁剂，可预防仔猪缺铁性贫血，从而防止继发感染。另外，应在2周龄左右合理补饲全价仔猪饲料，以满足快速发育的仔猪机体对糖、蛋白质、矿物质等营养物质的需要。

③ 保持环境条件适宜，减少应激因素。

（3）免疫接种　常发猪场可以采用多种疫苗。目前实用的菌苗有仔猪黄白痢4P油乳剂苗和双价基因工程苗MM-3（含K88ac及无毒肠素LT两种保护性抗原成分）。此外，新生仔猪腹泻大肠杆菌K88、K99双价基因工程疫苗和K88、K99、987P、F的单价或多价苗，在母猪产前40天和20天各注射1～2头份，通过母猪获得被动保护，也可取得较好的预防效果。仔猪在 20～30 日龄肌内注射 2 毫升仔猪水肿病疫苗，对仔猪水肿病有一定的预防效果。由于该病病原血清型复杂，各猪的致病性大肠杆菌血清型不一致，为了提高预防的针对性，可以选用与本场血清型一致的大肠杆菌菌苗，也可从各猪场分离筛选本场致病性大肠杆菌制备自家菌苗。另外，母猪产仔后用益母草、半边莲、生甘草煎水混料饲喂，可通过乳汁增强仔猪抗病力。

（4）药物或血清预防 有些猪场，在仔猪出生后未吃乳前即全窝口服抗生素，如庆大霉素 2 万～4 万/单位，连服 3 天。有的在未吃初乳前喂服微生态制剂，以预防发病。也有的采用本场淘汰母猪的全血或血清，给仔猪口服或注射，也有一定防治效果。

（5）发病后的措施

① 抗生素疗法。在发病初期，仅出现下痢，尚有一定食欲和饮欲，投给治疗下痢的口服液，如诺氟沙星、乳酸诺氟沙星等，具有较好的治疗作用。通过药敏试验证明，庆大霉素、卡那霉素、氟苯尼考、新霉素、先锋霉素、链霉素、呋喃唑酮、复方新诺明等抗菌药物，对仔猪黄白痢有很好的治疗作用。在发病中期，仔猪除下痢外，食欲废绝，身体明显消瘦，有脱水症状，故在注射抗菌药物的同时，应口服补液，方法是：根据猪只大小，用胃导管一次投药液 50 毫升。药液的配方以口服补液盐为基础，加入适量抗菌药物，或加点收敛药物，配合葡萄糖和维生素等药。对极度衰竭的严重病例除上述方法外，还应进行静脉输液，在输入的葡萄糖盐水中，加入适量抗生素、地塞米松 2 毫升和 10％维生素 C 1～2 毫升。

另外，本病发生后，往往选用其他多种抗菌药物。可用磺胺嘧啶、三甲氧苄氨嘧啶与活性炭混匀口服，或庆大霉素、环丙沙星肌内注射，均有一定疗效。痢菌净溶于蒸馏水中加温至全溶，凉后内服效果明显。也有报道用多黏菌素 B 酸盐肌内注射。对阿莫西林耐药的大肠杆菌却对克拉维酸强化的阿莫西林敏感，对本病具有较好的治疗作用。止痢金刚注射液中含针对产肠毒性大肠杆菌病原 Kgp、987P 的特异性卵黄抗体和抗菌、消炎、抗病毒成分，对仔猪黄白痢有较好的治疗作用。

② 微生态制剂疗法。目前，我国有促菌生、乳康生和调痢生等制剂。这些制剂都有调整胃肠道内菌群平衡，预防和治疗仔猪黄痢的

作用。于仔猪吃奶前 2～3 小时，喂促菌生（含 3 亿个活菌），以后每日 1 次，连服 3 次，若与药用酵母同时喂服，可提高疗效。乳康生于仔猪出生后每天早晚各服 1 次，每次服 0.5 克，连服 2 次，以后每隔 1 周服 1 次。调痢生每千克体重 0.10～0.15 克，每日 1 次，连服 3 次。在用微生态制剂期间禁止服用抗菌药物。

二、寄生虫病

（一）猪蛔虫病

猪蛔虫病是由蛔虫寄生于小肠引起的寄生虫病。主要侵害 3～6 月龄的幼猪，导致猪生长发育不良或停滞，甚至造成死亡。在卫生条件不好的猪场及营养不良的猪群中，感染率可达 50％以上。

1. 病原

病原体为蛔科的猪蛔虫，是寄生于猪小肠中的一种大型线虫，新鲜虫体为淡红色或浅黄色，死后变为苍白色，虫体为圆柱形，两头细，中间粗。猪蛔虫的发育不需要中间宿主，为土源性线虫。雌虫在猪的小肠内产卵，虫卵随猪的粪便排至外界环境中，在适宜温度（28～30℃）、湿度及氧气充足的条件下，经 10 天左右卵内形成幼虫，即发育为感染性虫卵。感染性虫卵被猪吞食后，在小肠中各种消化液的作用下，卵壳破裂，孵出幼虫，幼虫穿过肠壁进入血管，通过门静脉到达肝脏；或钻入肠系膜淋巴结，由腹腔进入肝脏，在肝脏中经蜕化发育后再经肝静脉进入心脏，经肺动脉到达肺脏，并穿过肺部毛细血管到达肺泡，再到支气管、气管，随黏液逆行到咽，经口腔、咽入消化道，边移行边发育，共经四次蜕化后，历时 2～2.5 个月，最后在猪小肠中发育为成虫。成虫在猪小肠中逆肠蠕动方向作弓状弯曲运动，以黏膜表层物质或肠内容物为食物，在猪体内 7～10 个月后，即随粪便排出，如不继续感染，在 12～15 个月后，肠道中蛔虫即可被全部排出。

2. 流行病学

本病流行很广，特别是饲养管理条件较差的猪场几乎每年都有发生。这主要有以下几方面的原因。

① 猪蛔虫不需要中间宿主。虫卵随猪粪便排到外界后，在适宜的条件下，可直接发育为感染性虫卵，不需要甲虫、蟑螂等的参与即

可重复其感染过程。

② 猪蛔虫的每条雌虫每天可产卵 10 万～20 万个，产卵旺盛时可达 100 万～200 万个，一生共产卵 3000 多万个，能严重污染圈舍。

③ 虫卵对外界环境的抵抗力强。卵壳的特殊结构使其对外界不良环境有较强的抵抗力。如虫卵在疏松湿润的耕土中可生存 2～5 年；在 2％福尔马林溶液中，虫卵不但可自下而上而且还可下沉发育。10％漂白粉溶液、3％克辽林溶液、饱和硫酸铜溶液、2％苛性钠溶液等均不能将其杀死。在 3％来苏儿溶液中经一周也仅有少数虫卵死亡。一般需用 60℃以上的 3％～5％热碱水或 20％～30％热草木灰可杀死虫卵。

④ 猪场的饲养管理不良、卫生条件较差、猪只过于拥挤、营养缺乏，特别是饲料中缺乏维生素及矿物质条件下，加重猪的感染和死亡。

猪感染蛔虫主要是采食了被感染性虫卵污染的饲料及饮水，放牧时也可在野外感染。母猪的乳房容易沾染虫卵，使仔猪在吸乳时感染。

3. 临床症状

猪蛔虫病的临床表现，随猪年龄的大小、体质的强弱、感染程度及蛔虫所处的发育阶段不同而有所不同，一般 3～6 月的仔猪症状明显，成年猪多为带虫者，无明显症状，但为本病的传染源。仔猪在感染初期有轻微的湿咳，体温升高到 40℃左右，精神沉郁，呼吸及心跳加快，食欲不振，有异食癖，营养不良，消瘦贫血，被毛粗糙，或有全身性黄疸。有的生长发育受阻，变为僵猪，严重感染时，呼吸困难，急促而无规律，咳嗽声粗厉低沉，并有口渴、流涎、拉稀、呕吐，1～2 周好转，或渐渐衰竭而死。

蛔虫过多而堵塞肠管时，病猪疝痛，有的可发生肠破裂死亡。胆道蛔虫病猪开始时拉稀，体温升高，食欲废绝，以后体温下降，卧地不起，腹痛，四肢乱蹬，多经 6～8 天死亡。

6 个月龄以上的猪在寄生数量不多时，若营养良好，症状不明显，但多数因胃肠机能遭到破坏，常有食欲不振、磨牙和生长缓慢等现象。

4. 防治

（1）预防措施　在猪蛔虫病流行地区，每年春秋两季，应对全群

猪进行 1 次驱虫。特别是对于断乳后到 6 个月龄的仔猪应进行 1～3
个月驱虫；保持圈舍清洁卫生，经常打扫，勤换垫草，铲去圈内表
土，垫以新土；对饲槽、用具及圈舍定期（可每月 1 次）用 20％～
30％的热草木灰水或 2％～4％的热火碱水喷洒杀虫；此外，对断乳
后的仔猪应加强饲养管理，多喂富含维生素和多种微量元素的饲料，
以促进生长，提高抗病力；对猪粪的无公害化处理也是预防本病的重
要措施，应将清除的猪粪便、垫草运到离猪场较远的地方堆积发酵或
挖坑沤肥，以杀灭虫卵。

（2）发病后措施

① 精制敌百虫。100 毫克/千克体重，一头猪总量不超过 10 克，
溶解后拌料饲喂，一次喂给，必要时隔 2 周再给 1 次。

② 哌嗪化合物。常用的有柠檬酸哌嗪和磷酸哌嗪。每千克体重
0.2～0.25 克，用水化开，混入饲料内，让猪自由采食。兽用粗制二
硫化碳派嗪，遇胃酸后分解为二硫化碳和哌嗪，二者均有驱虫作用，
效果较好，可按 125～210 毫克/千克体重口服。

③ 丙硫咪唑（抗蠕敏）。5～20 毫克/千克体重，一次喂服，该药
对其他线虫也有作用。

④ 左旋咪唑。4～6 毫克/千克体重肌内注射，或 8 毫克/千克体
重，一次口服。

⑤ 噻咪唑（驱虫净）。每千克体重 15～20 毫克，混入少量精料
中一次喂给。也可用 5％注射液，按每千克体重 10 毫克剂量皮下注
射或肌内注射。

（二）猪肺丝虫病

猪肺丝虫病是由猪肺线虫寄生在猪的支气管内引起的，又名后圆
虫病。

1. 病原

虫体呈白色丝线状，口囊很小，口缘有一对三叶唇。雄虫交合伞
不发达，侧叶大，背叶小。雌虫阴门靠近肛门，阴门前有一角皮膨大
而成的阴门球。常见的有下列 3 种：长刺后圆线虫、短阴后圆线虫、
萨氏后圆线虫，这 3 种的虫卵很相似，椭圆形、外表粗糙不平，大小
为（40～60）微米×（30～40）微米，内含一个卷曲的幼虫，即卵

胎生。

2. 流行病学

猪后圆线虫的发育必须以蚯蚓作中间宿主。雌虫在猪的支气管内产卵，卵随痰液进入口腔、咽、消化液，然后随粪便排至体外，在潮湿的土壤中孵化出幼虫，蚯蚓吞食了虫卵或幼虫后，在蚓的消化道及其他器官内发育为感染性幼虫，然后随蚯蚓粪便排到外界。猪在蚯蚓或土壤中感染性幼虫后，幼虫钻入肠系膜淋巴结中发育，经淋巴、血液而进入心脏、肺脏，最后在支气管内发育成熟，在感染后 24 天，仍可排出虫卵。

幼虫移行时穿过肠壁、淋巴结和肺组织，当带入细菌时，易引起支气管肺炎；虫体的寄生会堵塞毛细支气管，影响生长发育，降低抗病力，从而继发猪肺疫、猪流感及猪气喘病。

3. 临床症状

轻度感染时症状不明显。瘦弱的仔猪（2～4 月龄）感染多量虫体又有气喘病等合并感染时，症状较严重，死亡率也高。病猪消瘦，发育不良，阵发性咳，被毛干燥无光，鼻孔流出脓性黏稠分泌物，四肢、眼睑部水肿，最后极度衰弱而亡。

4. 防治

（1）预防措施　猪场应建在高燥干爽处，猪圈运动场应改用坚实的地面（如水泥地面），防止蚯蚓进入，同时还应注意排水和保持干燥，杜绝蚯蚓的滋生。在流行地区，可用 1% 碱水或 30% 草木水淋猪的运动场地，既能杀死虫卵，也能促使蚯蚓爬出以便杀灭；对患猪及带虫猪定期进行驱虫，对猪粪便要经发酵，利用生物热杀死虫卵后再使用。

（2）发病后措施　左旋咪唑，15 毫克/千克体重 1 次肌注，间隔 4 小时重用 1 次；也可按 8 毫克/千克体重，混于饲料或饮水中，对幼虫及成虫均有效；或丙硫苯咪唑 10～20 毫克/千克体重口服；或枸橼酸乙胺嗪，100 毫克/千克体重，溶于 10 毫升水中，皮下注射，1 日 1 次，连用 3 天。

注意：对肺炎严重的猪应在驱虫的同时，采用青霉素、链霉素注射，以改善肺部状况，迅速恢复健康。

（三）猪囊虫病

猪囊虫病即猪囊尾蚴病，是一种危害十分严重的人畜共患寄生虫病。

1. 病原

常寄生在猪的横纹肌里，脑、眼及其他脏器也有寄生。虫体椭圆形，黄豆粒大，为半透明的包囊。囊壁为一层薄膜，囊内充满液体，囊壁上有一个圆形、高粱米粒大小的乳白色小结，为内翻的头节，整个外形像一个石榴籽，在 37℃、50％胆汁中，头节可以从囊壁内翻出来，镜检可发现头节上有 4 个圆形的吸盘，头节顶端有顶突，有两排角质小钩，内排长外排短，20～50 个。

猪囊尾蚴为猪带绦虫的幼虫。猪带绦虫寄生在人小肠中，虫体长 2～5 米，头节呈球形，直径约 1 毫米，位于虫体前端，颈节细长，长 5～10 毫米，虫体由 700～1000 个节片组成，节片内部构造在鉴别种属上有重要意义。虫卵圆形或椭圆形，直径为 35～42 微米，外有卵壳，卵内为六钩蚴。

2. 流行病学

猪带绦虫寄生在人的小肠中，虫卵及卵节片随人的粪便排出体外，直接被猪吞食或污染了的饲料、饮水，被猪吞食后，在猪小肠内，囊壁破裂，经 24～72 小时孵出六钩蚴。六钩蚴穿过肠壁进入血管，经血液循环到达全身的肌肉里面，经 10 天左右发育为囊尾蚴。囊尾蚴在猪体内以股内侧肌寄生最多，其次为胸深肌、肩胛肌、咬肌、膈肌、舌肌及心肌等处，有时在肺、肝等脏器及脂肪内也有寄生。人吃了未经煮熟的病猪肉或附着在生冷食品上的囊尾蚴后，囊尾蚴进入人的小肠中，以其头节附着在肠壁上，约经两个半月即可发育为成虫。

3. 临床症状

猪囊尾蚴病多不表现症状，只有在极强感染或某个器官受害时才出现症状，如营养不良、生长受阻、贫血、水肿。寄生在脑部时，呈现癫痫症状或因急性脑炎而死亡；寄生在喉头，则叫声嘶哑，吞咽、咀嚼及呼吸困难，常有短咳；寄生在眼内时可使视觉障碍甚至失明；寄生在肩部及臀部肌肉时，表现两肩显著外张，臀部异常肥胖、宽阔。

4. 防治

（1）预防措施

① 驱虫。在普查绦虫病患者的基础上，积极治疗，消灭传染来源，可用灭绦灵及南瓜子、槟榔合剂。使用方法是空腹服炒熟的南瓜子250克，20分钟服槟榔水（槟榔62克煎汁而成），再经2小时服用硫酸镁15～25克，促使虫体排出。

② 检疫。即加强肉品检验。凡猪肉切面在40平方厘米之内有3个以上囊虫者，猪肉只能做工业用，不可食用。

③ 管理。管理好厕所，取消"连茅圈"，加强粪便管理，防止猪吃到人粪，控制人绦虫、猪囊虫的互相感染。

（2）发病后措施 吡喹酮50毫克/千克体重，1日1次口服，连用3天；或丙硫苯咪唑（抗蠕敏）60～65毫克/千克体重，用豆油配成6%悬液肌注，或20毫克/千克体重口服，隔日1次连服3次。

（四）猪的弓形体病

弓形体病是寄生于多种动物细胞内而引起的一种人畜共患的寄生性原虫病。

1. 病原

弓形虫整个发育过程中分为5种类型，即滋养体、包囊、裂殖体、配子体和卵囊。其中滋养体和包囊是在中间宿主（人、猪、狗猫等）体内形成的，裂殖体、配子体和卵囊是在终末宿主（猫）体内形成的。

弓形虫的发育过程需要中间宿主（哺乳类、鸟类等）和终末宿主（猫科动物）两个宿主。猫吞食了弓形虫包囊或卵囊，子孢子、速殖子和慢殖子侵入小肠黏膜上皮细胞，进行球虫型发育和繁殖，最后产生卵囊，卵囊随猫粪便排出体外污染饮水、饲料和环境，在适宜条件下，经2～4天，发育为感染性卵囊。感染性卵囊通过消化道侵入中间宿主释放出子孢子，子孢子通过血液循环侵入有核细胞，在胞浆中以内出芽的方式进行繁殖。

2. 流行病学

可通过胎盘、子宫、产道、初乳感染，也可通过猪呼吸道和皮肤损伤感染。采食了被弓形虫包囊、卵囊污染的饲料、饮水或捕食患弓形体病的鼠雀等也能感染。肉猪多发。本病一年四季均可发生，但夏秋至冬季发病较多。

3. 临床表现

急性症状表现为食欲减退或废绝，体温升高，呼吸急促，眼内出现浆液或脓性分泌物，流清鼻涕。精神沉郁，嗜睡，数日后出现神经症状，后肢麻痹，病程 2～8 天，常发生死亡。慢性病例则病程较长，表现出厌食、逐渐消瘦、贫血。病畜可出现后肢麻痹，并导致死亡，但多数病畜可耐过。

4. 病理变化

肝脏肿大，稍硬，有针尖大坏死灶和出血点。肺稍肿胀，间质增宽，有针尖至粟粒大出血点和灰白色坏死灶，切面流出多量带泡沫液体。肾、脾有灰白色坏死灶和少量出血点，盲肠和结核有少量黄豆大至榛子大的凹陷的浅溃疡，胃底有出血斑点，有片状或带状溃疡。全身淋巴结肿大，灰白色，切面湿润，有粟粒大灰白色或黄色坏死灶和大小不一出血点。

5. 防治

（1）预防措施　高温季节要加强饲养管理，注意防暑降温，搞好环境卫生，不要在猪舍内积肥。要保持舍内清洁干燥，防止圈内漏雨，要经常把垫草置于太阳下暴晒，并保持垫草柔软。另外，还要保证猪圈的通风换气，使猪舍内保持清新的空气。定期对环境、用具消毒（用 1％来苏儿、3％烧碱、20％石灰水等）。对可能被污染的区域可用火焰喷灯进行消毒；禁止猫进入猪圈舍，防止猫粪便污染猪饲料和饮水；作好猪圈的防鼠灭鼠工作，禁止猪吃到鼠或其他的动物尸体；禁止用屠宰物或厨房垃圾、生肉汤水喂猪，以防猪吃到患病和带虫动物体内的滋养体和包囊而感染。

（2）发病后措施　磺胺二甲氧嘧啶钠预混剂（按磺胺二甲氧嘧啶钠计）0.1 克/千克体重、碳酸氢钠粉 30～100 克/次，拌料混饲，1 次/天，连用 3～5 天；或葡萄糖生理盐水 500～1500 毫升、20％磺胺间甲氧嘧啶钠注射液首次量 100 毫克（维持量 50 毫克）/（千克体重·次）、5％碳酸氢钠注射液 30～50 毫升、10％樟脑磺酸钠注射液 5～15 毫升，静脉注射，2 次/天，连用 3～5 天。

（五）猪疥螨病

猪疥螨病俗称疥癣、癞，是由疥螨虫寄生在猪皮肤内引起的一种慢性皮肤病，以剧烈瘙痒和皮肤增厚、龟裂为临床特性。本病是规模化养猪场中最常见的疾病之一。

1. 病原

猪疥螨虫体小，肉眼不易看见。雄虫 0.15 毫米×0.20 毫米，雌虫 0.33 毫米×0.35 毫米。在显微镜或放大镜下，虫体似龟形，色淡黄。成虫有 4 对足，后 2 对足不超过虫体后缘，故在背侧看不见。卵呈椭圆形，大小为 150~100 微米。

发育过程经过卵、幼虫、若虫和成虫 4 个阶段。疥螨钻入猪皮肤表皮层内挖凿隧道，并在其进行发育和繁殖。隧道中每隔一定距离便有小孔与外界相通，小孔为空气流通和幼虫进出的孔道。雌虫在隧道内产卵，每天产 1~2 个，一只雌虫一生可产卵 40~50 个。卵孵化出的幼虫有 3 对足，体长 0.11~0.14 毫米。幼虫由隧道小孔爬到皮肤表面，开凿小穴，并在里面蜕化，变成若虫，若虫钻入皮肤，形成浅窄的隧道，在里面蜕皮，变成成虫。螨的整个发育期为 8~22 天，雄虫于交配后不久死亡，雌虫可生存 4~5 周。

2. 流行病学

各种类型和不同年龄的猪都可感染本病，但 5 月龄以下的幼猪，由于皮肤细嫩，较适合螨虫的寄生，所以发病率最高，症状严重。成猪感染后，症状轻微，常成为隐性带虫者和散播者。传染途径有两种，一是健康猪与病猪直接接触而感染，二是通过污染的圈舍、垫草、饲管用具等间接与健康猪接触而感染。圈舍阴暗潮湿、通风不良，以及猪只营养不良，为本病的诱因。发病季节为冬季和早春，炎热季节，阳光照射充足，圈舍干燥，不利于疥螨繁殖，患猪症状减轻或康复。

3. 临床症状

病变通常由头部开始。眼圈、耳内及耳根的皮肤变厚、粗糙，形成皱褶和龟裂，以后逐渐蔓延到颈部、背部、躯干两侧及四肢皮肤。主要症状是瘙痒，病猪在圈舍栏柱、墙角、食槽、圈门等处磨蹭，有时以后蹄搔擦患部，致使局部被毛脱落，皮肤擦伤、结痂和脱屑。病情严重的，全身大部皮肤形成石棉瓦状皱褶，瘙痒剧烈，食欲减少，精神委顿，日渐消瘦，生长缓慢或停滞，甚至发生死亡。

4. 防治

（1）预防措施　搞好猪舍卫生工作，经常保持清洁、干燥、通风。引进种猪时，要隔离观察 1～2 个月，防止引进病猪。

（2）发病后措施　发现病猪及时隔离治疗，防止蔓延。病猪舍及饲养管理用具可用火焰喷灯、3%～5% 烧碱、1：100 菌毒灭Ⅱ型或 3%～5% 克辽林彻底消毒。

① 1% 害获灭注射液，为美国默沙东药厂生产的高效、广谱驱虫药，尤其适用于疥螨病的治疗。主要成分为伊维菌素。皮下注射，0.02 毫克/千克。内服 0.3 毫克/千克体重。

② 阿福丁注射液，又称 7051 驱虫素或虫克星注射液，主要成分为国内合成的高效、广谱驱虫药阿维菌素，皮下注射 0.2 毫克/千克体重。内服 0.3～0.5 毫克/千克体重。

③ 双甲脒乳油，又名特敌克，加水配成 0.05% 溶液，药浴或喷雾。

④ 蝇毒磷，加水配成 0.025%～0.05% 溶液，药浴或喷雾。

⑤ 5% 溴氰菊酯乳油，加水配成 0.005%～0.008% 溶液，药浴或喷雾。

注意：后三种药物有较好杀螨作用，但对卵无效。为了彻底杀灭猪皮肤内和外界环境中的疥螨，每隔 7～10 天，药浴或喷雾 1 次，连用 3～5 次，并注意杀灭外界环境中的疥螨。前两种药物与后三种药物配合应用，集约化猪场中的疥螨有希望得以净化。对于局部疥螨病的治疗，可用 5% 敌百虫棉籽油或废机油涂擦患部，每日 1 次，也有一定效果。

三、中毒病

（一）食盐中毒

食盐是动物饲料中不可缺少的成分，可促进食欲，帮助消化，保证机体水盐代谢平衡。但若摄入过量，特别是限制饮水时，则可引起食盐中毒。本病各种动物都可发生，猪较常见。

1. 临床症状

病猪初期，食欲减退或废绝，便秘或下痢。接着出现呕吐和明显的神经症状，病猪表现兴奋不安，口吐白沫，四肢痉挛，来回转圈或前冲后退，病重病例出现癫痫状痉挛，隔一定时间发作 1 次，发作时呈角弓反张或侧弓反张姿势，甚至仰翻倒地，四肢游泳状划动，最后四肢麻痹，昏迷死亡。病程一般 1～4 天。

2. 病理变化

一般无特征性变化，仅见软脑膜显著充血，脑回变平，脑实质偶有出血。胃肠黏膜呈现充血、出血、水肿，有时伴发纤维素性肠炎。常有胃溃疡。慢性中毒时，胃肠病变多不明显，主要病变在脑，表现大脑皮层的软化、坏死。

3. 防治

（1）预防措施　供给充足的饮水，利用含盐残渣废水时，必须适当限量，并配合其他饲料。日粮中含盐量不应超过 0.5%，并混合均匀。

（2）发病后措施

① 发病后，立即停喂含盐饲料和饮水，改喂稀糊状饲料，口渴应多次少量饮水；急性中毒猪，用 1% 硫酸铜 50～100 毫升，促进胃肠内未吸收的食盐泻下，并保护胃肠黏膜。

② 对症治疗。静脉注射 25% 山梨醇液或 50% 高渗葡萄糖液 50～100 毫升，或 10% 葡萄糖酸钙液 5～10 毫升，降低颅内压；静脉注射 5% 硫酸镁注射液 20～40 毫升，或 25% 盐酸氯丙嗪 2～5 毫升，缓解兴奋和痉挛发作；心衰时可皮下注入安钠咖、强尔心等。消除肠道炎症用复方樟脑叮 20～50 毫升、淀粉 100 克和小檗碱片 5～20 片（0.1 克/片），水适量内服。

（二）黄曲霉毒素中毒

黄曲霉毒素中毒是由黄曲霉素素引起的中毒症，以损害肝脏，甚至诱发原发性肝癌为特征。黄曲霉毒素能引起多种动物中毒，但易感性有差异，猪较为易感。

1. 临床症状

仔猪对黄曲霉毒素很敏感，一般在饲喂霉玉米之后 3～5 天发病，表现食欲消失，精神沉郁，可视黏膜苍白、黄染，后肢无力，行走摇晃。严重时，卧地不起，几天内即死亡。育成猪多为慢性中毒，表现食欲减退，异食癖，逐渐消瘦，后期有神经症状与黄疸。

2. 病理变化

急性病例突出病变是急性中毒性肝炎和全身黄疸。肝大、淡黄或黄褐色，表面有出血，实质脆弱；肝细胞变性坏死，间质内有淋巴细胞浸润。胆囊肿大，充满胆汁。全身的新膜、浆膜和皮下肌肉有出血和瘀血斑。胃肠轮膜出血、水肿，肠内容物棕红色。肾肿大，苍白色，有时见点状出血。全身淋巴结水肿、出血，切面呈大理石样病变。肺瘀血、水肿。心包积液，心内外膜常有出血。脂肪组织黄染。脑膜充血、水肿，脑实质有点状出血。亚急性和慢性中毒病例，主要是肝硬化。肝实质变硬、呈棕黄色或棕色，俗称"黄肝病"，肝细胞呈严重的脂肪变性与颗粒变性，间质结缔组织和胆管增生，形成不规则的假小叶，并有很多再生肝细胞结节。病程长的母猪可出现肝癌。

3. 防治

（1）预防措施 防止饲料霉变，引起饲料霉变的因素主要是温度与相对湿度较高，因此，饲料应充分晒干，切勿雨淋、受潮，并置阴凉、干燥通风处储存；可在饲料中添加防霉剂以防霉变；霉变饲料不宜饲喂，但其中的毒素除去后仍可饲喂。常用的去毒方法有如下几种。

① 连续水洗法。将饲料粉碎后，用清水反复浸泡漂洗多次，至浸泡的水呈无色时可供饲用。此法简单易行，成本低，费时少。

② 化学去毒法。最常用的是碱处理法，用5％～8％石灰水浸泡霉败饲料3～5小时后，再用清水淘净、晒干便可饲喂；每千克饲料拌入125克的农用氨水，混匀后倒入缸内，封口3～5天，去毒效果达90％以上，饲喂前应挥发掉残余的氨气。

③ 物理吸收法。常用的吸附剂有活性炭、白陶土、高岭土、沸石等，特别是沸石可牢固地吸附黄曲霉毒素，从而阻止黄曲霉毒素经胃肠道吸收。猪饲料中添加0.5％沸石或霉可吸、霉净剂等，不仅能吸附毒素，而且还可促进猪生长发育。

（2）发病后措施 本病尚无特效疗法。发现猪中毒时，应立即停喂霉败饲料，改喂富含碳水化合物的青绿饲料和高蛋白饲料。同时，根据临床症状，采取相应的支持和对症治疗。

（三）棉籽饼中毒

棉籽饼中毒是由于猪吃了含有棉酚的棉籽饼而引起的一种急性和慢性中毒病。主要表现胃肠、血管和神经上的变化。

棉籽饼含有较高的粗蛋白（30％～42％）和多种必需氨基酸，为猪常用的廉价蛋白质饲料，但未经处理的饼含有棉酚。猪对棉酚非常敏感，一般0.4～0.5克便能使猪中毒甚至死亡。长期饲喂，虽然量少，但棉酚色素排泄缓慢，也可因蓄积而引起中毒。当饲料蛋白质和维生素A不足时，也可促使中毒病的发生。以仔猪最易发生。

1. 临床症状

急性中毒可见食欲废绝，粪干，个别可见呕吐，低头呆立，行走无力，或发生间歇性兴奋，前冲，或抽搐。呼吸高度困难，鼻流清液。有的可见尿中带血，皮肤发绀，或见胸腹下水肿。个别体温达41℃以上。怀孕猪流产；慢性中毒可见精神不振，食欲减少，异嗜，粪干、常带有血丝黏液，喜饮水，尿黄；仔猪中毒后症状更加严重，可见不安、发抖、可视黏膜发绀，呼吸困难、粪软或拉稀、体温升高，后期脱水死亡。

2. 病理变化

胸、腹腔有红色渗出液，气管、支气管充满泡沫状液体，肺充血、水肿，心内外膜有瘀血点，胃肠黏膜有出血斑点，全身淋巴结肿大。

3. 防治

（1）预防措施　猪场饲喂棉籽饼前，最好先进行游离棉酚含量测定。一般认为，生长猪日粮中游离棉酚含量不超过100毫克/千克体重，种猪口粮中游离棉酚含量不超过70毫克/千克体重是安全的；棉籽饼加热煮沸1～2小时后再喂猪；棉籽饼中加入硫酸亚铁（一般机榨饼按0.2％～0.4％加入，浸出饼按0.15％～0.35％加入，土榨饼按0.5％～1％加入）去毒；棉籽饼限量或间歇性饲喂，即连喂几周后停喂一个时期再喂。孕期猪及仔猪最好不喂或限量饲喂，怀孕母猪每天不超过0.25千克，产前半月停喂，等产后半月再喂。刚断奶的仔猪日粮中棉籽饼不超过0.1千克。另外，不喂已发霉的棉籽饼。

（2）发病后措施　发现中毒应立即停喂棉籽饼。病猪用0.2％～

0.4%的高锰酸钾液或3%的苏打水口服，灌服硫酸钠泻剂排出肠内毒素；肺水肿时，可静脉注射甘露醇、山梨醇或50%葡萄糖。

（四）菜籽饼中毒

菜籽饼含有芥子苷和葡萄糖苷，它们在一定条件下受芥子酶的催化水解可产生有毒的异硫氰酸丙烯酯（芥子油）和噁唑烷硫酮等，则可引起猪中毒。

1. 临床症状

口鼻等可视黏膜发绀，两鼻孔流出粉红色泡沫状液体，呼吸困难、咳嗽，继而腹痛、腹胀、腹泻且带血，尿频，尿中带血，孕猪可流产，胎儿畸形。育肥猪易发病，心力衰竭、虚脱死亡。

2. 病理变化

尸僵不全，可视黏膜瘀血，口流白色泡沫样液体，腹围膨大，肛门突出，皮下显著瘀血。血液凝固不良，呈油漆状。浆膜腔积液，胃肠黏膜出血。心脏扩张，心脏积留暗红色血凝块，心内外膜出血，心肌实质变性。肺瘀血、水肿及气肿，纵隔淋巴结瘀血。头部和腹部皮肤呈青紫色。

3. 防治

（1）预防措施　菜籽饼的毒性要测定，控制用量，经饲喂安全试验后，方可大量饲喂。对孕猪和仔猪，严格限用或不用。将粉碎的菜籽饼用盐水浸12～24小时，把水去掉，再加水煮沸1～2小时，边煮边搅，让毒素蒸发掉。

（2）发病后措施　首先要停喂菜籽饼。0.05%高锰酸钾液让猪自由饮用，或灌服适量0.1%高锰酸钾液、蛋清、牛奶等，或用10%安咖加溶液5～10毫升，1次皮下注射。治疗时着重保肝、解毒、强心、利尿等，并应用维生素、肾上腺皮质激素等。

四、其他疾病

（一）消化不良

猪的消化不良是由胃肠黏膜表层轻度发炎，消化系统分泌、消化、吸收机能减退所致。本病以食欲减少或废绝，吸收不良为特征。

1. 病因

本病大多数是由于饲养管理不当所致，如饲喂条件突然改变，饲料过热过冷，时饥、时饱或喂食过多，饲料过于粗硬。冰冻、霉变、混有泥沙或毒物，饮水不洁等，均可使胃肠道消化功能紊乱，胃肠黏膜表层发炎而引发本病。此外，某些传染病、寄生虫病、中毒病等也常继发消化不良。

2. 临床症状

病猪食欲减退，精神不振，粪便干小，有时拉稀，粪便内混有未充分消化的食物，有时呕吐，舌苔厚，口臭，喜饮清水。慢性消化不良往往拉稀、便秘腹泻交替发生，食量少，瘦弱，贫血，生长缓慢，有的出现异嗜。

3. 防治

（1）加强饲养管理　注意饲料搭配，定时定量饲喂，每天喂给适量的食盐及多维素；猪舍保持清洁干燥，冬季注意保暖。

（2）发病后治疗措施　病猪少喂或停喂1～2天，或改喂易消化的饲料。同时结合药物治疗。

① 病猪粪便干燥时，可用硫酸钠（镁）或人工盐30～80克，或植物油100毫升，或鱼石脂2～3克或来苏儿2～4毫升，加水适量，1次胃管投服。

② 病猪久泻不止或剧泻时，必须消炎止泻。磺胺脒每千克体重0.1～0.2克（首倍量），次硝酸铋12片分3次内服。也对用黄连素0.2～0.5克，一次内服，每日2次。对于脱水的患猪应及时补液以维持体液平衡。

③ 病猪粪便无大变化时，可直接调整胃肠功能。应用健日剂，如干酵母或大黄苏打片10～20片，混饲或胃管投服，每天2次。仔猪可用乳酶生、胃蛋白酶各2～5克，稀盐酸2毫升，常水200毫升，混合后分2次内服。病猪较多时，可取人工盐3.5千克，焦三仙1千克（研末），混匀，每头每次5～15克，拌料饲喂，便秘时加倍，仔猪酌减。

（二）异食癖

异食癖多因代谢机能紊乱，味觉异常所致。表现为到处舔食、啃咬，嗜食平常所不吃的东西。多发生在冬季和早春舍饲的猪群，怀孕初期或产后断乳的母猪多见。

1. 病因

饲料中缺乏某些矿物质和微量元素，如锌、铜、钴、锰、钙、铁、硫及维生素缺乏；饲料中缺乏某些蛋白质和氨基酸；佝偻病、骨软症、慢性胃肠炎、寄生虫病、狂犬病；饲喂过多精料或酸性饲料等。

2. 临床症状

临床上多呈慢性经过。病初食欲稍减，咀嚼无力，常便秘，渐渐消瘦，患猪舔食墙壁、啃食槽、砖头瓦块、砂石、鸡屎或被粪便污染的垫草、杂物。仔猪还可互相啃咬尾巴、耳朵；母猪常常流产、吞食胎衣或小猪。有时因吞食异物而引起胃肠疾病。个别患猪贫血、衰弱、最后甚至衰竭死亡。

3. 防治

应根据病史、临床症状、治疗性诊断、病理学检查、实验室检查、饲料成分分析等，针对病因，进行有效的治疗。平时多喂青绿饲料，让猪只接触新鲜泥土；饲料中加入适量食盐、碳酸钠、骨粉、小苏打、人工盐等；或与硫酸铜和氯化钴配合使用；或用新鲜的鱼肝油肌内注射，成猪4～6毫升，仔猪1～3毫升，分2～5个点注射，隔3～5天注射1次。

附　录

附录一　猪饲养允许使用的
药物及使用规定

见附表 1-1。

附表 1-1　猪饲养允许使用的抗寄生虫和抗微生物药物及使用规定

名称	制剂	用法与用量	休药期/天
抗寄生虫药			
阿苯达唑	片剂	内服,1 次量,5～10 毫克	
双甲脒	溶液	药浴、喷洒、涂搽,配成 0.25%～0.05% 溶液	
硫双二氯酚	片剂	内服,1 次量,75～100 毫克/千克体重	
非班太尔	片剂	内服,1 次量,5 毫克/千克体重	14
芬苯达唑	粉剂、片剂	内服,1 次量,5～7.5 毫克/千克体重	
氰戊菊酯	溶液	喷雾,加水以 1∶(1000～2000)倍稀释	
氟苯咪唑	预混剂	混饲,每 1000 千克饲料 330 克,连用5～10 天	14
伊维菌素	注射液	皮下注射,1 次量,0.3 毫克/千克体重	18
	预混剂	混饲,每 1000 千克饲料,330 克,连用 7 天	5
盐酸左旋咪唑	片剂	内服,1 次量,7.5 毫克/千克体重	3
	注射液	皮下、肌内注射,1 次量,7.5 毫克/千克体重	28
奥芬达唑	片剂	内服,1 次量,4 毫克/千克体重	
氧苯咪唑	片剂	内服,1 次量,10 毫克/千克体重	14

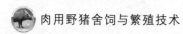

续表

名称	制剂	用法与用量	休药期/天
柠檬酸哌嗪	片剂	内服,1次量,0.25~0.38克/千克体重	21
磷酸哌嗪	片剂	内服,1次量,0.2~0.25克/千克体重	21
吡喹酮	片剂	内服,1次量,10~35毫克/千克体重	
盐酸噻咪唑	片剂	内服,1次量,10~15毫克/千克体重	3
抗菌药			
氨苄西林钠	注射用粉针	肌内、静脉注射,1次量10~20毫克/千克体重,2~3次/天,连用2~3天	
	注射液	皮下或肌内注射,1次量,5~7毫克/千克体重	15
硫酸安普霉素(阿普拉霉素)	预混剂	混饲,每1000千克饲料,80~100克,连用7天	21
	可溶性粉	混饮,每1升水,12.5毫克/千克体重连用7天	21
阿美拉霉素	预混剂	混饲,每1000千克饲料,0~4月龄,20~40克;4~6月龄,10~20克	0
杆菌肽锌	预混剂	混饲,每1000千克饲料,4月龄以下,4~40克	0
杆菌肽锌、硫酸黏杆菌素	预混剂	混饲,每1000千克饲料,4月龄以下,2~20克,2月龄以下,2~40克	7
苄星青霉素	注射粉针	肌内注射,1次量,3万~4万单位/千克体重	
青霉素钠(钾)	注射	肌内注射,1次量,2万~3万单位/千克体重	
硫酸小檗碱	注射液	肌内注射,1次量,50~100毫克	
头孢噻呋钠	注射粉针	肌内注射,1次量,3~5毫克/千克体重,每日1次,连用3天	
硫酸黏杆菌素	预混剂	混饲,每1000千克饲料,仔猪2~20克	7
	可溶性粉剂	混饮,每1升水40~200毫克	7
甲磺酸达氟沙星	注射液	肌内注射,1次量,1.25~2.5毫克/千克体重,1天1次,连用3天	25
越霉素A	预混剂	混饲,每1000千克饲料,5~10克	15
盐酸二氟沙星	注射液	肌内注射,1次量,5毫克/千克体重,1天2次,连用3天	45

名称	制剂	用法与用量	休药期/天
盐酸多西环素	片剂	内服,1次量,3~5毫克,1天1次,连用3~5天	
恩诺沙星	注射液	肌内注射,1次量,2.5毫克/千克体重,1天1~2次,连用2~3天	10
恩拉霉素	预混剂	混饲,每1000千克饲料,2.5~10克	
乳糖酸红霉素	注射用粉针	静脉注射,1次量3~5毫克,1天2次,连用2~3天	
黄霉素	预混剂	混饲,每1000千克饲料,生长、育肥猪5克,仔猪10~25克	0
氟苯尼考	注射液	肌内注射,1次量,20毫克/千克体重,每隔48小时1次,连用2次	30
	粉剂	内服,20~30毫克/千克体重,1天2次,连用3~5天	30
氟甲喹	可溶性粉剂	内服,1次量,5~10毫克/千克体重,首次量加倍,1天2次,连用3~4天	
硫酸庆大霉素	注射液	肌内注射,1次量,2~4毫克/千克体重	40
硫酸庆大、小诺霉素	注射液	肌内注射,1次量,1~2毫克/千克体重1天2次	
潮霉素B	预混剂	混饲,每1000千克饲料,10~13克,连用8周	15
硫酸卡那霉素	注射用粉针	肌内注射,1次量,10~15毫克,1天2次,连用2~3天	
北里霉素	片剂	内服,1次量,20~30毫克/千克体重,1天1~2次	
	预混剂	混饲,每1000千克饲料,防治:80~330克,促生长:5~55克	7
酒石酸北里霉素	可溶性粉剂	混饮,每1升水,100~200毫克,连用1~5天	7
盐酸林可霉素	片剂	内服,1次量,10~15毫克/千克体重,1天1~2次,连用3~5天	1
	注射液	肌内注射,1次量,10毫克/千克体重,1天2次,连用3~5天	2
	预混剂	混饲,每1000千克饲料,44~77克,连用7~21天	5

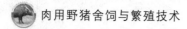

名称	制剂	用法与用量	休药期/天
盐酸林可霉素、硫酸大观霉素	可溶性粉剂	混饮,每1升水,10毫克	5
	预混剂	混饲,每1000千克饲料,44克,连用7~21天	5
博落回	注射液	肌内注射,1次量,体重10千克以下,10~25毫克;体重10~50千克,25~50毫克,1天2~3次	
乙酰甲喹	片剂	内服,1次量,5~10毫克/千克体重	
硫酸新霉素	预混剂	混饲,每1000千克饲料,77~154克,连用3~5天	3
硫酸新霉素、甲溴东莨菪碱	溶液剂	内服,1次量,体重7千克以下,1毫升;体重7~10千克,2毫升	3
呋喃妥因	片剂	内服,1天量,12~15毫克/千克体重,分2~3次	
喹乙醇	预混剂	混饲,每1000千克饲料,1~2千克,体重超过35千克的禁用	35
牛至油	溶液剂	内服,预防:2~3日龄,每头50毫克,8小时后重复给药1次;治疗:10千克以下每头50毫克;10千克以上,每头100毫克,用药后7~8小时腹泻仍未停止时,重复给药1次	
	预混剂	混饲,1000千克饲料,预防:1.25~1.75克;治疗:2.5~3.25克	
苯唑西林钠	注射用粉针	肌内注射,1次量,10~15毫克/千克体重每日2~3次,连用2~3天	
土霉素	片剂	口服,1次量,10~25毫克/千克体重,每日2~3次,连用3~5天	5
	注射液(长效)	肌内注射,1次量,10~20毫克/千克体重	
盐酸土霉素	注射用粉针	静脉注射,1次量,5~10毫克/千克体重,1天2次,连用2~3天	
普鲁卡因青霉素	注射用粉针	肌内注射,1次量,2万~3万单位,1天1次,连用2~3天	6
	注射液	肌内注射,1次量,2万~3万单位,1天1次,连用2~3天	6
盐霉素钠	预混剂	混饲,每1000千克饲料,25~75克	5

名称	制剂	用法与用量	休药期/天
盐酸沙拉沙星	注射液	肌内注射,1次量,2.5毫克/千克体重,1天2次,连用3～5天	
赛地卡霉素	预混剂	混饲,每1000千克饲料,75克,连用15天	
硫酸链霉素	注射用粉针	肌内注射,1次量,10～15毫克/千克体重,1天2次,连用2～3天	1
磺胺二甲嘧啶钠	注射液	静脉注射,1次量,50～100毫克/千克体重,1天1～2次,连用2～3天	
复方磺胺甲噁唑片	片剂	内服,1次量,首次量20～25毫克/千克体重(以磺胺甲噁唑计),1天2次,连用3～5天	
磺胺对甲氧嘧啶	片剂	内服,1次量,50～100毫克,维持量,25～50毫克,1天1～2次,连用3～5天	
磺胺对甲氧嘧啶、二甲氧苄胺嘧啶片	片剂	内服,1次量,20～50毫克/千克体重(以磺胺对甲氧嘧啶计),每12小时1次	
复方磺胺对甲氧嘧啶片	片剂	内服,1次量,20～25毫克(以磺胺对甲氧嘧啶计),1天1～2次,连用3～5天	
复方磺胺对甲氧嘧啶钠注射液	注射液	肌内注射,1次量,15～20毫克/千克体重(以磺胺对甲氧嘧啶钠计),1天1～2次,连用2～3天	
磺胺间甲氧嘧啶	片剂	内服,1次量,首次量50～100毫克,维持量25～50毫克,1天1～2次,连用3～5天	
磺胺间甲氧嘧啶钠	注射液	静脉注射,1次量,50毫克/千克体重,1天1～2次,连用2～3天	
磺胺脒	片剂	内服,1次量,0.1～0.2克/千克体重,1天2次,连用3～5天	
磺胺嘧啶	片剂	内服,1次量,首次量0.1～0.28/千克体重;维持量0.07～0.1克/千克体重,1天2次,连用3～5天	
	注射液	静脉注射,1次量,0.05～0.1克/千克体重,1天1～2次,连用2～3天	

名称	制剂	用法与用量	休药期/天
复方磺胺嘧啶钠注射液	注射液	肌内注射,1次量,20~30毫克/千克体重(以磺胺嘧啶钠计),1天1~2次,连用2~3天	
复方磺胺嘧啶预混剂	预混剂	混饲,1次量,15~30毫克/千克体重,连用5天	5
磺胺噻唑	片剂	内服,1次量,首次量0.14~0.2克/千克体重,维持量0.07~0.18/千克体重,1天2~3次,连用3~5天	
磺胺噻唑钠	注射液	静脉注射,1次量,0.05~0.1克/千克体重,1天2次,连用2~3天	
复方磺胺氯哒嗪钠粉	粉剂	内服,1次量,20毫克/千克体重(以磺胺氯哒嗪钠计),连用5~10天	3
盐酸四环素	注射用粉针	静脉注射,1次量,5~10毫克/千克体重,1天2次,连用2~3天	
甲砜霉素	片剂	内服,1次量,5~10毫克/千克体重,1天2次,连用2~3天	
延胡索酸泰妙菌素	可溶性粉剂	混饮,每1升水,45~60毫克,连用5天	7
	预混剂	混饲,每1000千克饲料,40~100克,连用5~10天	5
磷酸替米考星	预混剂	混饲,每1000千克饲料,400克,连用15天	14
泰乐菌素	注射液	肌内注射,1次量,5~13毫克/千克体重,1天2次,连用7天	14
磷酸泰乐菌素	预混剂	混饲,每1000千克饲料,10~100克,连用5~7天	5
磷酸泰乐菌素、磺胺二甲嘧啶预混剂	预混剂	混饲,每1000千克饲料,200克(100克泰乐菌素+100克磺胺二甲嘧啶),连用5~7天	15
维吉尼亚霉素	预混剂	混饲,每1000千克饲料,10~25克	1

猪常用注射药物和内服药物的休药期见附表1-2。

附表 1-2　猪常用注射药物和内服药物的休药期

药　名	休药期/天	药　名	休药期/天
常用注射药物			
硫酸双氢链霉素	30	红霉素碱	14
盐酸林可霉素水合物	2	注射用卞星青霉素 G	5
普鲁卡因青霉素 G	7	氮哌酮	0
泰乐菌素（埋植）	14	庆大霉素	40
氨苄西林三水化合物	15		
常用内服药物			
对氨基苯甲酸或钠盐	5	盐酸金霉素	5～10
盐酸左旋咪唑	3	潮霉素 B	15
盐酸四环素	4	磺胺噻唑钠	10
酒石酸噻嘧啶	1	噻苯达唑	30
泰乐菌素	4	磺胺氯哒嗪钠	4
阿莫西林三水合物	15	磷酸泰乐菌素和磺胺二甲基嘧啶	15
氨苄西林三水合物	1	氯羟吡啶	5
杆菌肽	0	敌敌畏	0
双氢链霉素	30	林可霉素	6
红霉素	7	土霉素	26
二盐酸大观霉素五水合物	21	羟间硝苯胂酸	5
金霉素、普鲁卡因青霉素和磺胺噻唑	7	链霉素、磺胺噻唑和酞磺胺噻唑	10
庆大霉素	14	硫黏菌素	3
硫酸阿普拉霉素	28	金霉素、磺胺二甲基啶嘧和青霉素	15
磺胺二甲基嘧啶	15	磺胺喹噁啉	10
弗吉尼亚霉素	0	喹乙醇	35

附录二　允许做治疗使用，但不得在动物性食品中检出残留的兽药

附表 2-1　允许做治疗使用，但不得在动物性食品中检出残留的兽药

药物及其他化合物名称	标志残留物	动物种类	靶组织
氯丙嗪	氯丙嗪	所有食品动物	所有可食组织
地西泮（安定）	地西泮	所有食品动物	所有可食组织
地美硝唑	地美硝唑	所有食品动物	所有可食组织
苯甲酸雌二醇	雌二醇	所有食品动物	所有可食组织
雌二醇	雌二醇	猪/鸡	可食组织（鸡蛋）
甲硝唑	甲硝唑	所有食品动物	所有可食组
苯丙酸诺龙	诺龙	所有食品动物	所有可食组织
丙酸睾酮	丙酸睾酮	所有食品动物	所有可食组织
塞拉嗪	塞拉嗪	产奶动物	奶

附录三　禁止使用，并在动物性食品中不得检出残留的兽药

附表 3-1　禁止使用，并在动物性食品中不得检出残留的兽药

药物及其他化合物名称	禁用动物	靶组织
氯霉素及其盐、酯及制剂	所有食品动物	所有可食组织
兴奋剂类：克伦特罗、沙丁胺醇、西马特罗及其盐、酯	所有食品动物	所有可食组织
性激素类：己烯雌酚及其盐、酯及制剂	所有食品动物	所有可食组织
氨苯砜	所有食品动物	所有可食组织
硝基呋喃类：呋喃唑酮、呋喃它酮、呋喃苯烯酸钠及制剂	所有食品动物	所有可食组织
催眠镇静类：甲喹酮及制剂	所有食品动物	所有可食组织
具有雌激素样作用的物质：玉米赤霉醇、去甲雄三烯醇酮、醋酸甲羟孕酮及制剂	所有食品动物	所有可食组织

续表

药物及其他化合物名称	禁用动物	靶组织
硝基化合物:硝基酚钠、硝呋烯腙	所有食品动物	所有可食组织
林丹	水生食品动物	所有可食组织
毒杀芬(氯化烯)	所有食品动物	所有可食组织
呋喃丹(克百威)	所有食品动物	所有可食组织
杀虫脒(克死螨)	所有食品动物	所有可食组织
双甲脒	所有食品动物	所有可食组织
酒石酸锑钾	所有食品动物	所有可食组织
孔雀石绿	所有食品动物	所有可食组织
锥虫砷胺	所有食品动物	所有可食组织
五氯酚酸钠	所有食品动物	所有可食组织
各种汞制剂:氯化亚汞(甘汞)、硝酸亚汞、醋酸汞、吡啶基醋酸汞	所有食品动物	所有可食组织
雌激素类:甲睾酮、苯甲酸雌二醇及其盐、酯及制剂	所有食品动物	所有可食组织
洛硝达唑	所有食品动物	所有可食组织
群勃龙	所有食品动物	所有可食组织

注：食品动物是指各种供人食用或其产品供人食用的动物。

参 考 文 献

[1] 刘务勇. 特种野猪饲养技术. 济南：山东科学技术出版社，2010.
[2] 程效中. 特种野猪的有机养殖与经营. 北京：中国农业科学技术出版社，2014.
[3] 梁永红. 实用养猪大全. 郑州：河南科学技术出版社，2008.
[4] 张慧辉. 规模化猪场兽医手册. 北京：化学工业出版社，2014.